高等学校计算机教育信息素养系列教材

计算思维与大学计算机基础

微课版

储岳中 / 主编

王广正 黄洪超 程泽凯 / 副主编

人民邮电出版社

北京

图书在版编目（ＣＩＰ）数据

计算思维与大学计算机基础：微课版 / 储岳中主编
. -- 北京 ：人民邮电出版社，2021.8（2023.7重印）
高等学校计算机教育信息素养系列教材
ISBN 978-7-115-56376-7

Ⅰ．①计… Ⅱ．①储… Ⅲ．①计算方法－思维方法－
高等学校－教材②电子计算机－高等学校－教材 Ⅳ.
①O241②TP3

中国版本图书馆CIP数据核字(2021)第066366号

内 容 提 要

本书以培养学生计算思维能力为导向来构建教学内容。全书共 10 章，主要内容包括计算科学与计算思维、计算机系统组成及其工作原理、信息的表示与存储、常用数据结构与算法、计算机操作系统、计算机网络、人工智能基础、数据库基础及应用、信息安全、Office 应用基础。本书的每个知识点均利用相应的案例，将计算思维的意识、方法和能力等 3 个层次的培养贯穿于知识讲解中。每章均给出教学目标、知识要点、课前引思，以方便读者学习与参考，并配有相应的微视频和辅导教材《大学计算机基础实践教程》。

本书既可作为高等学校计算机专业的计算机导论教材，又可作为非计算机专业的计算机公共基础教材。

♦ 主　编　储岳中
　　副 主 编　王广正　黄洪超　程泽凯
　　责任编辑　李 召
　　责任印制　王 郁　马振武
♦ 人民邮电出版社出版发行　　北京市丰台区成寿寺路 11 号
　　邮编　100164　电子邮件　315@ptpress.com.cn
　　网址　https://www.ptpress.com.cn
　　保定市中画美凯印刷有限公司印刷
♦ 开本：787×1092　1/16
　　印张：17　　　　　　　　　　　2021 年 8 月第 1 版
　　字数：456 千字　　　　　　　　2023 年 7 月河北第 5 次印刷

定价：52.00 元

读者服务热线：(010)81055256　印装质量热线：(010)81055316
反盗版热线：(010)81055315
广告经营许可证：京东市监广登字 20170147 号

- **写作背景**

人类历史上，计算机科学与技术相对于其他学科、技术与工具，其发展速度之快，应用普及之广，是前所未有的。尽管计算机对生命的重要性不及空气与水，但它与现代人日常的工作、学习、生活密切相关。如今，就像学习数学一样，从小学到大学，人人要接受计算机基础课程教育。中、小学信息素质教育水平有差异，接受计算机教育的大学生并非都是"零"起点，因此，有必要因地制宜地改革"计算思维与大学计算机基础"课程，改革的重点是教学内容，其取舍取决于教学目标。

2006 年，华裔计算机科学家周以真教授首次提出"计算思维"概念，以及有关"计算思维"对人类社会发展的重大作用的论述，广泛地引起了计算机科学家和计算机教育家的高度重视。数学、物理学、化学和生物学等学科教育蕴含着逻辑思维、验证思维的培养与训练，同逻辑思维和验证思维一样，作为三大科学思维之一的计算思维，也是人类认识自然、改造世界的重要思维方式。虽然计算机科学与技术不是蕴含"计算思维"的唯一学科，但是考虑到计算机的特点及其广泛应用，这是最适合融入计算思维教育和培养的学科。基于此，人们把"培养学生健全的思维主体、系统的思维能力、良好的思维方式与品质"作为"提升学生的综合素质与分析、解决问题的综合能力"的目标之一。

本书坚持思维与知识并进，在知识教育中融入问题求解的思维启发与训练，强化计算思维意识，提升计算思维认识，加强计算思维方法和能力的培养。读者学习本书后将具备对计算机的认知能力、运用计算机解决问题的能力、基于网络的学习能力、依托信息技术的共处能力。

- **组织结构**

全书由 10 章组成，每章均给出教学目标、知识要点、课前引思，以方便读者学习与参考，同时大部分章节均通过二维码提供微视频资源。

第 1 章，计算科学与计算思维，主要介绍思维的概念、分类，计算思维的概念、特征和本质及其与计算机的关系，用案例说明运用计算思维进行问题求解的一般过程，讲解计算思维在人类社会发展中的作用和对人的能力发展的影响、计算科学的研究与应用（普适计算、网格计算、云计算、人工智能、物联网、大数据、"互联网+"）。

第 2 章，计算机系统组成及其工作原理，主要介绍计算机系统的硬件与软件组成结构、计算机的基本工作原理。

第 3 章，信息的表示与存储，主要介绍信息的概念、特征与信息技术，常用数制的转换，数据的存储，数值和非数值的表示。

第 4 章，常用数据结构与算法，介绍数据结构的基本概念、问题求解算法的概念及算法的描述方式、常用数据结构（线性表、栈、队列、树及二叉树、图）以及最常用的算法（顺序查找、二分查找、直接插入排序、冒泡排序）。

第 5 章，计算机操作系统，结合常见的操作系统介绍其概念、作用、类型、功能，操作系统的基本操作（应用软件操作、磁盘操作、系统资源管理、文件及文件夹操作）、安装与运行，人机交互界面设计方法，计算机资源优化。

第 6 章，计算机网络，主要介绍计算机网络的概念、常见网络设备、网络协议、网络体系结构、Internet 基础、邮件服务、文件传输服务、服务、信息搜索、TCP/IP 等，并对网页制作相关知识、基本概念、相关工具做了简要介绍。

第 7 章，人工智能基础，主要介绍人工智能的概念、传统人工智能与计算智能、人工智能与机器学习、人工智能与大数据和人工智能的典型应用。

第 8 章，数据库基础及应用，结合现实案例讲解数据库的基本概念，数据库系统的组成和模式结构，数据库管理系统，关系模型与关系数据库的基本概念，数据库及数据库表的定义，数据库表结构的维护、操纵与查询，以及 Access 2010 的使用方法。

第 9 章，信息安全，主要介绍信息安全的概念、引发信息安全问题的因素，从物理保护、访问控制、网络保护、数据加密、数据备份与恢复、防治计算机病毒、加强职业道德教育等方面介绍保护信息安全的方法。

第 10 章，Office 应用基础，简单介绍 Office 2010 办公软件统一风格的界面及其共性，针对 Word、Excel 和 PowerPoint 差异部分，分别讲解各自的功能，包括编辑、排版、图文混排及特殊格式、效果设置等。本章以操作为主，一般作为学生自学内容，可结合与本书配套的辅导教材《大学计算机基础实践教程》进行学习。

本书由储岳中主编，各章分别由安徽工业大学的储岳中、黄洪超、黄瑾娉、陈学进、赵帼英、王广正、程泽凯、柯栋梁和王小林编写，全书由储岳中统稿。

- **授课建议**

本书内容丰富，可供不同专业、不同起点的读者学习，既可作为高等学校计算机专业的计算机导论教材，又可作为非计算机专业的计算机公共基础教材。

计算思维与大学计算机基础教学内容的取舍、学时的分配，应根据具体情况做适当的安排。建议教学内容与学时分配如下表。标注*的章节，可以根据情况选讲或安排自学。

章	学时分配	
	讲授	实验
第 1 章 计算科学与计算思维	2~4	
第 2 章 计算机系统组成及其工作原理	2~4	
第 3 章 信息的表示与存储	4	
第 4 章 常用数据结构与算法	4~6	4
第 5 章 计算机操作系统	4~6	2~4
第 6 章 计算机网络	2~4	2~4
*第 7 章 人工智能基础	2~4	
第 8 章 数据库基础及应用	4~6	2~4
第 9 章 信息安全	2	
*第 10 章 Office 应用基础	2~4	2~4
学时小计	28~44	12~20

　　本书配有电子课件和微视频以供教学参考，并配有相应的辅导教材《大学计算机基础实践教程》。

● **致谢**

　　在安徽工业大学教务处和计算机科学与技术学院的有关领导和同仁的鼎力支持下，本书的编写工作得以顺利完成。本书编写过程中参考了许多文献资料。在此，对有关领导、同仁以及参考文献的作者深表谢意！

编　者

2021 年 3 月

目　录

第1章　计算科学与计算思维 ············· 1

1.1　思维概念、种类和作用 ·············· 2
  1.1.1　思维的概念 ··················· 2
  1.1.2　科学思维的分类 ··············· 3
1.2　计算思维的本质、特征及其对人能力
     的影响 ························· 4
  1.2.1　计算思维的本质 ··············· 4
  1.2.2　计算思维的特征 ··············· 4
  1.2.3　计算思维对人能力的影响 ······· 5
  1.2.4　计算思维的应用领域 ··········· 5
1.3　科学与计算科学 ·················· 6
  1.3.1　什么是科学 ··················· 6
  1.3.2　什么是计算科学与计算学科 ····· 7
  1.3.3　计算机学科与计算机科学的关系 ··· 8
1.4　计算机与计算思维的关系 ·········· 10
  1.4.1　计算机促进计算思维的研究与
       发展 ······················ 11
  1.4.2　计算思维研究推动计算机的发展 ··· 11
1.5　计算学科的典型案例 ·············· 11
  1.5.1　问题求解的基本步骤 ··········· 11
  1.5.2　案例解法分析 ················ 12
1.6　计算科学研究与应用 ·············· 15
  1.6.1　普适计算 ···················· 15
  1.6.2　网格计算 ···················· 16
  1.6.3　云计算 ······················ 17
  1.6.4　人工智能 ···················· 19
  1.6.5　物联网 ······················ 19
  1.6.6　大数据 ······················ 22

  1.6.7　"互联网+" ·················· 23
1.7　当代大学生在计算机领域的担当 ······· 23
本章小结 ····························· 24
习题 ······························· 24

第2章　计算机系统组成及其工作
     原理 ························· 26

2.1　计算机硬件设计思路的演变 ········· 26
  2.1.1　最早的计算机模型 ············· 26
  2.1.2　改进后的计算机模型 ··········· 27
  2.1.3　现在的计算机模型 ············· 28
2.2　冯·诺依曼计算机及其工作原理 ······ 28
  2.2.1　冯·诺依曼的设计思想 ········· 28
  2.2.2　计算机工作原理 ··············· 29
2.3　计算机硬件系统 ·················· 30
  2.3.1　计算机硬件系统概述 ··········· 30
  2.3.2　微型计算机硬件组成 ··········· 30
2.4　计算机软件系统 ·················· 41
  2.4.1　系统软件 ···················· 41
  2.4.2　应用软件 ···················· 43
2.5　计算机硬件和软件的关系 ·········· 44
本章小结 ····························· 45
习题 ······························· 45

第3章　信息的表示与存储 ··········· 48

3.1　信息及信息技术 ·················· 48
  3.1.1　信息的定义 ·················· 48
  3.1.2　信息的特征 ·················· 49

3.1.3 信息技术 ················ 49

3.2 数制与运算 ················ 51

3.2.1 数制 ···················· 51

3.2.2 常用的数制 ············ 51

3.2.3 各种数制的转换 ········ 53

3.2.4 二进制数 ·············· 55

3.3 数据的存储 ················ 58

3.3.1 数据存储单位 ·········· 58

3.3.2 存储设备结构 ·········· 58

3.3.3 编址和地址 ············ 59

3.4 数值的表示 ················ 60

3.4.1 机器数与真值 ·········· 60

3.4.2 数的原码、补码和反码 ··· 60

3.5 非数值数据的表示 ········ 64

3.5.1 逻辑数据的表示 ········ 64

3.5.2 字符数据的表示 ········ 64

3.5.3 声音的表示 ············ 68

3.5.4 图形与图像的表示 ······ 69

3.5.5 条形码 ················ 72

本章小结 ························ 73

习题 ···························· 73

第4章 常用数据结构与算法 ··· 76

4.1 计算机程序概述 ·········· 76

4.1.1 计算机程序 ············ 76

4.1.2 程序设计语言 ·········· 77

4.1.3 算法和算法描述语言 ···· 79

4.1.4 程序结构与流程图 ······ 80

4.1.5 用流程图表示求 5! 的算法··· 81

4.2 常用数据结构 ············ 81

4.2.1 线性表 ················ 81

4.2.2 栈 ···················· 82

4.2.3 队列 ·················· 83

4.2.4 树及二叉树 ············ 84

4.2.5 图 ···················· 87

4.3 常用算法 ················ 92

4.3.1 顺序查找 ·············· 92

4.3.2 二分查找 ·············· 92

4.3.3 直接插入排序 ·········· 93

4.3.4 冒泡排序 ·············· 93

本章小结 ························ 95

习题 ···························· 95

第5章 计算机操作系统 ········ 97

5.1 操作系统概述 ············ 97

5.1.1 操作系统的定义 ········ 97

5.1.2 操作系统的作用 ········ 98

5.1.3 操作系统的发展过程 ···· 99

5.1.4 操作系统的类型 ········ 100

5.1.5 常用的操作系统 ········ 101

5.2 操作系统功能概述 ········ 102

5.2.1 进程管理 ·············· 103

5.2.2 内存管理 ·············· 104

5.2.3 设备管理 ·············· 105

5.2.4 文件管理 ·············· 106

5.2.5 用户接口 ·············· 107

5.3 操作系统基本操作 ········ 108

5.3.1 应用软件操作 ·········· 108

5.3.2 磁盘操作 ·············· 110

5.3.3 系统资源管理 ·········· 113

5.3.4 文件及文件夹操作 ······ 115

5.4 操作系统应用案例 ········ 116

5.4.1 操作系统安装与运行 ···· 116

5.4.2 驱动程序与驱动故障的解决··· 117

5.4.3 计算机资源优化 ········ 118

5.4.4 Windows 8 和 Windows 10 简介··· 120

本章小结 ························ 121

习题 ···························· 122

第6章 计算机网络 ············ 124

6.1 计算机网络基础 ·········· 125

6.1.1 概述 ·················· 125

6.1.2 常见网络设备 ·········· 127

6.2 网络协议与体系结构 ······ 132

6.2.1 网络协议 ·············· 132

6.2.2 网络体系结构 ·········· 132

6.3　Internet 应用 ················· 138
　6.3.1　Internet 基础 ··············· 138
　6.3.2　Internet 工作方式 ········· 138
　6.3.3　信息搜索 ····················· 139
　6.3.4　信息发布 ····················· 139
6.4　网页制作概述 ··················· 142
　6.4.1　几个相关概念 ············· 142
　6.4.2　网站建立与网页发布流程 ··· 142
　6.4.3　HTML 简介 ················· 143
　6.4.4　Dreamweaver 简介 ······· 146
本章小结 ································· 149
习题 ····································· 149

第7章　人工智能基础 ··········· 151

7.1　人工智能的概念与发展 ······· 152
　7.1.1　人工智能的概念 ··········· 152
　7.1.2　人工智能的发展 ··········· 152
7.2　人工智能与计算智能 ··········· 153
　7.2.1　专家系统 ····················· 153
　7.2.2　模糊系统 ····················· 154
　7.2.3　人工神经网络 ············· 156
　7.2.4　进化计算 ····················· 159
　7.2.5　群体智能 ····················· 162
7.3　人工智能与机器学习 ··········· 163
　7.3.1　传统机器学习 ············· 163
　7.3.2　深度学习 ····················· 166
　7.3.3　强化学习 ····················· 169
7.4　人工智能与大数据 ············· 170
　7.4.1　大数据技术 ················· 170
　7.4.2　人工智能对大数据的贡献 ··· 170
7.5　人工智能的典型应用 ··········· 170
　7.5.1　模式识别 ····················· 170
　7.5.2　自然语言理解 ············· 171
　7.5.3　计算机博弈 ················· 171
　7.5.4　机器视觉 ····················· 172
　7.5.5　自动驾驶 ····················· 172
　7.5.6　智能家居 ····················· 173
　7.5.7　智能医疗 ····················· 173

　7.5.8　智能教育 ····················· 173
　7.5.9　智能营销 ····················· 173
7.6　我国人工智能领域的发展 ····· 174
本章小结 ································· 175
习题 ····································· 175

第8章　数据库基础及应用 ····· 177

8.1　数据库系统概述 ················· 177
　8.1.1　数据库的基本概念 ······· 177
　8.1.2　数据库的发展 ············· 179
　8.1.3　数据模型及组成要素 ····· 180
　8.1.4　常见数据库管理系统 ····· 181
8.2　关系数据库标准语言——SQL ··· 182
　8.2.1　SQL 基础 ··················· 182
　8.2.2　基本表的定义 ············· 182
　8.2.3　修改表结构 ················· 183
　8.2.4　数据操纵 ····················· 184
　8.2.5　数据库查询 ················· 184
8.3　Access 2010 入门与实例 ····· 186
　8.3.1　Access 2010 的功能特点 ··· 186
　8.3.2　Access 2010 的工作界面 ··· 186
　8.3.3　数据库的创建 ············· 187
　8.3.4　数据表的创建 ············· 191
　8.3.5　窗体和报表的创建与使用 ··· 199
8.4　我国数据库技术现状 ··········· 204
本章小结 ································· 205
习题 ····································· 205

第9章　信息安全 ················· 206

9.1　信息安全概述 ··················· 206
　9.1.1　引发安全问题的偶然因素 ··· 207
　9.1.2　计算机病毒和恶意软件 ··· 208
　9.1.3　网络入侵与攻击 ··········· 211
9.2　管理制度 ·························· 213
9.3　信息安全防护技术 ············· 213
　9.3.1　物理保护 ····················· 214
　9.3.2　数据备份 ····················· 214
　9.3.3　加密技术 ····················· 215

9.3.4 认证技术 ················ 216

9.3.5 计算机病毒防范措施 ···· 216

9.3.6 防火墙技术 ·············· 218

9.3.7 入侵检测技术 ············ 221

9.3.8 访问控制技术 ············ 222

9.3.9 安全审计技术 ············ 223

9.3.10 数字签名和数字水印技术 ··· 224

9.4 计算机职业道德与法规 ······· 224

9.4.1 道德规范 ················ 225

9.4.2 用户道德 ················ 225

9.4.3 企业道德 ················ 225

9.4.4 隐私与公民自由 ·········· 225

9.5 信息安全技术的发展趋势 ····· 226

9.5.1 可信化 ·················· 226

9.5.2 网络化 ·················· 226

9.5.3 标准化 ·················· 226

9.5.4 集成化 ·················· 226

本章小结 ······················ 227

习题 ·························· 227

第 10 章 Office 应用基础 ······· 228

10.1 Office 2010 简介 ············ 228

10.1.1 Office 2010 组件介绍 ···· 229

10.1.2 Office 2010 新功能 ······ 229

10.2 Word 2010 ················ 231

10.2.1 Word 2010 的基础知识 ······ 231

10.2.2 文档的基本操作 ········ 233

10.2.3 文本的编辑 ············ 234

10.2.4 文字和段落格式设置 ····· 235

10.2.5 页面的设置 ············ 236

10.2.6 图片编辑和图形绘制 ····· 236

10.2.7 表格制作 ·············· 237

10.2.8 生成目录 ·············· 238

10.2.9 邮件合并 ·············· 239

10.3 Excel 2010 ················ 240

10.3.1 Excel 2010 的基本知识 ···· 240

10.3.2 Excel 2010 表格的基本操作 ··· 242

10.3.3 Excel 2010 表格的格式设置 ··· 243

10.3.4 数据处理 ·············· 244

10.3.5 数据管理 ·············· 248

10.3.6 数据图表 ·············· 250

10.4 PowerPoint 2010 ··········· 252

10.4.1 PowerPoint 2010 的基本知识 ··· 252

10.4.2 演示文稿的编辑 ········ 254

10.4.3 演示文稿的版面设置 ····· 256

10.4.4 演示文稿的动画设置 ····· 257

10.4.5 演示文稿的播放设置 ····· 258

本章小结 ······················ 259

习题 ·························· 259

参考文献 ······················ 261

第 1 章 计算科学与计算思维

教学目标

➢ 了解科学、计算、计算科学与计算学科、思维与计算思维的基本概念。

➢ 了解计算学科与其他学科之间的关系。

➢ 了解计算思维的作用，学会计算思维的基本方法，掌握其基本技能。

➢ 了解运用计算机进行问题求解的基本思路和一般过程。

知识要点

本章主要简述计算、可计算性以及计算学科的概念，从现实案例中引出运用、计算思维进行问题求解的一般过程，讲解计算思维在人类社会的经济、科技等各领域发展中的作用和对人的能力发展的影响，以及计算科学研究与应用。

课前引思

● 皇帝会答应大臣的请赏吗？

古代皇帝和他的大臣下象棋，大臣赢了。皇帝问大臣："你想要得到什么奖赏？"大臣向皇帝说："微臣不敢奢求，只要皇上按棋盘的格子数，依次给予 1 粒黄豆、2 粒黄豆、4 粒黄豆、8 粒黄豆、16 粒黄豆……按此规律（2^n）给 64 次就无比地感谢皇上了。"请问皇帝会答应这个大臣的请赏吗？你能很快给出答案吗？

● 到底谁说真话？

张三说：李四在说谎。

李四说：王五在说谎。

王五说：张三和李四都在说谎。

已知三人中只有一人说真话。

你能很快给出结论吗？可以用计算机求解吗？

● 旅游景点与线路图如图 1-1 所示，从哪一点出发开始旅行既能游览每一个景点（A~J 表示景点，连线表示通路），又不走重复路线？

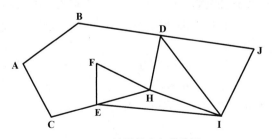

图 1-1　旅游景点与线路图

上述问题，有的同学也许觉得容易回答，有的同学可能觉得不知所措。对同一问题，为什么不同的人感觉到的难易度会有很大的差异？主要原因在哪里？

1.1 思维概念、种类和作用

1.1.1 思维的概念

思维是人的意识活动，是物质性的人脑对事物及其信息的处理过程。

1-1 计算思维的概念、本质和特征

1. 思维产生知识

思维是人的高级心理活动和认识事物的高级形式，是人和动物的根本区别之一，是人的重要本质所在。人类文明和文化世界的重要源泉是人的思维。

思维对于知识具有本原作用。知识不是从天上掉下来的，也不是从地里冒出来的，知识是从人的头脑中生长出来的，是人类头脑思维的产物。没有文明的人类就没有知识，没有善于发明创造的思想家、科学家、文学家、艺术家、工程技术专家，就不会有知识。**思维是人类获得知识的途径。**

2. 思维加工知识

思维是人脑对现实事物的概括、加工，最终揭示其本质特征和内在规律；人脑对信息的处理包括分析、抽象、综合、概括等。

思维是加工知识的机器。知识是一种很精巧的精神产品，如同玉器，以来自大自然的石头为基础，经过玉工打磨、精心雕刻方变成宝贝。思维是加工知识的利器，是产生知识的工作母机。"客观的原材料"在思维的加工下，不断被萃取提炼、变形、升华，最后成为精致的知识产品。例如，三角形面积公式 $S=LH/2$，虽只有 3 个参数，但得出这一公式需要几千年时间，要经过若干次思维飞跃：①提出数量概念，能够计数；②提出长度和单位概念，能测量长度；③提出"形状概念"，分清各种形状；④提出"面积"概念；⑤归纳出"各种形状的面积公式"。所以，看上去很简单的公式，实际消耗了大量的智慧，需要数辈人的思维接力，在持久的思维加工下才打磨成型。其他种种知识，也都是历经思维的辛苦，经过长期孕育而产生的。

通过以上对思维的定义与阐述，可以看出思维是由思维主体（人脑）、思维材料（大自然）和思维工具（认识的反映形式）3 个要素构成的。思维的结果（成果）就是知识（低级成果为经验，高级成果为科学理论）。一个人的思维能力、思维品质决定了他认识事物、解决问题的工作效率与能力水平，个体的知识储量、水平存在差异，其原因就是思维能力有差距。

3. 思维的分类

思维按进程方向可分为横向思维、纵向思维、发散思维和收敛思维。

① **横向思维**是指思维具有往宽处发展的特点。具有这种思维特点的人，思维面都很广，善于举一反三，既可以轻而易举地把已有的知识应用于对同类（或加以改造用于类似）事物的认识，又容易从同类事物中汲取相应的知识。

② **纵向思维**是指思维从对象的不同层面切入，具有纵向跳跃、突破、递进、渐变的联系过程。具有这种思维特点的人，对事物的见解往往入木三分，一针见血，对事物动态把握能力较强，具有预见性。其特点是具有由轴线贯穿的思维进程，以及清晰的等级、层次、阶段性、稳定性、目标性与方向性。

③ **发散思维**是从一个目标出发，朝各种可能的方向扩散，探求多种合乎条件的答案的思维。

发散思维是创造性思维的主要特点，是创造力的主要标志之一。其特点是思维视野广阔，呈现出多维发散状。"一题多解""一事多写""一物多用"等都要用到发散思维。发散思维是创新型人才最重要的优良思维品质之一。

④ **收敛思维**又称**"聚合思维""求同思维""辐集思维"**或**"集中思维"**。其特点是思维始终集中于同一方向，条理化、简明化、逻辑化、规律化。收敛思维与发散思维，如同一个钱币的两面，是对立的统一，具有互补性，不可偏废。

思维按抽象程度可分为直观行动思维、形象思维和抽象思维。

① **直观行动思维**是指通过实际动作来解决问题的思维，也叫操作思维、实践思维。这种思维具有明显的外部特征，通常以直观、具体的实际动作表现出来。3 岁前的幼童在活动中思考，思维离不开触摸、摆弄物体的运动，他们的思维就属于直观行动思维。聋哑人靠手势与表情进行沟通也运用了这种思维。

② 能够在脑海中形成具体图像的思维叫**形象思维**，无法根据现有物体来描述的思维叫**抽象思维**。**形象思维**是指凭借事物的具体形象和表象来进行的思维。它是个体智慧发展必须经历的重要阶段。成人的思维虽然以抽象思维为主要形式，但也不可能完全脱离形象思维，特别是在解决比较复杂的问题时，鲜明生动的形象有助于思维过程的顺利进行。作家、画家、诗人、设计师的创造活动更多地运用形象思维，数学家、物理学家、化学家也离不开形象思维。成人的形象思维是一种概括的形象思维，也称形象逻辑思维。形象思维带有强烈的情绪色彩，为解决问题提供动力，它是创作或其他创造活动不可缺少的一种特殊的思维活动。

③ **抽象思维**又称**抽象逻辑思维**或**理论思维**，它是思维的一种高级形式。其特点是以抽象的概念、判断和推理作为思维的基本形式，以分析、综合、比较、抽象、概括和具体化作为思维的基本过程，从而揭示事物的本质特征和规律性联系。抽象思维一般分为经验型与理论型。

思维按形成与应用领域可分为日常思维和科学思维。

① **日常思维**是指为了满足生活、工作等日常活动需要的本能、自发的普通思维。其主要特点是本能性、自发性、重复性、普遍性、实用性、非批判性。

② **科学思维**是指形成并运用于科学认识活动的人脑，借助信息符号对感性认识材料进行整理、归纳、加工处理，形成概念、分析、判断和推理，揭示事物的本质和内在规律的思维活动。科学思维是人们认识自然界、社会和人类意识的本质和客观规律性的高级思维活动，其特点是比日常思维更具理性、客观性、严谨性、系统性与科学性。

1.1.2　科学思维的分类

从人们认识与改造自然世界的思维方式来看，科学思维又可以分成理论思维、实证思维和计算思维 3 种。

理论思维如前所述，就是经过对事物的感性认识资料进行抽象、概括，形成描述事物本质的概念，是以推理和演绎的方法探寻概念之间的联系的一种思维活动。理论思维源于数学，**支撑着所有的学科领域**。定义是理论思维的灵魂，定理和证明是它的精髓。数学中的概念定义、定理的证明与公理化方法，就是最典型也最重要的理论思维方法。

实证思维又叫实验思维或验证思维，是通过观察和实验的手段揭示自然规律法则的一种思维方法。实证思维的特征是观察、整理、归纳、对比和验证。例如，星球运行规律与万有引力的发现，设备性能的物理测量，化学物质的分解与化合，生物的解剖，就是认识事物本质和变化规律的有效手段和思维方法。

实证思维的先驱是意大利科学家伽利略，他被人们誉为"近代科学之父"。与理论思维不同，实证思维往往需要借助于某些特定的设备，用它们来获取数据以供以后的分析。

计算思维又叫构造思维，是从具体的算法设计规范入手，通过算法过程的构造与实施，来解决给定问题的一种思维方法。目前被广泛接受的计算思维概念是 2006 年华裔计算机科学家周以真教授首次明确提出的定义：**计算思维就是运用计算机科学的基础概念去解决问题、设计系统和理解人类行为的涵盖了计算机科学之广度的一系列思维活动。**

1.2 计算思维的本质、特征及其对人能力的影响

1.2.1 计算思维的本质

计算思维是运用计算的基础概念（Fundamental Concept）去解决问题、设计系统和理解人类行为的一种方法（Approach）。计算思维最根本的内容即其本质是**抽象（Abstract）和自动化（Automation）**。如同所有人都具备读、写、算能力一样，信息时代人人都必须具备计算思维能力。

1.2.2 计算思维的特征

计算思维具有以下特征。

① 是概念化的，不是程序化的。

计算机科学不是计算机编程。像计算机科学家那样去思维，意味着能够在抽象的多个层次上思维。计算机科学不只是关于计算机，就像音乐产业不只是关于钢琴一样。

② 是根本的，不是刻板的。

计算思维是一种根本技能，是每一个人为了在现代社会中发挥职能所必须掌握的技能。刻板的技能意味着简单的机械重复。

③ 是人的，不是计算机的。

计算思维是人类解决问题的一种思维方式，决不是要人类像计算机那样思考。计算机枯燥且沉闷，人类聪颖且富有想象力。是人类赋予计算机激情。计算机给予人类强大的计算能力，人类应该好好利用这种力量去解决各种需要大量计算的问题。

④ 是思想，不是人造物。

计算思维不是我们生产的软、硬件等人造物，而是将计算的概念、思想、方法用于问题的求解、日常的生活管理，以及与他人进行交流和互动。

⑤ 是数学思维和工程思维的互补与融合。

计算机科学在本质上源自数学思维，它的形式化基础构建于数学之上。

计算机科学又从本质上源自工程思维，因为我们构建的是能够与实际世界互动的系统。所以计算思维是数学思维和工程思维的互补与融合。

⑥ 面向所有的人、所有的地方。

当计算思维真正融入人类活动的整体时，它作为一个解决问题的有效工具，应当为人人掌握，应该被处处使用。

⑦ 关注依旧亟待理解和解决的智力上极有挑战性并且引人入胜的科学问题。

"计算"对于大多数人来说，是一个可以领会，却难于言表的数学概念。电子计算机的出现

和计算机科学的发展泛化了这一概念。不论是过去、现在或者将来，计算始终都是人类的基本思维活动和行为方式，也是人类认识和改造世界的基本方法。

1.2.3 计算思维对人能力的影响

抽象的概念源自具体概念，依其"共性"，把具体概念的诸多个性排出，集中描述其共性，就会产生一个抽象的概念。

计算思维中的抽象是超越物理时空的，完全可以用符号来表达，数字只是其中的一种特例。数学抽象的特点是忽略事物的物理、化学和生物特性，只保留其量的关系和空间的形式。计算思维中的抽象比数学更丰富、更复杂。例如，计算机科学中，堆栈、队列、链表是常见的几种抽象数据类型，对这类数据的操作，就不像数学中简单的加减运算。问题求解的算法也是一种抽象，不能把多个算法简单地合在一起，构造出一种并行算法。

计算思维中的抽象最终要能够被机器一步一步地自动执行。为了确保自动化，需要在抽象的过程中采用精确且严格的符号标记系统进行描述和建模，同时也要求计算机系统或软件系统的生产厂家能够提供不同抽象层次的翻译工具。计算思维的抽象和自动化，反映了计算的根本问题，即什么能被自动地执行。计算就是抽象的自动执行，而自动化需要合适的计算机对抽象予以解释并执行。从操作层面上讲，计算就是寻找或构造合适的计算机系统来解决问题。首先对待解决的问题进行合适的抽象，然后选择合适的计算机去解释和执行抽象。抽象的解释和执行过程就是自动化。

根据问题求解的需要，在分析问题的过程中，人们可以对问题进行多层次的抽象，将注意力集中在感兴趣的抽象层次或关系相对密切的上下层，抛弃那些不感兴趣的（不重要的）层次或细节，使问题分析相对简单，以控制问题解决的复杂性。

问题抽象能力是衡量人的思维品质的重要方面。

为什么不同的人对同一问题的难易度的感觉会有很大的差异？为什么不同的人对同一问题的解决办法和处理方式各不相同？这是人的思维方法和思维品质的差异决定的。

1.2.4 计算思维的应用领域

1972 年图灵奖获得者、荷兰计算机科学家艾兹格·迪科斯彻（Edsger Wybe Dijkstra）曾说过，"我们所用过的工具影响着我们的思维方式和思维习惯，从而也将深刻地影响我们的思维能力"。正如印刷与出版促进了阅读、写作和算术的传播，计算和计算机也促进了计算思维的传播。

计算思维是每个人应当具备的基本技能，也是创新人才的专业素质，每个人都应当学习和应用计算思维。

迄今为止，计算思维不仅渗透到每个人的生活，而且对生物信息学、生物计算、专家系统、经济学等学科领域产生了重大影响，在科技创新与教育教学中起着非常重要的作用。计算思维这一领域提出的新思想、新方法将会促进自然科学、工程技术和社会经济等领域产生革命性的发展。计算思维典型的应用领域如下。

1. 生物信息学

生物信息学是生物学领域中的一门新兴学科，其研究内容之一是构成生命的基本要素（DNA和蛋白质等）的生物序列，而涉及搜索、匹配和组合的算法正是生物信息学的常用工具。这些算法运用了计算科学中的许多重要思想，如基于动态规划的序列比对算法、基于文法的序列结构识别算法等。

2. 仿生计算

计算科学的发展为系统生物学的发展奠定了坚实的基础，生物进化过程所蕴含的智能对计算科学的发展提供了重要的启示。计算科学中的许多仿生算法都是受到生物群体行为的启发而模仿设计出来的。例如，遗传算法、蚁群算法、协同进化算法、生物免疫算法、神经网络算法、粒子群算法等，无不受益于生物进化中的群体智能行为。再如，计算机病毒的概念与行为，也是模仿自然界中的生物病毒而提出来的。计算机病毒就像生物病毒一样，具有潜伏性、传染性、自我繁殖性、变异性和适应性。

3. 专家系统

专家系统就是把某个（些）专家的经验和知识规则，按照一定的数据结构存储到数据库中，结合人工智能技术，构建的专家知识库及软件系统。由计算机代替（模拟）专家，接收问题描述和要求，自动地进行知识规则检索、对比、分析、推理和判断，给出问题的解答。例如，中医专家系统会根据就诊者对问题的描述，自动查询病状知识规则，通过比对、分析、综合推理得出结论，给出治疗方案或开出处方。

4. 数值计算

利用数值计算方法，建立相关学科的数学模型，可以进行数值计算或问题求解，如化学工程中的应用计算、分析化学中的条件预测等。

5. 模拟

建筑学中的应力分析，采用曲线拟合法模拟实测工作曲线，根据某一过程的测试数据建立数学模型、预测反映效果等，都属于模拟。

6. 统计模式识别

统计模式识别是一种按专业要求对统计数据进行分类判别的方法，适用于多因素的综合影响，如按照化合物的相关参数（离子的半径、原子的价径比等）对化合物进行分类、预测化合物的性质等。统计模式识别还被广泛用于最优化设计，根据物性数据设计新的功能材料。

7. 虚拟现实

虚拟现实技术又称灵境技术。其特点在于，计算机提供一种人为的虚拟环境，这种虚拟环境是通过计算机图形构建的三维空间，或者是将现实世界中的真实环境编制到计算机中去产生逼真的"虚拟环境"，从而使得用户在视觉上产生一种沉浸于真实环境的感觉。典型的应用如飞机飞行仿真系统、作战仿真系统、虚拟风洞、虚拟物理实验。

1.3　科学与计算科学

1.3.1　什么是科学

现实生活中，人们普遍朴实、简单而又模糊地认为"科学"就是"真实的""客观的"。这种认识正确吗？科学的真正含义究竟是什么呢？

关于"科学"，达尔文给出的定义是，科学就是整理事实，从中发现规律并做出结论。爱因斯坦认为：设法对人们杂乱无章的感觉经验加以整理，使之符合逻辑一致的思想系统，就是科学。综合他们对"科学"的定义，科学就是遵从客观事实，通过对事物进行观察、实验、整理得到的系统知识。尽管科学本身是一种完整的、客观的事物，但是在它的形成过程中，人们会受到心理等主观因素的影响，以至于对"科学的目的与意义是什么"这一问题，答案会因人、因时、因地而不同。

美国《韦伯斯特新世界词典》对科学的注解：科学是从确定研究对象的性质和规律这一目的出发，通过观察、调查和实验得到的系统知识。这一解释，明确地规定了科学的研究对象、目的、手段和方法。

我国的《辞海》（1999 年版）对科学的阐释是：科学是运用范畴、定理和定律等思维形式反映现实世界中各种现象的本质和运动规律的知识体系。

综上所述，**科学**是反映现实世界中各种现象的本质和运动规律的知识体系。科学作为人类知识的最高形式，已经成为人类社会普遍的文化理念，受到人们的崇尚、敬重。

科学经过长期的发展，已经形成一个复杂、庞大的族系，按照不同的方式，可把科学划分为不同的类型，如表 1-1 所示。

表 1-1　　　　　　　　　　　　　　　科学的分类

分类方式	划分的类型
按照研究对象的不同	自然科学、社会科学、思维科学
按照人类目标的不同	广义科学、狭义科学
按照人类对自然规律利用的直接程度的不同	自然科学、实验科学
按照与实践联系的不同	理论科学、技术科学、应用科学
按照研究手段和方法的不同	理论科学、实验科学、计算科学

1.3.2　什么是计算科学与计算学科

1. 计算科学

从计算的角度来看，**计算科学**（Computational Science）又称为科学计算，是采用计算机分析、解决科学问题的研究领域。

从计算机的角度来说，**计算科学**（Computing Science）是应用高性能计算机的计算能力预测和了解客观世界物质运动或复杂现象演化规律的科学，包括数值模拟、工程仿真等。

尽管人们对计算科学的发展趋势有不同的看法，但是，计算作为科学发现的一种重要手段已被广泛认可。例如，数学家苦苦探索 120 多年的"四色问题"，被计算机成功地证明为"四色定理"。（即地图无论划分成多少个不同的区域，只要用 4 种颜料为区域涂色，就足以区分区域板块。）

由于计算机科学与技术的快速发展，计算机在各学科领域的应用研究中越来越发挥着不可或缺的重要作用，计算科学从原来的辅助地位，已经上升到与理论科学和实验科学研究同等重要的位置，被看作第三种科学研究手段。美国能源部的公告称：高端计算目前已经与理论研究、实验手段一起，成为获得科学发现的三大支柱。而且这种认识逐渐被权威界广泛认同。当今，计算科学已经成为科学技术发展和工程设计中具有战略意义的研究手段，它与理论研究和实验研究一起，成为科学技术重大发现和发展的战略支撑技术，也是提高国家自主创新能力和核心竞争力的关键因素之一。

那么，从研究手段来看，理论科学、实验科学与计算科学是什么关系呢？三者的研究关系如图 1-2 所示。

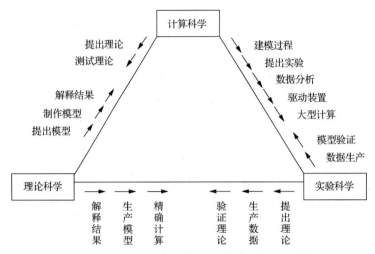

图 1-2　理论科学、实验科学与计算科学的研究关系

2. 计算学科

学科一是指学术的分类，指一定科学领域或一门科学的分支，如自然科学中的物理学、化学，社会科学中的法学、社会学等；二是"教学科目"的简称，也称"科目"，是教学中按逻辑组织的一定知识和技能的单位，如中小学的数学、物理、语文、音乐等，或高等学校中讲授或研究知识的分科。从计算的角度来说，利用计算科学对其他学科的问题进行计算机模拟或者其他形式的计算而形成的计算化学、生物计算或计算生物、计算物理等学科统称**计算学科**（Computational Discipline）。从计算机的角度来说，**计算学科**对描述和变换信息的算法过程进行系统的研究，包括算法过程的理论、分析、设计、效率分析、实现和应用等。计算学科来源于对数理逻辑、算法理论、计算模型和自动计算机器的研究，形成于 20 世纪 40 年代。计算学科的基本问题是"什么能被（有效地）自动执行"，讨论可行性的有关内容，包括什么是（实际）可计算的，什么是（实际）不可计算的，如保证计算的自动化、有效性和正确性。**计算学科**是在数学和电子科学基础上发展起来的一门新兴学科，它既是一门深入理论研究的学科，又是一门实践性很强的学科。

计算学科包括**计算机科学与技术**（Computer science and technology）和**计算机科学与工程**（Computer Science and Engineering）。

1.3.3　计算机学科与计算机科学的关系

计算机学科（Computer Discipline）即计算机科学与技术，是研究计算机的设计与制造，利用计算机进行信息获取、表示、存储、处理、控制等的理论、原则、方法和技术的学科。它包括科学和技术两个方面：计算机科学侧重于研究现象和揭示规律；计算机技术则侧重于研发计算机及使用计算机进行信息技术处理的方法和技术手段。计算机科学与技术的突出特点是科学与技术相辅相成、相互影响、高度融合。计算机学科也是一门科学性与工程性并重的学科。计算机科学与技术的迅速发展，除了得益于微电子技术及相关学科的高速发展，还得益于人们对将计算机应用于各领域所涉及的原理、方法、技术的积极研究。计算机学科逐渐渗透到社会的各个领域，成为经济增长、社会进步的重要推进器。

计算机科学（Computer Science）是研究计算机及其周围各种现象和规律的科学。它的研究范围很广，从计算理论、算法基础到机器人开发、计算机视觉、智能系统与生物信息学等。其主要工作包括寻找问题求解的有效方法、构建应用计算机的新方法以及设计与实现软件。

计算机科学分为理论计算机科学与应用计算机科学两部分。理论计算机科学包括计算理论、信息与编码理论、算法与数据结构、程序设计语言理论、形式化方法、并行与分布计算系统、数据库与信息检索等；应用计算机科学包括人工智能、计算机系统结构、计算机图形学、计算机视觉、计算机安全与密码学、信息科学与软件工程等。

计算机人才的专业基本能力包括计算思维能力、算法分析与设计能力、程序设计与实现能力、系统分析与应用开发能力。但是，学科形态不同，相应类型的人才需要强调的能力是有区别的。例如，研究型人才强调的是理论形态的内容，培养的重点在于强化计算思维分析能力、算法分析与设计能力、系统分析设计能力；工程应用型人才强调的是设计形态的内容，培养的重点在于强化计算思维应用能力、系统分析与开发应用能力、程序设计与实现能力。计算机科学与其他学科之间的相互渗透、交叉融合、互相影响、跨学科协作研究，必将推动本学科及相关学科更大、更快地进步与发展。

计算设备功能的限制迫使计算机科学家不能只限于数学性的思考，而必须进行计算性的思考。构建虚拟世界的自由使人们能够超越物理世界的各种系统。计算学科中数学思维和工程思维的融合体现在抽象、理论和设计 3 个形态（或过程）上。这 3 种学科形态对应于计算机科学与技术学科中问题求解的 3 个过程，也是学科方法论最根本的内容。

1. 理论

理论源于数学，其要素为定义、公理、定理证明和结果，即用定义和公理来表达被研究对象的特征，用定理来假设对象的基本性质和对象之间可能存在的关系，通过证明来确定这些关系是否成立，最后得出相应的结果（论）。理论是学科发展的数学支持，如何计算的理论、计算复杂性理论、并行计算理论、密码学理论等是算法与数据结构的理论，它的支撑领域还包括图论、递归函数、组合数学、微积分学、语言学、概率与统计学等，程序设计语言的理论内容包括正则语言与自动机器、图灵机、正则语义学，支持领域有谓词逻辑、时序逻辑、近世代数、数学归纳法等。

2. 抽象

抽象即抽出事物的本质特征，它是从现象中把握本质的认知过程和思维方法。抽象的结果是概念、符号。抽象建模是自然科学之根本。其要素为确定可能的实现环境并形成假设、构造模型并给出预测结果、设计实验并采集数据、进行试验结果分析。

例如，算法与数据结构的抽象内容有解决某类重要问题的最优算法及其性能分析、控制效果以及某问题的数据结构在空间和时间上的需求、计算的分治技术、贪婪算法、动态规划、有限状态机解释器、并行与分布式算法、数据库的逻辑设计、面向对象程序设计中类的设计等。而基于语法和语义模型的分类（函数、过程、面向对象、消息传递、数据流）、基于应用的分类（商业数据处理、模拟、列表处理绘图等）、程序结构的主要语法语义模型的分类（过程结构、函数组织、抽象数据类型、通信并行处理等），以及编译、解释和代码优化的方法等是程序设计语言的抽象内容。

3. 设计

设计源于工程科学，即广泛采用工程科学的研究方法来开发解决某个问题的系统和装备。在计算学科中，理论的要素为需求分析、规格说明、设计和实现方法、测试和分析。例如，解决某一类问题的算法的选择、设计、实现和测试，解决多类问题的一般方法的实现和测试，分布式算法的实现与测试，存储管理的实现与测试，加密协议的设计，都是算法与数据结构中的设计。程序设计语言中的设计包括特定语言的实现、程序设计环境、错误检查、调试和跟踪的程序、编程语言方法在文档处理函数中应用（创建表格、图像、公示等）。

需要说明的是，计算机科学与技术学科中的 3 种学科形态是该学科中问题求解的 3 个过程，它们相互交织、相互影响。唯物辩证法认为，人们对事物的认识是从"实践"到"理论"，再从"理论"到"实践"，先从"实践"中获得感性认识，通过感知得来的信息经过加工、总结，形成"经验"，再用这些经验去指导新的实践。一般说来，计算领域中的"认识"对应于抽象和理论，而"实践"对应于设计。认识过程以数学方法为主，实践过程以系统方法为主。

实践证明，没有抽象就没有理论，理论本身就是抽象的主要体现，没有理论指导的设计是很难成功的，即使成功也不一定是可靠的、最优的。反之，没有设计和设计基础上的抽象，就不可能建立起任何新的理论。由此可见，抽象、理论和设计三者的相互依赖、相互影响共同构成了计算机科学的数学基础和理论基础。

计算理论是研究使用计算机解决计算问题的数学理论，它有 3 个核心领域：自动机理论、可计算性理论和计算的复杂性理论。可计算性理论的中心问题是建立计算的数学模型，进而研究哪些是可计算的，哪些是不可计算的。计算的复杂性理论研究的是算法的时间复杂性和空间复杂性。可计算性理论中，将问题分成可计算的和不可计算的，计算的复杂性理论中，目标是把可计算的问题分成简单的和困难的。

可计算性理论（Computability Theory）是研究计算的一般性质的数学理论，也称算法理论或能行性理论。它通过建立计算的数学模型（如抽象计算机）精确区分哪些是可计算的，哪些是不可计算的。计算的过程就是执行算法的过程。可计算性理论的重要课题之一是将算法精确化。算法概念精确化的途径很多，其中之一是通过定义抽象计算机把算法看作抽象计算机的程序。通常把那些存在算法计算其值的函数叫作可计算函数。因此，可计算函数的精确起义：能够在抽象计算机上编出程序，并计算其值的函数。

可计算性理论是算法设计与分析的基础，也是计算机科学的理论基础。可计算性是函数的一个特性。设函数 f 的定义域是 D，值域是 R，如果存在一种算法，对 D 中任意给定的值都能计算出 $f(X)$ 的值，则称函数 f 是可计算的。

例如，若 M 和 N 是两个正整数，并且 $M \geqslant N$，求 M 和 N 的最大公约数的欧几里得算法可表示如下。

步骤 1：【求余数】以 N 除 M 得余数 R。

步骤 2：【余数为 0 吗】若余数 $R=0$，计算结束，N 即为答案；否则转到步骤 3。

步骤 3：【互换】把 M 的值变为 N，N 的值变为 R，重复上述步骤。

依照这 3 个步骤，可计算出任何两个正整数的最大公约数，计算过程可以看成执行这些步骤的序列。实际上，计算过程是有穷的，而且计算的每一步都是能够机械实现的。为了精确刻画算法的特征，人们建立了各种各样的数学模型，最根本的问题是：如何描述问题？哪些部分能够被自动化？如何进行自动化描述？

建立物理符号系统并对其实施等价变换是计算机学科进行问题描述和求解的重要手段。"可行性"所要求的"形式化"及其"离散特征"使得数学成为重要的工具。

1.4 计算机与计算思维的关系

计算思维虽然具有计算机的许多特征，但是，计算思维本身并非计算机的专属思维。实际上，计算思维是无处不在的。

1.4.1　计算机促进计算思维的研究与发展

计算思维古已有之，而且不停地发展，即使没有计算机，计算思维也会逐步发展。但是，计算机的诞生与发展，给计算思维的研究与发展带来了根本性的变化。

计算机对信息的处理速度快、记忆力强的特点，使得原本只能理论上实现的过程，变成实际可行过程。海量数据的处理、复杂系统的模拟、虚拟现实的仿真、大型工程的组织实施与优化调度，都可以借助计算机，实现从设想到现实产品生产全过程的自动化、精确化、可控化，大大拓展了人类认知世界的广度与深度，提升了人类分析、解决问题的能力，加快了社会发展的进程。智能机器替代人的部分智力活动，激发了人们对智力活动机械化的研究热情，凸显了计算思维的重要性，推进了对计算思维的形式、内容和表述的深入探索。在此背景下，计算思维受到计算机科学家和教育家的高度重视，计算思维本身也被广泛而深入地研究。什么是计算？什么是可计算？什么是可行计算？计算思维的这些性质得到了前所未有的彻底研究。

1.4.2　计算思维研究推动计算机的发展

对计算思维的广泛、深入研究，也推进了计算机的发展。在这个过程中，一些属于计算思维的特点被逐步揭示出来，计算思维与理论思维、实证思维的差异越来越明晰。计算思维的内容不断丰富与发展，例如，在对指令和数据的研究中，层次性、迭代描述、循环表达、以及各种组织结构被明确提出来，这些研究成果也使计算思维的具体形式和表达方式更加清晰。从思维的角度来说，计算科学主要研究计算思维的概念、方法和内容。

1.5　计算学科的典型案例

1-2 计算思维的
应用领域与典型案例

1.5.1　问题求解的基本步骤

计算机学科的核心概念为计算机解决相关问题提供了基本框架，而问题的求解必须遵循一些基本步骤。一般问题的求解可以归纳为 6 个主要步骤，即确定问题、分析问题、设计方案、方案选择、求解步骤、方案评价。

1. 确定问题

确定要解决什么问题。很多问题没有解决好，很大程度上是因为开始没有明确到底要解决什么问题。生活中的问题和数学中的问题不太一样，如果不理解或不明确，就无法选择合适的方法、适当的技术去解决它，从而限制了我们的创造性。

2. 分析问题

分析并理解问题，了解该问题背后的相关知识。例如，组织晚会一般会出现或遇到什么问题？出席人数是多少？饮食、服饰有什么要求？又如，设计一套应用软件方案，应当了解该软件的使用对象、使用者的知识背景，根据不同的用户设计不同的操作界面，同时还要了解运行该软件的计算机环境（即软、硬件配置），根据该环境设计相应的应用软件结构，还必须对相关学科领域有充分的了解，才可能了解该软件要解决问题的细节并解决它。再如，设计财务软件必须了解财务工作流程、记账方式（增、减记账方法还是借、贷记账方法）等，才能设计出适用的方案。

3. 设计方案

根据分析设计出多种方案，尽可能全面地列出备选方案，特别是在面临复杂的设计时，尽可能采用"头脑风暴"法，集思广益。

4. 方案选择

这时需要采用一个统一的评价标准明确评判每一种方案的优缺点，从中挑选最佳方案。

5. 求解步骤

方案选定后，确定方案的解决步骤。运用知识范围内的有限、分步的指令描述选定的方案的解决步骤。问题的解决步骤是有限的指令序列，按照这些指令去执行，才能达到最终的结果。在计算机中，解决问题的步骤集合称为算法。程序就是按照算法用指定的计算机程序设计语言编写的用于问题求解的指令集合。程序中绝对不能使用人或机器无法理解的指令。

6. 方案评价

方案执行后，检验它的结果正确与否，是否令人满意。如果结果错误或用户不满意，就必须对方案进行修改、完善，甚至重新设计一套方案。

1.5.2 案例解法分析

【例 1-1】到底谁说真话？

张三说：李四在说谎。李四说：王五在说谎。王五说：张三和李四都在说谎。已知三人中只有一人说真话。根据以上的陈述，判断到底谁说真话。

这是一个典型的逻辑推理命题，看上去好像跟计算沾不上边，实际上利用穷举法求解，即把**逻辑推理的叙述性命题数学化**，再用计算机程序把每一种可能情况中满足条件的情况输出，就可得出答案。

每个人说话的真假可以用一个表达式来表示。

设 Z、L、W 分别代表张三、李四和王五，取值为 0（或 False）时表示说的是假话，取值为 1（或 True）时表示说的是真话；再用 C 代表说真话计数器，每当有人说真话时，C 就加 1。如果 Z、L、W 三人中只有一人说真话（**即 Z+L+W=1**）并且 C 的值为 1，说明满足命题给定的前提条件。此时可得出结论，即输出 Z、L、W **各自的值。其中值为 1（或 True）的就是说真话的人。**

第一句话"张三说：李四在说谎"中的"李四在说谎"用数学式子表示为 L==0（或 L==False），如果张三说的是真话，则 L==0（或 L==False）表达式成立。

第二句话"李四说：王五在说谎"中的"王五在说谎"用数学式子表示为 W==0（或 W==False），如果李四说的是真话，则 W==0（或 W==False）表达式成立。

第三句话"王五说：张三和李四都在说谎"中的"张三和李四都在说谎"用数学式子表示为 Z==0 And L==0（或 Z==False And L==False），如果王五说的是真话，则 Z==0 And L==0（或 Z==False And L==False）表达式成立。

已知三人中只有一人说真话。即 Z、L、W 中只有一个变量的值是 1（或 True）。如果用 1 和 0 表示真假，则表达式"Z+L+W=1"恰好可以表示三人中只有一人说真话。

因此，从计算思维的角度来考虑、分析，可把原来的推理命题转化为计算机求解的算法。

用类自然语言对问题的求解过程描述如下。

步骤 1：将张三、李四、王五对应的符号 Z、L、W 赋值为 0，即 Z←0、L←0、W←0。

步骤 2：将说真话计数器对应的符号 C 赋值为 0，即 C←0。

步骤 3：3 人中只有一人说真话（即 Z+L+W=1 成立）则转步骤 4，否则转步骤 8。

步骤 4：张三说的话是真的（即 L=0 成立），则 C←C+1，转步骤 5。

步骤 5：李四说的话是真的（即 W=0 成立），则 C←C+1，转步骤 6。

步骤 6：王五说的话是真的（即 Z=0 与 L=0 同时成立），则 C←C+1，转步骤 7。

步骤 7：C=1 成立，则转步骤 14；否则转步骤 8。

步骤 8：W←W+1。

步骤 9：W<2 成立，则转步骤 2；否则转步骤 10。

步骤 10：L←L+1。

步骤 11：L<2 成立，则转步骤 2；否则转步骤 12。

步骤 12：Z←Z+1。

步骤 13：Z<2 成立，则转步骤 2；否则转步骤 15。

步骤 14：输出 Z、L、W 结果值后，转步骤 8。

步骤 15：结束。

用 C 语言的符号系统对问题的求解过程描述如下。

程序 1

```
void main()
{int Z,L,W,C=0;              /*定义整型变量 Z,L,W 和 C */
for(Z=0;Z<=1;Z++)            /* Z 的取值从 0 到 1*/
for(L=0;L<=1;L++)            /* L 的取值从 0 到 1*/
for(W=0;W<=1;W++)            /* W 的取值从 0 到 1*/
{
C=0;                        /* C 被赋值为 0 */
if(Z+L+W!=1)  continue;     /* Z+L+W=1 成立，则执行下面的指令，否则继续下一次取值判断 */
if(L==0)   C++;             /* L=0 成立，C 的值加 1 */
if(W==0)   C++;             /* W =0 成立，C 的值加 1 */
if(Z==0&&L==0)  C++;        /* Z =0 成立，C 的值加 1 */
if(C==1) printf("Z=%d,L=%d,W=%d\n",Z,L,W); /* C =0 成立，输出结果 */
}
```

用 C 语言的符号系统对改进的算法过程描述如下。

程序 2

```
void main()
{
int Z,L,W;
clrscr();
for(Z=0;Z<=1;Z++)
for(L=0;L<=1;L++)
for(W=0;W<=1;W++)
{ if(Z+L+W!=1)  continue;
 if(((L==0)+(W==0)+(Z==0&&L==0))==1)
    printf("Z=%d,L=%d,W=%d\n",Z,L,W);
}
}
```

程序 3

```
void main()
{
int Z,L,W;
clrscr();
for(Z=0;Z<=1;Z++)
for(L=0;L<=1;L++)
for(W=0;W<=1;W++)
 {if(Z+L+W!=1)  continue;
  if(!L+!W+(!Z&&!L)==1)
    printf("Z=%d,L=%d,W=%d\n",Z,L,W);
 }
}
```

程序 2 和程序 3 只是利用 C 语言的特点对程序 1 的改进。

例 1-1 采用多种形式（符号系统）表达问题的求解过程，先采用结合伪代码的类自然语言符号系统，再采用计算机系统可以接受、理解、并能自动执行的符号系统（C 语言），既说明了计算思维的根本内容（抽象与自动执行），也体现了问题求解的 3 种形态（理论、抽象与设计）和计算思维的部分特征。

【例1-2】 哥尼斯堡七桥问题。

哥尼斯堡七桥问题是图论研究的热点问题。18世纪初普鲁士的哥尼斯堡的一个公园里，有一条普雷格尔河穿过，河中有两个小岛A和B，有7座桥把两个岛与河岸联系起来，如图1-3所示。有个人提出一个问题：一个步行者从这4块陆地中任一块出发，怎样才能不重复、不遗漏地一次走完7座桥，最后回到出发点？后来大数学家欧拉（Leonhard Euler，1707—1783）把它抽象为一个几何问题，如图1-4所示，并证明上述要求是不可实现的。他不仅回答了此问题，还给出了问题有解的充分必要条件：**图是连通的，且奇顶点（通过此点连线的条数是奇数）的个数为0或2。**

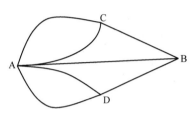

图1-3　哥尼斯堡七桥　　　　　　　　　　图1-4　抽象为几何问题

欧拉的解法如下。

① 将每一块陆地考虑成一个点，连接两块陆地的桥以线表示。

② 除了起点以外，每一次当一个人由一座桥进入一块陆地（或点）时，他（或她）必将由另一座桥离开此点，所以每行经一点时，计算两座桥（或线），从起点离开的线与最后回到起点的线亦对应两座桥，因此，每一块陆地与其他陆地连接的桥数必为偶数。

③ 七桥所成的图形中，任何一点都不对应偶数条边，因此上述任务无法完成。

后来，有关当局为了满足游客，在此地兴建了第八座桥，使游客能够一次走遍所有的桥而不重复路线。

哥尼斯堡七桥问题属于"图遍历"问题的一种。欧拉的解法非常重要，也非常巧妙，它表明了数学家处理实际问题的独特之处——把一个实际问题抽象成合适的"数学模型"。这种研究方法就是"数学模型方法"。这并不需要运用多么深奥的理论，但想到这一点，却是解决难题的关键。

欧拉的解题方法为后来数学新的分支——拓扑学的建立奠定了基础。他通过对哥尼斯堡七桥问题的研究，不仅圆满地回答了哥尼斯堡居民提出的问题，而且得出并证明了更为广泛的有关"一笔画"的3条结论，即**欧拉定理**。

① 凡是由偶顶点（通过此点连线的条数是偶数）组成的连通图，一定可以一笔画成。画时可以任一点为起点，每条边只画一遍，最后一定能返回起点画完此图。

② 凡是只有两个奇顶点（通过此顶点连线的条数是奇数）的连通图，一定可以一笔画成。画时可以任一个奇顶点为起点，每条边只画一遍，最后一定能返回起点画完此图。

③ 其他情况的图都不可能一笔画出。

对于一个连通图，从某一顶点出发，一笔画成的路线称为**欧拉路**。一笔画回到出发点的欧拉路称为**欧拉回路**。具有欧拉回路的图称为**欧拉图**。

对哥尼斯堡七桥问题的讨论与解决，出现在计算机诞生之前，充分体现了人的计算思维方法和计算思维能力。而在计算机出现之后，类似问题的解决方法和步骤（算法）即可利用计算机自动求解。有关图论的讨论可参阅第4章。

【例 1-3】皇帝会答应大臣的请赏吗？

古代皇帝和他的大臣下象棋，大臣赢了。皇帝问大臣："你想要得到什么奖赏？"大臣向皇帝说："微臣不敢奢求，只要皇上按棋盘的格子数，依次给予 1 粒黄豆、2 粒黄豆、4 粒黄豆、8 粒黄豆、16 粒黄豆……按此规律（每次给出黄豆的数目是前一次给出黄豆数目的 2 倍）给 64 次就无比地感谢皇上了。"皇帝会答应这个大臣的请赏吗？

相信很多人经过对这个问题的理解、分析之后，会直接写出（抽象）问题的表达式 $S=1+2+2^2+2^3+\cdots\cdots+2^{63}$，即进行 63 次求幂运算和 63 次加法运算。据此，可能设计的求解步骤如下。

步骤 1：设累加和 S=1，累加次数计数器 N=0。

步骤 2：N←N+1。

步骤 3：如果 N≤63，则转步骤 4；否则，转步骤 5。

步骤 4：$S←S+2^N$，转步骤 2。

步骤 5：输出结果 S 的值，结束。

实际上，可以把上述 $S=1+2+2^2+2^3+\cdots\cdots+2^{63}$ 改写成等价的表达式

$$S=1+2+2^2+2^3+\cdots\cdots+2^N=1+2(1+2(1+2(1+2\cdots\cdots)))$$

使得求解运算变成进行 63 次乘法运算和 63 次加法运算。

由此可以设计自动执行的求解过程如下。

步骤 1：设 X=1，累加和 S=1，累加次数计数器 N=1。

步骤 2：X←X*2；N←N+1。

步骤 3：如果 N≤63，则转步骤 4；否则，转步骤 5。

步骤 4：S←S+X；转步骤 2。

步骤 5：输出结果 S 的值，结束。

例 1-3 只是一个普通的问题求解，但可以看出不同的求解思路或计算思维技能的差异。不同的求解算法（过程）虽然可以达到相同的计算结果，但是耗用的计算时间是有差别的，求幂运算花费的时间比普通的乘法运算要多得多。

1.6　计算科学研究与应用

1.6.1　普适计算

所谓**普适计算**（Pervasive Computing/Ubiquitous Computing），指无所不在的、随时随地可以进行计算的一种方式——无论何时何地，只要需要，就可以通过某种设备访问到所需的信息。

普适计算（又叫普及计算）的思想是 1991 年马克·维瑟（Mark Weiser）在《科学美国人》（*Scientific American*）杂志的文章 *The Computer for the 21st Century* 中提出的，强调把计算机嵌入环境或日常工具，让计算机本身从人们的视野中消失，使人们的注意力回归到要完成的任务本身上。

普适计算的概念是在 1999 年的 UbiComp 国际会议上由 IBM 公司首次提出的，它有间断连接和轻量计算两个特征。

普适计算涉及移动通信技术、小型计算设备制造技术、小型计算设备上的操作系统技术及软件技术等。普适计算技术的主要应用方向是嵌入式技术（除笔记本电脑和台式计算机外的具有

CPU 且能进行一定的数据计算的电器，如手机、MP3 等都是嵌入式技术研究的方向）、网络连接技术（包括 4G、5G、ADSL 等网络连接技术）、基于 Web 的软件服务构架（即通过传统的 B/S 构架提供各种服务）。

普适计算把计算和信息融入人们的生活空间，使人们生活的物理世界与在信息空间中的虚拟世界融合成为一个整体。人们生活在其中，可随时、随地得到信息访问和计算服务，这将从根本上改变人们对信息技术的思考，并改变人们整个生活和工作的方式。

普适计算是对计算模式的革新，对它的研究虽然才刚刚开始，但它已显示了巨大的生命力，并带来了深远的影响。普适计算的新思维极大地活跃了学术思想，推动了对新型计算模式的研究。在此方向上已出现了平静计算（Calm Computing）、日常计算（Everyday Computing）、主动计算（Proactive Computing）等新研究方向。

1.6.2　网格计算

网格计算最近作为一种分布式计算体系结构日益流行，它非常适合企业计算的需求。许多领域都正在采用网格计算解决方案来解决关键的业务需求。例如，金融服务已经广泛采用网格计算技术来解决风险管理和规避问题，自动化制造业使用网格解决方案来加速产品的开发和协作，石油公司大规模采用网格技术来加速石油勘探并提高成功采掘的概率。随着其计算技术的不断成熟，网格计算在其他领域的应用将会不断增加。

与 Internet 类似，在开发构成网格计算基础的第一代技术和架构时，学术机构走在了前沿。Globus Alliance、China Grid 和 e-Science Grid 等学术机构第一批开始孵化和培育网格解决方案，使其不断成熟并适用于商业解决方案。网格诞生于那些非常需要进行协作的研究和学术社区，这些研究中非常重要的一个部分是分发知识的能力——共享大量信息和帮助创建这些数据的计算资源的效率越高，可以实现的协作质量就越好，协作范围也越广泛。

商业领域也存在这类需要分发知识的能力的情况，这是由于在 Web 服务标准的推动下，业务过程和事务的集成的重要性持续提高。网格计算可以解决这些需求。

目前，网格计算从学术界基于标准技术的早期界定和开发中获益良多，这些标准可以满足商业业务更实际、更稳健的实现需求。网络技术现在正以比微处理器发展速度更快的速度发展。为了利用网络的优点，人们需要另外一种更有效利用微处理器的方法。这个新观点改变了历史上网络与处理器成本之间的平衡。网格计算就是解决这种差距的手段，它通过将分布式资源绑定在一起构成一个单一的虚拟计算机，改变了资源之间的平衡。这个资源丰富的虚拟计算机以及应用程序加速所带来的优点（从几周变成几天，从几天变成几小时，从几小时变成几分钟，依次类推），为商业业务逻辑提供了一个诱人的前景（这也可能会需要在通信业务实践中做出重大的变化，以价格变化最为突出）。

人们通常会混淆网格计算与基于集群的计算这两个概念，但实际上这两个概念之间有一些重要的区别。集群计算实际上不能真正地被视为一种分布式计算解决方案，但对于理解网格计算是很有用的。

网格是由异构资源组成的。集群计算主要关注的是计算资源，网格计算则对存储、网络和计算资源进行了集成。集群通常包含同种处理器和操作系统，网格则可以包含不同供应商提供的运行不同操作系统的机器。IBM、Platform Computing、Data Synapse 和 United Devices 提供的网格工作负载管理软件，都可以将工作负载分发到类型和配置不同的多种机器上。

网格本质上是动态的。集群包含的处理器和资源的数量通常是静态的，而在网格上，资源可以动态出现。资源可以根据需要添加到网格中，或从网格中删除。

网格天生就是在本地网、城域网或广域网上进行分布的。通常，集群物理上在同一个位置，而网格可以分布在任何地方。集群互连技术可以产生非常低的网络延时，可是集群距离很远，这可能会导致很多问题。

网格提供了增强的可扩展性。物理邻近和网络延时限制了集群地域分布的能力，而网格的动态特性可以提供高可扩展性。

例如，IBM、United Devices 和多个生命科学合作者曾共同完成了一个用来研究治疗天花的药品的网格项目。这个网格包括大约 200 万台个人计算机。按照传统的常用方法，这个项目很可能需要几年的时间才能完成，但是在网格上只需要 6 个月。设想一下，如果网格中有 2000 万台个人计算机会是什么情况？

1.6.3 云计算

网络电影是随着网络技术流媒体的应用走入我们生活的。实际上，在线影视系统不是完整的云计算，因为它还有相当一部分计算工作要在用户本地的客户端上完成，但是，这类系统的点播等工作是在服务器上完成的，而且这类系统的数据中心及存储量是巨大的。

QQ、微信这类互联网即时通信系统的主要计算功能也是在服务提供商的数据中心完成的。不过，这类系统也不能算是完整的云计算，因为用户身份认证等计算功能是在客户端完成的。但是，这类系统对后台数据中心的要求不逊于一些普通的云计算系统，而且，用户在使用这类服务时，不会关注计算平台在何处。

SaaS 是 Software as a Service（软件即服务）的简称，它是一种通过 Internet 提供软件的模式。在此模式下，用户不用购买软件，而是向提供商租用基于 Web 的软件，来管理企业的经营活动，且无须对软件进行维护，服务提供商会全权管理和维护软件。SaaS 被认为是云计算的典型应用之一，搜索引擎其实就是基于云计算的一种应用。在使用搜索引擎时，用户并不考虑搜索引擎的数据中心在哪里，是什么样的。事实上，搜索引擎的数据中心规模是相当庞大的，而对于用户来说，搜索引擎的数据中心是无从感知的。所以，搜索引擎就是公共云的一种应用方式。

"云计算"理论和尝试已经有近 20 年。多年来，从.NET 架构到按需计算（On-demand Computing）、效能计算（Utility Computing）、软件即服务（Software as a Service）、平台即服务（Platform as a Service）等新理念、新模式，其实都可视为企业对"云计算"的各种解读，或"云计算"发展的不同阶段。

云计算最早为谷歌（Google）公司、亚马逊（Amazon）公司等扩建基础设施的大型互联网服务提供商所采用。于是产生了一种架构：将大规模扩展、水平分布的系统资源抽象为虚拟 IT 服务，并作为持续配置、合用的资源进行管理。这种架构模式被乔治·吉尔德（George Gilder）在其 2006 年 10 月于《连线》（Wired）杂志上发表的文章 The Information Factories 中进行了详细介绍。Gilder 所描写的服务器庄园在架构上与网格计算相似，但其中的网格用于松散结合的技术，即计算应用程序，这种新的云模式则应用于互联网服务。

狭义云计算指 IT 基础设施的交付和使用模式，即可通过网络以按需、易扩展的方式获得所需资源；广义云计算指服务的交付和使用模式，即可通过网络以按需、易扩展的方式获得所需服务。这种服务可以是 IT 和软件、互联网等，也可以是其他服务。云计算的核心思想，是将大量用网络连接的计算资源统一管理和调度，构成一个计算资源池向用户提供按需服务。提供资源的网络被称为"云"。"云"中的资源在使用者看来是可以无限扩展的，并且可以随时获取，按需使用，随时扩展，按使用付费。云计算产业分为三级：云软件、云平台、云设备。

1. 云计算所涉及的关键技术

（1）数据存储技术

为保证高可用、高可靠和经济性，云计算采用分布式存储的方式来存储数据，采用冗余存储的方式来保证存储数据的可靠性，即为同一份数据存储多个副本。另外，云计算系统需要同时满足大量用户的需求，并行地为大量用户提供服务。因此，云计算的数据存储技术必须具有高吞吐率和高传输率的特点。目前，各 IT 厂商多采用全局文件系统（Global File System，GFS）或分布式文件系统（Hadoop Distributed File System，HDFS）的数据存储技术。

（2）数据管理技术

云计算系统对大数据集进行处理、分析，向用户提供高效的服务。因此，首先，数据管理技术必须能够高效地管理大数据集；其次，如何在规模巨大的数据中找到特定的数据，也是云计算数据管理技术所必须要解决的问题。云计算的特点是对海量的数据存储、读取后进行大量的分析，数据的读操作频率远大于数据的更新频率，云中的数据管理是一种读优化的数据管理。因此，云系统的数据管理往往采用数据库领域中列存储的数据管理模式，将表按列划分后存储。例如，Google 采用 BigTable 的数据管理技术。

（3）编程模式

为了使用户能更轻松地享受云计算带来的服务，让用户能利用编程模型编写简单的程序来实现特定目的，云计算上的编程模型必须十分简单，必须保证后台复杂的并行执行和任务调度向用户和编程人员透明。云计算采用类似 MapReduce 的编程模式。现在所有 IT 厂商提出的"云"计划中采用的编程模型，都是基于 MapReduce 思想开发的编程工具。

2. 云计算与网格计算的区别

尽管云计算和网格计算有相似之处，特别是计算的并行与合作的特点，但它们的区别也是明显的，具体如下。

① 网格计算的思路是聚合分布资源，支持虚拟组织，提供高层次的服务，如分布协同科学研究等。而云计算的资源相对集中，主要以数据中心的形式提供底层资源，不强调虚拟组织的概念。

② 网格计算的初衷是：用聚合资源来支持挑战性的应用，这是因为高性能计算的资源不够用，要把分散的资源聚合起来。到了 2004 年以后，网格计算逐渐强调适应普遍的信息化应用，特别是中国做的网格跟国外不太一样，即强调支持信息化的应用。但云计算从一开始就支持广泛企业计算、Web 应用，普适性更强。

③ 对待异构性方面，二者理念上有所不同。网格计算用中间件屏蔽异构系统，力图使用户面向同样的环境，把困难留给中间件，让中间件完成任务。而云计算实际上承认异构，用镜像执行或者提供服务的机制来解决异构性的问题。当然，不同的云计算系统还不太一样，像 Google 一般使用自己专用的内部平台来解决异构性问题。

④ 网格计算以作业形式使用，在一个阶段内完成作业产生数据。而云计算支持持久服务，用户可以利用云计算作为其部分 IT 基础设施，实现业务的托管和外包。

⑤ 网格计算更多地面向科研应用，商业模型不清晰。而云计算从诞生开始就是针对企业的商业应用，商业模型比较清晰。

⑥ 云计算是以相对集中的资源运行分散的应用（大量分散的应用在若干较大的中心执行）。而网格计算则是聚合分散的资源，支持大型集中式应用（一个大的应用分到多处执行）。但从根本上说，从应对 Internet 应用的特征而言，它们是一致的，即支持 Internet 应用，解决异构性、资源共享等问题。

1.6.4　人工智能

人工智能（Artificial Intelligence）是计算机科学中研究、开发用于模拟、延伸和扩展人的智能的理论、方法、技术及应用系统的分支学科。它试图了解智能的实质，并生产出一种新的能以类似人类智能的方式做出反应的智能机器。这些机器能够在各种环境中自主地或交互地执行各种与人类智能有关的任务，如判断、推理、证明、识别、感知、理解、通信、设计、思考、规划、学习和问题求解等思维活动。人工智能的研究领域包括复杂问题的求解、逻辑推理与定理证明、自然语言理解、自动程序设计、专家系统、机器学习、神经网络、机器人、模式识别、机器视觉、智能控制、智能检索、智能调度与指挥、分布式人工智能与 Agent、计算智能与进化计算、数据挖掘与知识发现、人工生命等。

人工智能的研究有三大学派：符号主义、连接主义和行为主义。

符号主义（Symbolism）又称为逻辑主义、心理学派或计算机学派（Computerism），其原理主要为物理符号系统（即符号操作系统）假设和有限合理性原理。符号主义认为，人工智能源于数理逻辑。它认为，人是一个物理符号系统，计算机也是一个物理符号系统，因此，能够用计算机来模拟人的智能行为。可以把符号主义的思想简单地归结为"认知即计算"。从符号主义的观点来看，知识是信息的一种形式，是构成智能的基础。知识表示、知识推理、知识运用是人工智能的核心。知识可用符号表示。符号是人类认知和思维的基本单元，认知就是符号的处理过程，推理就是采用启发式知识及启发式搜索对问题求解的过程，而推理过程又可以用某种形式化的语言来描述，因而有可能建立起基于知识的人类智能和机器智能的同一理论体系。专家系统是符号主义的研究成果之一。

连接主义，又称仿生学派或生理学派，其原理主要为神经网络及神经网络间的连接机制与学习算法。连接主义认为，人工智能源于仿生学，特别是对人脑模型的研究，人的思维基元是神经元，而不是符号处理过程，因而人工智能应着重于结构模拟，也就是模拟人的生理神经网络结构，不同的机构表现出不同的功能和行为。

行为主义，又称进化主义或控制论学派。行为主义认为人工智能源于控制论，智能取决于感知和行动，不需要知识、表示和推理，提出了智能行为的"感知—动作"模式。人工智能可以像人类智能一样逐步进化，智能通过在现实世界中与周围环境交互作用而表现出来。智能控制和智能机器人系统是行为主义的典型成果。

以上学派虽然出发点不同，但具有相同的目标，它们在应用中相互融合，取长补短，共同为人工智能的发展做出贡献。

1.6.5　物联网

物联网（Internet of Things，IoT）是一个基于互联网、传统电信网等信息承载体，让所有能够被独立寻址的普通物理对象实现互联互通的网络。物联网一般为无线网，每个人都可以应用电子标签将真实的物体接入物联网，在物联网上可以查找出它们的具体位置。通过物联网可以用中心计算机对机器、设备、人员进行集中管理、控制，也可以对家庭设备、汽车进行遥控，以及搜寻位置、防止物品被盗等。

凯文·阿什顿（Kevin Ashton）最初这样描述物联网："当今的计算机以及互联网几乎完全依赖人类来提供信息。互联网上大约有 50PB 的数据，其中大部分由人通过打字、录音、照相或扫描条码等方式来获取和创建。传统的互联网蓝图中忽略了为数最多并且最重要的节点——人。而问题是人的时间、精力和准确度都是有限的，他们并不适应专注于从真实世界中截获信息。这是一个大问题。我们生活于一个物质世界中，我们不能把虚拟的信息当作粮食吃，也不能把它们当作柴火来烧。想法和信息很重要，但物质世界是更本质的。当今的信息技术如此依赖于人提供的信息，以至于我们的计算机更了解思想而不是物质。如果计算机能不借助于我们，就获知物质世界中各种可以被获取的信息，我们将能够跟踪和计量那些物质，极大地减少浪费、损失和消耗。我们将知晓物品何时需要更换、维修或召回，它们是新的还是过了有效期。物联网有改变世界的潜能，就像互联网一样，甚至更多。"

物联网是当下全球研究的热点，被称为继计算机、互联网之后，世界信息产业的第三次浪潮。各国都把它的发展提到了战略高度。在不同的阶段，从不同的角度出发，对物联网有不同的理解、解释。迄今为止，有关物联网，还没有能在世界范围内得到认可的权威定义。

物联网是通过各种信息传感设备及系统（传感网、射频识别、红外感应器、激光扫描器等）、条码与二维码、全球定位系统，按约定的通信协议，将物与物、人与物、人与人连接起来，通过各种接入网、互联网进行信息交换，以实现智能化识别、定位、跟踪、监控和管理的一种信息网络。这个定义的核心是，物联网的主要特征是每一个物件都可以寻址，每一个物件都可以控制，每一个物件都可以通信。

物联网的概念应当分为广义和狭义两方面。从广义来讲，物联网是一个未来发展的愿景，等同于"未来的互联网"，或者是"泛在网"，能够实现人在任何时间、地点，使用任何网络与任何人或物进行信息交换。从狭义来讲，物联网隶属于泛在网，但不等同于泛在网，是泛在网的一部分。将物品通过感知设施连接起来的传感网，不论是否接入互联网，都属于物联网的范畴；传感网可以不接入互联网，但需要时随时可利用各种接入设备接入互联网。从不同的角度看，物联网有多种类型，不同类型的物联网，其软、硬件平台的组成也有所不同，但在任何一个网络系统中，软、硬件平台都是相互依赖、共生互存的。

物联网作为新兴的信息网络技术，将会对 IT 产业的发展起到巨大推动作用。然而，物联网尚处在起步阶段，还没有一个广泛认同的体系结构。在公开发表物联网应用系统的同时，很多研究人员也提出了若干物联网体系架构，例如，物品万维网（Web of Things，WoT），它定义了一种面向应用的物联网，把万维网服务嵌入系统，可以采用简单的万维网服务形式使用物联网。这是一个以用户为中心的物联网体系架构，试图把互联网中成功的、面向信息获取的万维网结构移植到物联网上，用于物联网的信息发布、检索和获取。目前，较具代表性的物联网架构还有欧美支持的 EPCglobal 物联网体系架构和日本的 Ubiquitous ID（UID）物联网系统等。我国也积极参与了物联网体系架构的研究，正在积极制定符合社会发展实际情况的物联网标准和架构。

盖·扑热尔（Guy Pujolle）提出了一种采用自主通信技术的物联网自主体系架构。所谓自主通信，是指以自主件为核心的通信，自主件处在端到端层次及中间节点，执行网络控制面已知的或者新出现的任务，自主件可以确保通信系统的可进化特性。

物联网的这种自主体系架构由数据面、控制面、知识面和管理面 4 个面组成。数据面主要用于数据分组的传送。控制面通过向数据面发送配置信息，优化数据面的吞吐量，提高可靠性。知识面是最重要的一个面，它提供整个网络信息的完整视图，并将其提炼为网络系统的知识，用于指导控制面的适应性控制。管理面用于协调数据面、控制面和知识面的交互，提供物联网的自主能力。

美国在统一代码协会（Uniform Code Council，UCC）的支持下，提出要在计算机互联网的基础上，利用 RFJ（Radio Frequency Joint）无线通信技术，构造一个覆盖世界万物的系统，同时还提出了产品电子编码（Electronic Product Code，EPC）的概念，即每一个对象都被赋予唯一的 EPC，并由采用射频识别（Radio Frequency Identification，RFID）技术的信息系统管理，彼此联系。数据传输和数据存储由 EPC 网络来处理。

EPCglobal 对物联网的描述是，一个物联网主要由 EPC 体系、射频识别系统和信息网络系统 3 部分组成。

1. EPC 编码体系

物联网实现的是全球物品的信息实时共享。显然，首先要做的是实现全球物品的统一编码，即对在地球上任何地方生产出来的任何一件物品，都要给它打上电子标签。这种电子标签携带有一个产品电子编码，并且全球唯一。电子标签代表了该物品的基本识别信息，例如，表示"A 公司于 B 时间在 C 地点生产的 D 类产品第 E 件物品"。目前，欧美支持的 EPC 和日本支持的 UID 是两种常见的产品电子编码体系。

2. 射频识别系统

射频识别系统包括 EPC 标签和 RFID 读写器。EPC 标签是产品电子编码的载体，当 EPC 标签贴在物品上或内嵌在物品中时，该物品与 EPC 标签中的产品电子编码就建立起了一对一的映射关系。EPC 标签从本质上说是一个电子标签，通过 RFID 读写器，可以对 EPC 标签内存信息进行读取。这个内存信息通常就是产品电子编码。产品电子编码被读写器报送给物联网中间件，经处理后存储在分布式数据库中。用户查询物品信息时，只要在网络浏览器的地址栏中输入物品名称、生产商、供货商等数据，就可以实时获悉该物品在供应链中的状况。目前，与此相关的标准已制定，包括电子标签的封装标准、电子标签和读写器间的数据交互标准等。

3. 信息网络系统

一个 EPC 物联网体系架构主要由 EPC、EPC 标签及 RFID 读写器、EPC 中间件、对象名解析服务（Object Naming Service，ONS）服务器和 EPC 信息服务（Electronic Product Code Information Service，EPC IS）服务器等部分构成。EPC 中间件通常指一个通用平台和接口，是连接 RFID 读写器和信息系统的纽带。它主要用于实现 RFID 读写器和后端应用系统之间的信息交互、捕获实时信息和事件，将信息向上传送给后端应用数据库软件系统及企业资源规划（Enterprise Resource Planning，ERP）系统等，或向下传送给 RFID 读写器。

EPC 物联网体系架构提供 ONS 及配套服务，基于产品电子编码获取 EPC 数据访问通道信息。目前，ONS 系统和配套服务系统由 EPCglobal 委托 Verisign 公司进行运营和维护，其接口标准正在形成之中。EPC IS 即 EPC 物联网体系架构的软件支持系统，用以实现最终用户在物联网环境下交互 EPC 信息。关于 EPC IS 的接口和标准也正在制定中。物联网概念的问世，打破了传统的思维模式。在物联网概念提出之前，人们一直将物理基础设施和 IT 基础设施分开：一边是机场、公路、建筑物；另一边是数据中心、个人计算机、宽带等。在物联网时代，钢筋混凝土、电缆与芯片、宽带被整合为统一的基础设施。这种意义上的基础设施就像是一块新的地球工地，世界在它上面运转，包括经济管理、生产运行、社会管理及个人生活等。研究物联网的体系架构，首先需要明确架构物联网的基本原则，以便在已有物联网体系架构的基础之上形成参考标准。

实用的物联网体系架构由自底向上的 4 个层次组成：感知层、接入层、网络层、应用层。

物联网技术涵盖了从信息获取、传输、存储、处理直至应用的全过程，在材料、器件、软件、网络、系统各个方面都要有所创新才能促进其发展。国际电信联盟的报告提出，物联网主要需要 4 项关键性应用技术。

① 标签物品的 RFID 技术。

② 感知事物的传感网络技术。

③ 思考事物的智能技术。

④ 微缩事物的纳米技术。

显然，这侧重于物联网的末端网络。欧盟《物联网研究路线图》将物联网研究划分为以下层面：标示技术、物联网架构技术、通信技术、网络技术、网络定位和发现技术、软件和算法技术、标准化和相关技术、硬件技术、数据和信号处理技术、发现和搜索引擎技术、关系网络管理技术、电源和能量存储技术、安全和隐私技术。当然这些都是物联网研究的内容，但对于实现物联网而言略显重点不够突出。物联网是面向应用的、贴近客观物理世界的网络系统，它的产生、发展与应用密切相关。就传感网而言，经过不同领域研究人员多年的努力，传感网已经在军事领域、精细农业、全监控、环保监测、建筑领域、医疗监护、工业监控、智能交通、物流管理、自由空间探索、智能家居等领域得到了充分的肯定和初步应用。传感网、RFID 技术是物联网目前应用研究的热点，两者相结合组成物联网可以较低的成本应用于物流和供应链管理、生产制造与装配，以及安防等领域。物联网的应用将实现全球万物数字化，具有十分广阔的市场和应用前景。

1.6.6 大数据

1. 大数据的时代背景

21 世纪是数据信息大发展的时代，移动互联、社交网络、电子商务等极大拓展了互联网的边界和应用范围，各种数据正在迅速膨胀。互联网（社交、搜索、电商）、移动互联网（微博）、物联网（传感器，智慧地球）、车联网、GPS、医学影像、安全监控、金融（银行、股市、保险）、电信（通话、短信）都在疯狂产生着数据。

2. 大数据概念

对于"大数据"（Big Data），研究机构 Gartner 给出了这样的定义："大数据"是需要新处理模式来转化为更强的决策力、洞察发现力和流程优化能力的海量、高增长率和多样化的信息资产。

麦肯锡全球研究所给出的定义：（大数据是）一种规模大到在获取、存储、管理、分析方面大大超出了传统数据库软件工具能力范围的数据集合，具有海量的数据规模、快速的数据流转、多样的数据类型和价值密度低四大特征。

大数据技术的战略意义不在于掌握庞大的数据信息，而在于对这些含有意义的数据进行专业化处理。换而言之，如果把大数据比作一种产业，那么这种产业实现盈利的关键，在于提高对数据的"加工能力"，通过"加工"实现数据的"增值"。

从技术上看，大数据与云计算就像一枚硬币的正反面一样密不可分。大数据必然无法用单台的计算机进行处理。它的特色在于对海量数据进行分布式数据挖掘，因此必须依托云计算的分布式处理、分布式数据库和云存储、虚拟化技术。

随着云时代的来临，大数据也引起了越来越多的关注。著云台的分析师团队认为，大数据通常用来形容一个公司创造的大量非结构化数据和半结构化数据，这些数据在下载到关系型数据库用于分析时会花费过多时间和金钱。大数据分析常和云计算联系到一起，因为实时的大型数据集分析需要像 MapReduce 一样的框架来向数十、数百甚至数千台计算机分配工作。

数据最小的基本单位是 bit（二进制位），从小到大依次为 bit、Byte、KB、MB、GB、TB、PB、EB、ZB、YB、BB、NB、DB。

3. 大数据的特征

① 容量（Volume）：数据量的大小决定所考虑的数据的价值和潜在的信息。

② 类（Variety）：数据类型的多样性。

③ 速度（Velocity）：获得数据的速度快。

④ 变性（Variability）：妨碍处理和有效地管理数据的变化过程。

⑤ 实性（Veracity）：数据的质量参差不齐。

⑥ 杂性（Complexity）：数据量巨大，来源众多。

4. 数据的意义

现在的社会是一个高速发展的社会，科技发达，信息流通，人们之间的交流越来越密切，生活也越来越方便，大数据就是这个高科技时代的产物。阿里巴巴集团创始人马云在演讲中提到，未来的时代不是 IT 时代，而是 DT 时代。DT 就是 Data Technology，数据科技，这显示大数据对于阿里巴巴集团来说举足轻重。

有人把数据比喻为蕴藏能量的煤矿。煤炭按照性质分为焦煤、无烟煤、肥煤、贫煤等，而露天煤矿、深山煤矿的挖掘成本又不一样。与此类似，大数据重点并不在"大"，而在于"有用"。价值含量、挖掘成本比数量更为重要。对于很多行业而言，如何利用大数据是赢得竞争的关键。

大数据的价值体现在以下几个方面。

① 为大量消费者提供产品或服务的企业可以利用大数据进行精准营销。

② 做小而美模式的中长尾企业可以利用大数据做服务转型。

③ 在互联网压力之下必须转型的传统企业需要与时俱进充分利用大数据的价值。

在这个快速发展的智能硬件时代，困扰应用开发者的一个重要问题就是如何在功率、覆盖范围、传输速率和成本之间找到那个微妙的平衡点。企业、组织利用相关数据和分析可以降低成本、提高效率、开发新产品、做出更明智的业务决策等。

1.6.7 "互联网+"

2020 年 5 月 22 日，国务院总理李克强在 2020 年政府工作报告中提出，全面推进"互联网+"，打造数字经济新优势。那什么是"互联网+"呢？通俗地说，"互联网+"就是"互联网+各个行业"，但并不是简单的两者相加，而是利用互联网创新思维、互联网技术以及互联网平台，让互联网与传统行业深度融合，即充分发挥互联网在社会资源配置中的优化和集成作用，改造传统行业，提升传统行业的竞争力。2015 年 7 月，国务院印发的《国务院关于积极推进"互联网+"行动的指导意见》中提出了 11 项重点行动："互联网+"创业创新；"互联网+"协同制造；"互联网+"现代农业；"互联网+"智慧能源；"互联网+"普惠金融；"互联网+"益民服务；"互联网+"高效物流；"互联网+"电子商务；"互联网+"便捷交通；"互联网+"绿色生态；"互联网+"人工智能。

1.7　当代大学生在计算机领域的担当

习近平总书记把"中国梦"定义为"实现中华民族伟大复兴是近代以来中华民族最伟大的梦想"，并且表示这个梦"一定能实现"。

我国计算机的逐梦史开始于 1958 年 8 月 1 日中国第一台数字电子计算机——103 机诞生，随后我国又研制了大型、小型和微型计算机。1983 年，国防科技大学研制成功运算速度每秒上亿次的"银河-I"巨型机，这是我国高速计算机研制的一个重要里程碑，使中国成为继美国、日本之后第三个能独立设计和研制超级计算机的国家。近年来中国在超级计算机方面发展迅速，跃升为国际先进水平国家。我国是第一个以发展中国家的身份制造超级计算机的国家，2011 年我国拥有世界最快的 500 台超级计算机中的 74 台。2016 年，我国自主研发的"神威·太湖之光"成为世界第一的超级计算机。2020 年，世界前五名超级计算机中有两台是中国制造的。

党的十八大提出的"三个倡导"即"倡导富强、民主、文明、和谐，倡导自由、平等、公正、法治，倡导爱国、敬业、诚信、友善"。这是对社会主义核心价值观的全面概括，分别从国家、社会、公民三个层面，提出了反映现阶段全国人民"最大公约数"的社会主义核心价值观。整个计算机系统包括硬件和软件两大部分。没有硬件，谈不上应用计算机；光有硬件而没有软件，计算机也不能工作。硬件和软件是不可分割的整体，计算机硬件系统与计算机软件系统相辅相成、相互促进，它们的协调工作实现了计算机系统的各种功能。当代大学生一定要深刻理解"三个倡导"的基本内容就像计算机系统中的软件和硬件一样，相辅相成、互为助力，是有机统一的整体。没有国家的富强、民主、文明、和谐，就不会有社会的自由、平等、公正、法治，更不会有个人的爱国、敬业、诚信、友善。同样，人人都有爱国、敬业的核心价值观，构筑人与人之间的诚信、友善关系，才能实现社会的自由、平等、公正、法治，国家也才能够富强、民主、文明、和谐。

党的十八大以来，习近平总书记数次强调"创新"是引领发展的第一动力，是推动一个国家、一个民族向前发展的重要力量。近年来，以美国为首的西方国家想方设法遏制中国的快速发展，这些赤裸裸的举动提醒当代大学生要有危机意识，要努力学习，要立志开发具有自主知识产权的高新技术。打铁还需自身硬，中国的发展一定要靠自己。

本章小结

当今，计算机应用几乎遍及人类社会的各行各业，作为日常的工具，计算机已经为人类所广泛使用。计算机赖以运行的思想和方法必将对人类思想产生积极的影响，计算思维也在计算学科和其他学科思想方法的交互中不断发展。

计算思维阐述计算的基本思想和方法，本质上是人类共同智慧的结晶，不仅仅有助于计算学科中问题的求解，同其他学科领域中解决问题的思想和方法也是相通的。在大学计算机基础课程中融入计算思维能力的培养是非常必要的。

习　　题

一、选择题

1. 科学思维的特点有：理性、客观性、严谨性、_____与科学性。

  A. 公开性   B. 开放性   C. 综合性   D. 系统性

2. 从人们认识与改造自然世界的思维方式来看，科学思维可以分成理论思维、_____和计算思维三种。

  A. 实证思维   B. 逻辑思维   C. 抽象思维   D. 形象思维

3. 计算思维最根本的内容（即其本质）包括抽象和_____。

  A. 假设   B. 自动化   C. 实验   D. 论证

4. _____不属于科学方法。

  A. 理论方法   B. 实验方法   C. 计算方法   D. 假设和论证

5. 计算机科学本质上源自于_____。

  A. 数学思维   B. 实证思维   C. A 和 D   D. 工程思维

6. 研究运用计算机解决问题的数学理论，称为计算理论，它包括可计算性理论、_____和自动机理论。

  A. 抽象理论   B. 规范化理论

C. 计算的复杂性理论　　　　　　　　　D. 形式化理论

7. 数学家欧拉研究并解决的哥尼斯堡七桥问题，属于计算机学科方法论的 3 个过程中的_____。

A. 抽象　　　　B. 论证　　　　C. 理论　　　　D. A 和 C

8. 通过程序设计求两个整数的最大公约数，属于计算机学科方法论的 3 个过程中的_____。

A. 理论　　　　　　　　　　　　　　　B. 实验和论证
C. 抽象　　　　　　　　　　　　　　　D. 自动化设计与实现

9. 已经有了一个可执行程序的源代码，对它进行分析，并绘制出流程图，是一种"逆向求解"的过程，目的在于_____。

A. 变换程序的表达形式　　　　　　　　B. 变换算法的表达形式
C. 分析和了解原创者的思想和算法　　　D. 查找程序的错误

10. 将基础设施作为服务的云计算类型是_____。

A. IaaS　　　　B. PaaS　　　　C. SaaS　　　　D. 以上都不是

11. 将平台作为服务的云计算类型是_____。

A. IaaS　　　　B. PaaS　　　　C. SaaS　　　　D. 以上都不是

12. 将软件作为服务的云计算类型是_____。

A. IaaS　　　　B. PaaS　　　　C. SaaS　　　　D. 以上都不是

13. 射频识别技术属于物联网产业链的_____环节。

A. 标识　　　　B. 感知　　　　C. 处理　　　　D. 信息传送

14. 被称为世界信息产业第三次浪潮的是_____。

A. 计算机　　　B. 互联网　　　C. 传感网　　　D. 物联网

15. 与大数据密切相关的技术是_____。

A. 蓝牙　　　　B. 云计算　　　C. 博弈论　　　D. Wi-Fi

16. 大数据应用需依托的新技术有_____。

A. 大规模存储与计算　　　　　　　　　B. 数据分析处理
C. 智能化　　　　　　　　　　　　　　D. 三个选项都是

17. 下面不属于人工智能研究基本内容的是_____。

A. 机器感知　　　B. 机器学习　　　C. 自动化　　　D. 机器思维

二、简答题

1. 不同人的计算思维具有很大差别，请举例说明：只要具有思维品质中的独创性，就能创造性地解决问题。

2. 何为"普适计算"？它的主要特点有哪些？

3. 运用计算机解决问题，需要经历的主要步骤有哪些？

4. 简述一般问题的求解步骤。

5. 简述云计算的主要特征。

6. 简述云计算与网格计算的区别。

7. 简述物联网体系结构自底向上各个层次。

8. 简述大数据的主要特征。

9. 简述"互联网+"的概念。

第2章 计算机系统组成及其工作原理

教学目标

➢ 了解计算机系统组成。

➢ 理解计算机工作原理。

➢ 掌握冯·诺依曼计算机五大模块组成及软件的分类。

➢ 熟悉微机系统组成。

知识要点

本章溯源计算机设计的思路，分析计算机信息处理所需要的硬件，引出冯·诺依曼设计思想及计算机工作原理，详细介绍微机系统组成。重点是理解、掌握冯·诺依曼计算机五大模块组成、软件的概念和计算机工作原理。

课前引思

• 计算机是一台自动完成信息处理的机器，想象一下这台机器需要哪些硬件部件？为什么这样设计？

• 如果计划为自己购买一台微机，主要考虑哪些技术指标？

2.1 计算机硬件设计思路的演变

2.1.1 最早的计算机模型

计算机无论功能多么强大，归根结底是一台机器，是一台专门进行信息处理的机器。其处理过程是接收信息、处理信息、输出信息，就像一个工厂，输入原材料、加工、输出成品。基于此思路，人们最早提出的计算机模型如图 2-1 所示。

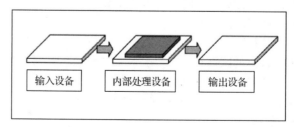

图 2-1 最早的计算机模型

人们通过输入设备把需要处理的信息输入计算机，计算机通过内部处理设备加工信息，再通过输出设备把处理后的结果告诉人们。

　　早期计算机的输入设备十分落后，没有现在的键盘和鼠标，那时候计算机还是一个庞然大物，最早的计算机有两层楼那么高。人们只能通过扳动计算机庞大面板上大量的开关来向计算机输入信息，而计算机处理这些信息之后，处理结果是通过计算机面板上的信号灯输出的。所以那时的计算机根本无法处理像现在这样各种各样的信息，它实际上只能进行数字运算。

2.1.2　改进后的计算机模型

　　使用过程中，人们发现采用上述模型的计算机能力有限，在处理大量数据时越发显得力不从心。原因何在？举个简单例子：心算 3×5，我们肯定毫不费力就能算出来，如果让我们算 20 个三位数相乘，心算起来肯定很费力，但如果用纸和笔，将计算步骤和中间结果记录下来，也能很快算出来。计算机也是一样，如果没有存储（记忆）能力，或存储空间有限，无法记住很多中间的结果，它也无法完成很复杂的计算。但如果给它一个内部存储器当"草稿纸"的话，计算机就可以把一些中间结果临时存储到内部存储器上，然后在需要的时候把它取出来，进行下一步的运算，如此一步一步进行下去，计算机就可以完成大量的复杂计算。

　　为此，人们对计算机模型进行了改进，在内部处理设备旁边加了一个内部存储器，如图 2-2 所示。

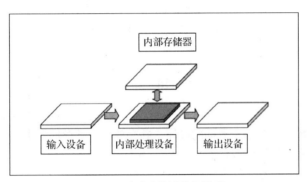

图 2-2　改进后的计算机模型

随着内部结构的改进，外部输入和输出设备的落后越发明显，这两方面的改进也势在必行。在输入方面，为了不再每次扳动成百上千的开关，人们发明了纸带机。

纸带机的工作原理是这样的：纸带的一排"孔洞"代表一个 8 位二进制代码（透光的"孔洞"代表二进制的"1"，不透光的部分代表二进制的"0"），用来表示字母、数字和其他符号等。

　　这样一个长长的纸带可以存储很多信息，光电读入机把纸带上的信息送到计算机的内部存储器（简称内存）中，作为指挥计算机工作的指令和用于加工的原材料。虽然还是比较麻烦，但这个进步确实在很大程度上促进了计算机的发展。

　　在发明纸带机的同时，人们也对输出系统进行了改进，用打字机代替了计算机面板上无数的信号灯。打字机的作用正好和纸带机相反，它负责把计算机输出的信息翻译成人们能看懂的语言，打印在纸上。这样人们就能很方便地看到输出的信息，再也不用看那成百上千的信号灯了。

　　人们没有满足，继续对输入和输出系统进行改进，后来发明了键盘和显示器。这两项发明使当时的计算机和我们现在使用的计算机有些类似了，而且在此之前，经过长时间的改进，计算机的体积也大大地缩小了。键盘和显示器的好处在于人们可以直接向计算机输入信息，而计算机也可以及时把处理结果显示在屏幕上。

2.1.3　现在的计算机模型

随着应用的深入，人们又逐渐发现了计算机的不足之处。

因为要向计算机输入的信息越来越多，往往要输入很长时间后，才能让计算机开始处理，在输入过程中，如果突然停电，那前面输入的内容就白费了，等来电后，还要全部重新输入。就算不停电，如果人们上次输入了一部分信息，计算机处理了，也输出了结果；下一次再需要计算机处理这部分信息的时候，还要重新输入。另外，有些原始数据、中间结果、最终结果希望永久保存。出于这些需要，人们提出了新的计算机模型，如图 2-3 所示。

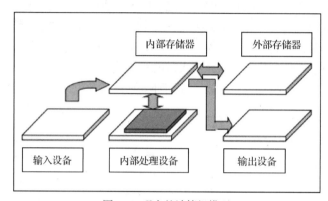

图 2-3　现在的计算机模型

观察图 2-3，会发现现在的计算机模型有一个重大改变，就是输入设备不直接和内部处理设备交换数据，而是将数据以及加工数据的程序一并存放在内部存储器中。为什么这样设计？这样设计有什么好处？是谁提出这种设计思想的？

2.2　冯·诺依曼计算机及其工作原理

2.2.1　冯·诺依曼的设计思想

2-1　冯·诺依曼
计算机工作原理

第一台通用计算机是 1946 年由美国宾夕法尼亚大学研制的，起名为 ENIAC。美籍匈牙利数学家冯·诺依曼参与了 ENIAC 的研制，提出了改进的设计方案，并于 1949 年研制出第一台冯·诺依曼式计算机，称为 EDVAC。冯·诺依曼的核心设计思想主要包括以下 3 个基本要点。

1. 计算机硬件

计算机硬件由 5 个基本部件组成，这 5 个部件分别是输入设备、运算器、控制器、存储器、输出设备。5 个部件协同工作，缺一不可。（图 2-3 中的内部处理设备可分为运算器和控制器，内部存储器和外部存储器统称存储器。）

2. 采用二进制

在计算机内部，待处理的数据及对数据进行处理的控制程序都采用二进制代码的形式表示，即只用"0"和"1"两个数字。计算机内部采用二进制最重要的原因是二进制在物理上更容易实现。因为计算机是由电子器件组成的，电子器件大多具有两种稳定状态，如晶体管的导通和截止、电压的高和低、磁性的有和无等。而找到具有十个稳定状态的电子器件是很困难的。使用二进制还有运算简单的优点。十进制有 55 种求和与求积的运算法则，二进制仅有 4 种，这样可以简化运算器等物理器件的设计。另外，计算机的部件状态少，可以提高整个系统的稳定性。有意思的是，第一台通用计算机 ENIAC 在研制时，设计者采用的是十进制计数方式，方法是每十个晶体管为一组，用其中一个晶体管表示十进制的 1 位。这种笨拙的方法引起了冯·诺依曼的思考，他提出了用二进制存储程序数据的想法。这使得计算机的元件数量极大地减少，运算效率也提高很多。所以，二进制对于计算机来讲，是自然而然的选择。

计算机内部采用二进制是一个伟大的、创造性的设计思想。由此可见，当代大学生除了打好扎实的专业基础，还必须培养创新思维和创新能力。

3. 存储程序控制

存储程序控制就是事先编好程序，并将程序和数据以二进制代码的形式按一定顺序存放到计算机的存储器中，需要时启动存储器中的程序，控制计算机自动高速地完成数据的处理。

基于以上 3 个要点设计的计算机，称为冯·诺依曼计算机，时至今日，我们所使用的计算机仍沿用这种设计理念。

2.2.2　计算机工作原理

1. 存储程序控制原理

存储程序控制原理的核心是存储和控制。程序像数据一样存储，按编排顺序一步一步地取出指令，自动地完成指令规定的操作（从存储器中取出数据进行指定的运算和逻辑操作等加工），再按地址把结果送到内存中，依此进行下去，直至遇到停止指令。

2. 指令和指令系统

（1）指令

指令是指示计算机执行某种操作的命令，它由一串二进制代码组成，不需要翻译，计算机能直接执行。一条指令通常由两个部分组成：操作码和地址码。

操作码：指明该指令要完成的操作的类型或性质，如取数、做加法或输出数据等。

地址码：指明操作对象的内容或所在的存储单元地址。

（2）指令系统

指令系统是指一台计算机所能执行的全部指令的集合。它描述了计算机内全部的控制信息和"逻辑判断"能力。从系统结构的角度看，它是系统程序员看到的计算机的主要属性。因此指令系统表征了计算机的基本功能，决定了机器所要求的能力，也决定了指令的格式和机器的结构。设计指令系统就是选择计算机系统中的一些基本操作应由硬件实现还是由软件实现，选择某些复杂操作是由一条专用的指令实现，还是由一串基本指令实现，然后具体确定指令系统的指令格式、类型、操作以及对操作数的访问方式。

不同计算机的指令系统包含的指令类型和数目也不同，一般均包含算术运算型、逻辑运算型、数据传送型、判定和控制型、移位操作型、位（位串）操作型、输入和输出型等指令。

（3）程序

程序就是为完成某一任务所编制的特定指令序列。最早的程序是用指令系统中的指令直接编程。

2.3 计算机硬件系统

2.3.1 计算机硬件系统概述

2-2 计算机系统
资源

按照冯·诺依曼的设计思想，计算机的硬件由运算器、控制器、存储器、输入设备和输出设备组成，它们之间的关系如图 2-4 所示。数据流代表数据或指令，控制流代表控制信号，在计算机内表现为高低电平的形式。

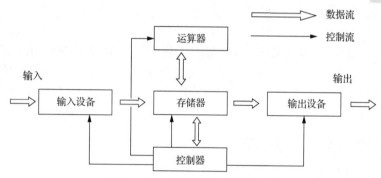

图 2-4 冯·诺依曼计算机硬件组成

2.3.2 微型计算机硬件组成

普通用户接触最多的还是微型计算机（简称微机），微型计算机的诞生使计算机真正走进千家万户，普通用户更关心也更需要熟悉的是微机的硬件组成。

采用集成电路技术将运算器和控制器集成在更小面积的芯片上，这样的处理器称为微处理器。以微处理器为核心，配上大规模集成电路制成的存储器、I/O 接口电路以及系统总线所组成的计算机就是我们通常说的微机，也称个人计算机（PC）。

从外观来看，一台微机的硬件组成如图 2-5 所示。台式微机习惯上分为主机和外部设备，主机主要包括 CPU 和内存，外围设备主要包括输入设备、输出设备和外存，下面分别介绍。

图 2-5 台式微机硬件组成

1. 中央处理器

微机上使用的中央处理器（Central Processing Unit，CPU）是一个体积不大而集成度非常高、功能强大的芯片，也称为微处理器（Micro Processor Unit，MPU），如图 2-6 所示。CPU 是微型机的核心，计算机的所有操作都受 CPU 控制，所以它的品质直接影响着整个计算机系统的性能。CPU 主要包括运算器和控制器两大部件。

图 2-6　Intel CPU 的正面和反面

（1）运算器

运算器又称算术逻辑部件 ALU（Arithmetic Logic Unit）。运算器的核心部件是加法器和若干个寄存器。运算器的主要任务是执行各种算术运算和逻辑运算。算术运算是各种数值运算，如加、减、乘、除等。逻辑运算是进行逻辑判断的非数值运算，如与、或、非、比较、移位等。计算机所完成的全部运算都是在运算器中进行的，根据指令规定的寻址方式，运算器从存储器或寄存器中取得操作数，进行计算后，送回指令所指定的寄存器。

（2）控制器

控制器（Control Unit）是整个计算机系统的控制中心，它指挥计算机各部件协调地工作，保证计算机按照预先规定的目标和步骤有条不紊地进行操作及处理。控制器从存储器中逐条取出指令，分析每条指令规定的是什么操作以及所需数据的存放位置等，然后根据分析的结果向计算机其他部件发出控制信号，统一指挥整个计算机完成指令所规定的操作。计算机自动工作的过程，实际上是自动执行程序的过程，而程序中的每条指令都是由控制器来分析执行的，它是计算机实现"程序控制"的主要设备。

2. 内部存储器与缓存

内部存储器，简称内存。内存是能够和控制器及运算器直接交换数据的存储器，也称主存。计算机所要处理的数据及处理数据的程序都必须先放到内存。

正如每个同学有个学号，每间教室有个门牌号一样，为存取方便，每个存储单元也需要编号，这个编号称为地址，一般用十六进制数描述。

内存根据存取数据方式的不同可分为随机存储器和只读存储器。

（1）随机存储器

随机存储器（Random Access Memory，RAM），其特点是可读可写，可存取任一单元的数据，通电时存储器内的内容可以保持，断电后，存储的内容立即消失。对 RAM 可以进行任意的读或写操作，它主要用来存放操作系统、各种应用程序、数据等。数据、程序在使用时从外存读入 RAM，其中发生变化的且需要保存的内容在使用完毕后或关机前需要回存到外存中。内存一般做成内存条的形式，如图 2-7 所示。内存条插在主板上的内存插槽中，如图 2-8 所示，并可根据需要扩充内存。

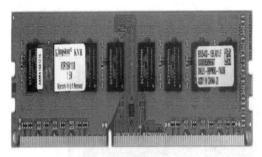

图 2-7 内存条的正面和反面

图 2-8 内存插槽

（2）只读存储器

只读存储器（Read Only Memory，ROM）只能读出原有的内容，不能由用户写入新内容。原有的内容是由厂家一次性写入的，永久保存下来。

主板上的 ROM 里面固化了一个基本输入/输出系统，称为 BIOS。其主要作用是完成对系统的加电自检、系统中各功能模块的初始化、系统的基本输入/输出及引导操作系统。

缓存（Cache Memory）是位于 CPU 与内存之间的高速缓冲存储器，它的容量比内存小得多，但是交换速率比内存高得多。缓存的出现主要是为了解决 CPU 运算速率与内存读写速率不匹配的矛盾，因为 CPU 运算速率比内存读写速率高很多，这样会使 CPU 花费很长时间等待数据到来或把数据写入内存。在缓存中的数据是内存中的一小部分，这一小部分是短时间内 CPU 即将访问的，CPU 调用大量数据时，可避开内存直接从缓存中调用，从而提高读取速率。由此可见，在 CPU 中加入缓存是一种高效的解决方案。

3. 外部存储器

由于内存不能永久保存数据，所以在计算机系统中，除了内存之外，一般还有外部存储器，简称外存。现在常见的外存有硬盘、光盘和 U 盘等。外存频繁与内存交换信息，而不能被计算机系统的其他部件直接访问。

（1）硬盘

硬盘作为微机系统的外部存储器成为微机的主要配置，它由硬盘片、硬盘驱动电机和读写磁头等组装并封装而成，又称为温彻斯特驱动器，如图 2-9 所示。硬盘工作时，固定在同一个转轴上的数张盘片以每分钟 7200 转甚至更高的速度旋转，磁头在驱动电机的带动下在磁盘上沿半径方向做径向移动，寻找定位点，完成写入或读出数据的工作。

硬盘使用前要经过低级格式化、分区及高级格式化。硬盘的低级格式化出厂前已完成。

图 2-9　硬盘的正面和反面

（2）光盘

光盘是利用激光原理进行读写的设备，早期微机上配备 CD-ROM（只读型光盘）驱动器。CD-ROM 容量为 680MB。如今 DVD 驱动器已取代 CD-ROM，它的存储容量更大（4.7GB、8.7GB或 17GB）。

（3）U 盘

便携存储器（USB Flash Disk）也称为 U 盘或闪存，是采用 USB 接口和非易失随机访问存储器技术的方便携带的移动存储器，如图 2-10 所示。特点是断电后数据不消失，因此可以作为外部存储器使用。U 盘具有可多次擦写、速度快而且防磁、防震、防潮的优点，采用流行的 USB 接口，无须外接电源，即插即用，可在不同计算机之间实现文件交流。

（4）移动硬盘

移动硬盘是一个便携式的存储器，如图 2-11 所示。移动硬盘吸收传统硬盘大容量和 U 盘可移动的优点，通过数据线连接计算机的 USB 接口，连接后可以直接以较高的速度与系统进行数据传输。

图 2-10　U 盘

图 2-11　移动硬盘

（5）固态硬盘

固态硬盘简称固盘，是用固态电子存储芯片阵列而成的硬盘，由控制单元和存储单元（FLASH芯片、DRAM 芯片）组成。固态硬盘在接口的规范和定义、功能及使用方法上与普通硬盘完全相同，产品外形和尺寸也与普通硬盘一致，被广泛应用于军事、工控、电力、医疗、航空等领域。

固态硬盘有读写速度快、防震抗摔、低功耗、无噪声、工作温度范围大、轻便等优点；缺点主要是寿命和容量有一定限制。

（6）云盘

云盘是一种专业的互联网存储工具，是互联网云技术的产物。它通过互联网为企业和个人提供信息的存储、读取、下载等服务，具有安全稳定、海量存储、好友共享等特点。

（7）存储容量的单位

描述内存、外存存储容量的常用单位如下。

① 位/比特（bit）：内存中最小的单位，二进制数序列中的一个 0 或一个 1 就是 1bit，在计算机中，1bit 对应着一个晶体管。

② 字节（Byte）：计算机中最常用、最基本的存储单位。1 Byte=8bit。

③ 千字节（Kilo Byte，KB）：早期计算机的内存容量不是很大，一般都是以千字节作为单位来表示。$1KB=2^{10}Byte=1024Byte$。

④ 兆字节（Mega Byte，MB）：20 世纪 90 年代主流微机的硬盘容量和内存容量一般都是以兆字节为单位。1MB=1024KB。

⑤ 吉字节（Giga Byte，GB）：目前市场上主流微机的硬盘已经达到 640GB、810GB、1TB 等规格。1GB=1024MB。

⑥ 太字节（Tera byte，TB）：1TB=1024GB。

⑦ 拍字节（Peta Byte，PB）：1PB=1024TB。

⑧ 艾字节（Exa Byte，EB）：1EB=1024PB。

⑨ 皆字节（Zeta Byte，ZB）：1ZB=1024EB。

⑩ 佑字节（Yotta Byte，YB）：1YB=1024ZB。

4．输入设备

希望计算机完成指定的任务，首先必须让计算机明白要它做什么，怎么做。这就需要把用户的意图、待处理的数据、处理数据的程序告诉计算机，完成这一任务的设备就是输入设备。输入设备用来接收用户输入的原始数据和程序，并将其变为计算机能识别的二进制代码存入内存。常用的输入设备有键盘、鼠标、扫描仪、条码阅读器等。

（1）键盘

键盘（Keyboard）是计算机系统中最基本的输入设备，如图 2-12 所示。键盘通过一根电缆与主机相连接，用来键入命令、程序、数据，一般可分为机械式、电容式、薄膜式和导电胶皮式 4 种。

图 2-12　键盘

（2）鼠标

鼠标（Mouse）是一种"指点"设备（Pointing Device），如图 2-13 所示，现在多用于 Windows 操作系统环境下，可以取代键盘上的光标移动键，完成菜单系统特定的命令操作或按钮的功能操作。鼠标操作简便、高效。

目前鼠标根据按键的数目可分为两键鼠标、三键鼠标及滚轮鼠标等；按照接口类型可分为 PS/2 接口鼠标、串行接口鼠标、USB 接口鼠标；按工作原理可分为机电式鼠标、光电式鼠标、无线遥控式鼠标等。

图 2-13　鼠标

鼠标的主要性能指标是其分辨率（指每移动 1 英寸所能检出的像素数，单位是 ppi，1 英寸 ≈ 2.54 厘米）。目前鼠标的分辨率为 200～400ppi。传送速率一般为 1200b/s，最高可达 9600b/s。

（3）扫描仪

扫描仪（Scanner）是一种光、机、电一体化的高科技产品，其功能是捕获图像并将之转换成计算机可以显示、编辑、存储和输出的信号，如图 2-14 所示。扫描仪是继键盘和鼠标之后的第三代计算机输入设备，具有比键盘和鼠标更强的功能，从原始的图片、照片、胶片到各类文稿资料，都可用扫描仪输入计算机，进而实现处理、管理、使用、存储、输出等，配合光学字符识别（Optic Character Recognize，OCR）软件还能将扫描的文稿转换成文本形式。

（4）条码阅读器

条码阅读器（Bar Code Reader）通常也被人们称为条码扫描枪/扫描器，利用光学原理，把条码解码后通过数据线或者无线的方式传输到计算机或别的设备，如图 2-15 所示。条码阅读器通常包括以下几部分：光源、接收装置、光电转换部件、译码电路、计算机接口。条码阅读器广泛应用在超市、物流快递、图书馆等场所中，用于扫描商品、单据的条码。

图 2-14　扫描仪

图 2-15　条码阅读器

5. 输出设备

计算机处理的结果需要告知用户，完成这一任务的是输出设备。输出设备将计算机处理的结果转变为人们能接受的形式输出。常用的输出设备有显示器、打印机、绘图仪等。

（1）显示器

显示器用来显示输出结果，分为单色显示器和彩色显示器。早期大部分用户使用 CRT 显示器，现在普遍使用的是液晶显示器，如图 2-16 所示。笔记本电脑使用液晶显示器。

不管是 CRT 显示器还是液晶显示器，显示器所显示的图形和文字是由许许多多的"点"组成的，这些点称为像素。点距是屏幕上相邻两个像素之间的距离，点距越小，图像越清晰，细节越清楚。常见的点距有 0.21mm、0.25mm、0.28mm 等。目前市场上常见的是 0.28mm 点距的显示器。分辨率是指显示器屏幕在水平和垂直方向上最多可以显示的点数（像素数），分辨率越高，屏幕可以显示的内容越丰富，图像也越清晰。目前的显示器一般都能支持 800 像素×600 像素、1024 像素×768 像素、1280 像素×1024 像素等规格的分辨率。

显示器需配备相应的显示适配器才能工作，显示适配器又称显卡，如图 2-17 所示。显卡一般被插在主板的扩展插槽内，通过总线与 CPU 相连。CPU 有运算结果或图形要显示时，首先将信号送至显卡，显卡的图形处理芯片把它们翻译成显示器能够识别的数据格式，并通过显卡后面的 15 芯 VGA 接口和显示电缆传给显示器。

显示器的显示方式是由显卡来控制的。显示器的色彩丰富性取决于表示灰度值位数，8 位可以显示 256 种颜色；24 位则可以显示 16.7M 种颜色。显卡的颜色设置有 16 色、256 色、增强色（16 位）和真彩色（32 位）。现在的显卡一般都配备显存（VRAM），显存容量越大，色彩越丰富，显示的速率越高，显示复杂的图形图像越流畅。目前较为常见的彩色图形显示适配器是视频图形阵列（Video Graphics Array，VGA）显卡，显存容量一般是 16～128MB，高级的配备高达 1～2GB。

图 2-16　液晶显示器　　　　　　　　　　图 2-17　显卡

（2）打印机

在计算机系统中，打印机是传统的重要输出设备。近年来，在集成电路技术和精密机电技术发展的推动下，打印机技术也得到了突飞猛进的发展。在市场中我们可以看到种类繁多、各具特色的产品。打印质量通常用分辨率来衡量，单位为 dpi。

① 针式打印机曾经是使用最多、最普遍的一种打印机。它的工作原理是根据字符的点阵图或图像的点阵图形数据，利用电磁铁驱动钢针，击打色带，在纸上打印出一个个墨点，从而形成字符或图像。它可以用连续纸，也可以用分页纸。就打印质量、速度、噪声而言，针式打印机性能较差，但打印成本最低。

② 喷墨打印机利用喷墨印字技术，从细小的喷嘴喷出墨水滴，在纸上形成字符或图形，按喷墨技术的不同，分为喷泡式和压电式两种。目前大部分喷墨打印机都可以进行彩色打印。就打印质量、速度、噪声以及成本而言，喷墨打印机性能中等。

③ 激光打印机是一种高精度、低噪声的非击打式打印机，如图 2-18 所示。它是利用激光扫描技术与电子照相技术共同来完成整个打印过程的。打印质量以激光打印机最好，一般可达 1200dpi 左右。打印速度激光打印机最快，高档机一般每分钟打印 20 页以上。噪声也是激光打印机最低。但激光打印机打印成本最高。

（3）绘图仪

绘图仪是一种输出图形的硬拷贝设备，如图 2-19 所示。绘图仪在绘图软件的支持下可绘制出复杂、精确的图形，是计算机辅助设计不可缺少的工具。绘图仪的性能指标主要有绘图笔数、图纸尺寸、分辨率、接口形式及绘图语言等。

图 2-18　激光打印机

图 2-19　绘图仪

6. 主板

以上介绍的硬件固然重要，但每一件都不能孤立存在，它们需协同工作，共同完成信息的处理，承担连接任务的部件叫主板，如图 2-20 所示，也称系统板或母板。主板的主要组件包括 CMOS、BIOS、高速缓冲存储器、内存插槽、CPU 插槽、键盘接口、软盘驱动器接口、硬盘驱动器接口、总线扩展插槽（ISA、PCI 等扩展插槽）、串行接口（COM1、COM2）、并行接口（打印机接口 LPT1）等。

图 2-20　主板

7. 微型计算机系统总线

微机各功能部件相互传输数据的公共通道称为总线（Bus）。CPU 本身也由若干个部件组成，这些部件之间也通过总线连接。通常把 CPU 芯片内部的总线称为内部总线，把连接系统各部件的总线称为外部总线或系统总线。一次传输信息的位数则称为总线宽度。

采用总线结构之后，系统中各功能部件间的关系转变为各部件面向总线的单一关系，一个部件（功能板/卡）只要符合总线标准，就可以连接到采用这种总线标准的系统中，从而使系统功能扩充或更新容易、结构简单、可靠性大大提高。这是微型计算机系统结构上的独特之处。

总线上传送的信息包括数据信息、地址信息、控制信息，因此，系统总线包含 3 种不同功能的总线，即数据总线（Data Bus，DB）、地址总线（Address Bus，AB）和控制总线（Control Bus，CB），如图 2-21 所示。

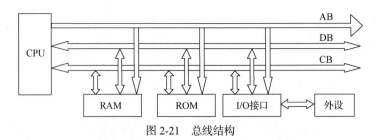

图 2-21　总线结构

（1）数据总线

数据总线传输的是数据信息，它既可以把 CPU 的数据传送到存储器或 I/O 接口等其他部件，也可以将其他部件的数据传送到 CPU。因此，数据总线总是双向的。数据总线宽度是微型计算机的一个重要指标，通常与微处理器的字长相一致。例如，Intel 8086 微处理器字长 16 位，其数据总线宽度也是 16 位。需要指出的是，这里的"数据"是广义的，可以是真正的数据，也可以是指令代码或状态信息，有时甚至是一个控制信息，因此，在实际工作中，数据总线上传送的并不一定是真正意义上的数据。

（2）地址总线

地址总线专门用来传送地址信息，由于地址只能从 CPU 传向外部存储器或 I/O 接口，所以地址总线总是单向三态的，这与数据总线不同。地址总线宽度决定了 CPU 可直接寻址的内存空间大小，例如，8 位微机的地址总线宽度为 16 位，则其可寻址空间为 2^{16}=64KB，16 位微机的地址总线宽度为 20 位，其可寻址空间为 2^{20}=1MB。一般来说，若地址总线为 n 位，则可寻址空间为 2^n 字节。

（3）控制总线

控制总线用来传送控制信号和时序信号。控制信号中有的是 CPU 送往存储器和 I/O 接口电路的，如读/写信号、片选信号、中断响应信号等；有的是其他部件反馈给 CPU 的，如中断申请信号、复位信号、总线请求信号等。因此，控制总线的传送方向由具体控制信号决定，一般是双向的。控制总线宽度根据系统的实际控制需要而定。实际上，控制总线的具体情况主要取决于 CPU。

8. 微型计算机的接口

通常，我们把两个部件之间的交接部件称为接口，或称为界面。这里的部件既可以指硬件，也可以指软件。主机实际上是通过系统总线连接到接口，再通过接口与外部设备相连接的，如图 2-22 所示。例如，硬盘接口位于硬盘驱动器和系统总线之间，而显示器通过显示接口（即显卡）和系统总线连接。这些接口常以插件形式插在系统总线的插槽上。各设备公用的接口如中断控制器、DMA 控制器等往往集成在主板上。

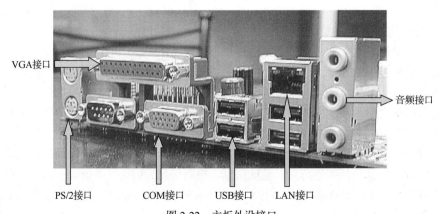

图 2-22　主板外设接口

图 2-22 所示为常见的主板外设接口，但随着技术的进步和应用的深入，目前市场上也能看到图 2-23 所示的高端主板外设接口，其中部分接口介绍如下。

① VGA、DVI 和 HDMI 视频接口用于连接显示器。VGA 传输模拟信号，DVI 和 HDMI 能传输数字信号，支持 1080P 全高清视频。与 DVI 相比，HDMI 的主要优势是能够同时传输音频数据，在视频数据的传输上与前者没有差别。另外，还有一种新兴的视频接口叫 DP 接口，同样能够传输音频。

② 光纤音频接口。该接口为高端音频设备传输音频信号。

③ e-SATA 接口。该接口并不是一种独立的外部接口技术标准，简单来说 e-SATA 就是 SATA 的外接式界面，拥有 e-SATA 接口的计算机可以把 SATA 设备直接从外部连接到系统当中，而不用打开机箱，但由于 e-SATA 本身并不带供电，因此 SATA 设备需要外接电源，所以该接口对普通用户用处不大。

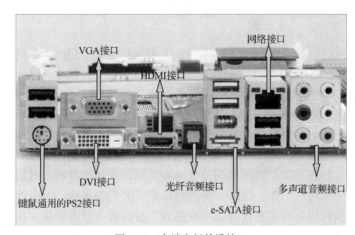

图 2-23　高端主板外设接口

9. 微型计算机主要技术指标

（1）运算速度

运算速度是衡量 CPU 性能的指标，通常以每秒完成多少次运算来表示（例如，每秒百万条指令，简称 MIPS）。这个指标不但与 CPU 的主频有关，还与内存、硬盘的工作速度及字长有关。

（2）字长

字长是指参与一次运算的二进制数的位数，主要影响计算机精度和运算速度。目前微机字长一般为 32 位或 64 位。

（3）主存容量

主存容量是衡量计算机存储能力的指标。主存容量越大，能存入的数据就越多，能直接存储的程序就越大，计算机的计算能力和规模也就越强。

（4）输入/输出数据传输率

输入/输出数据传输率决定了主机与外设交换数据的速度。通常这是影响整机速度提高的瓶颈。提高输入/输出数据传输率可以显著提升计算机系统的整体速度。

（5）可靠性

可靠性是指计算机连续无故障运行时间的长短。可靠性好，表示无故障运行时间长。

10. 市场主流 CPU 芯片及我国 CPU 芯片研发状况

（1）市场主流 CPU 芯片简介

作为最重要的核心部件，CPU 的不断推陈出新推动了计算机技术一次又一次的飞跃发展。从

1971 年英特尔（Intel）公司推出的第一台微处理器 Intel 4004 到现在 Intel 公司生产的 Core i7；处理字长从最早的 4 位到现在的 64 位；从 Intel 一家独大，到现在 AMD 与之分庭抗礼，CPU 的发展可谓精彩纷呈。

目前 CPU 研发公司主要有 Intel 公司和 AMD 公司。

Intel 公司是全球最大的半导体芯片制造商，它成立于 1968 年，具有数十年产品创新和市场领导的历史。1971 年，Intel 公司推出了全球第一颗 CPU。CPU 带来的计算机和互联网革命改变了整个世界。

AMD 公司专门为计算机、通信和消费电子行业设计和制造各种创新的 CPU、GPU、APU、主板芯片组、电视卡芯片等。AMD 是目前业内唯一能同时提供高性能 CPU、高性能独立显卡 GPU、主板芯片组的半导体公司，为了明确其优势，AMD 提出 3A 平台的新标志"AMD VISION"，有该标志就表明该 PC 使用 3A 构建方法。AMD 有超过 70%的收入来自国际市场，是一家真正意义上的跨国公司。

Intel 公司的主流产品是酷睿（Core）i 系列。主要有 Core i3、Core i5、Core i7、Core i9。与以前的芯片相比，这一系列 32 纳米新品增加了图形处理功能，实现了 CPU+GPU 的整合，历史性地将显示核心和 CPU 封装到了一起，不但提高了 PC 的兼容性、稳定性，还令高清电影的播放更流畅，画面更栩栩如生，同时，游戏运行效率也会高于以往的集成显卡。

新酷睿产品与先前的酷睿家族产品最大的区别是制造工艺上的改进，即从 45 纳米过渡到 32 纳米，芯片性能得到近 50%的提升。全新的 Core i9、Core i7 都拥有独特的英特尔睿频加速技术，能够根据工作负载动态、智能地调节频率和性能，在工作量较大时能实现按需提升频率自动加速，可自如应对用户工作、娱乐、生活的万变需求。Core i9、Core i7 广泛使用超线程技术，通过让每个内核同时运行双重任务，实现高效、智能的多任务处理，从而呈现令人惊叹的速度与性能。

不甘落后的 AMD 公司始终没有停下追赶 Intel 公司的脚步。纵观近几年的处理器发展，将 GPU 整合到 CPU 里的大趋势不可阻挡，市面上大部分桌面级处理器都是整合显示核心的核显 CPU，如酷睿系列，不过酷睿系列最强的显示核心往往都在大众不可企及的高端型号上。而 AMD 公司就是这方面的集大成者，其经典的 APU 系列第一次将处理器和独显核心做在一个芯片上，协同计算、彼此加速大幅提升了计算机运行效率。2015 年 5 月 29 日，AMD 公司的全新一代旗舰级 APU——A10-7870K 正式发布。作为性能较强的融合型处理器产品，Kaveri A10 系列 APU 自诞生之日起就受到了广大高端玩家的关注和喜爱，而 A10-7870K 更是将 APU 家族推向一个新高度。得益于计算单元频率和内置融合 GPU 频率的再次提升，A10-7870K 的整体性能水平再次突破极限，继续领跑融合型处理器市场。

另外，AMD 公司经典的速龙系列 840K/850K/860K/870K 在低端处理器市场中凭借出色的性价比以及主流的多核性能吸引了部分用户。AMD 速龙四核 870K 基于 AMD 最新的 Kaveri-Refresh 核心设计，采用原生四核心设计，28 纳米工艺，并且拥有 4MB 高速二级缓存，默认主频为 3.9GHz，通过 AMD 智能超频技术可在需要极致性能时将处理器频率最高提升到 4.1GHz。该处理器接口沿用 AMD 主流的 SocketFM2+插槽，支持 A88X、A85、A75 以及 A68 等主板。AMD 速龙四核 870K 支持双通道 DDR3-2133MHz 内存，最大内存带宽高达 38.4GB/s。

（2）我国 CPU 芯片研发状况

随着经济腾飞，科技发展，国民收入提高，我国已经成为计算机应用大国。研发"中国芯"成为一代又一代中国计算机科学家不懈努力的目标。2002 年 9 月 22 日，龙芯 1 号问世。

龙芯是中国科学院计算所自主研发的通用 CPU，采用简单指令集，类似于 MIPS 指令集。

龙芯 1 号（英文名称 Godson-1）于 2002 年研发完成，是一颗 32 位处理器，主频是 266 MHz。龙芯 2 号（英文名称 Godson-2）于 2003 年正式完成并发布。

龙芯 2 号是 64 位处理器，主频为 300MHz 至 1000MHz，500MHz 版与 1GHz 版的 Intel Pentium III、Pentium 4 拥有相近的效能水平。

龙芯 3A 是中国第一颗具有完全自主知识产权的四核 CPU。龙芯 3 号系列处理器采用的是 65 纳米工艺，主频 1GHz，晶体管数目 4.25 亿个。单颗龙芯 3A 的最大功耗为 15W，理论峰值为 16GFLOPS，每颗 CPU 能效比 1.06GFLOPS/W，是目前 X86 CPU 的 2 倍以上，达到了世界先进水平。

龙芯 3A 集成了四个 64 位超标量处理器核、4MB 的二级 Cache、两个 DDR2/3 内存控制器、两个高性能 HyperTransport 控制器、一个 PCI/PCIX 控制器以及 LPC、SPI、UART、GPIO 等低速 I/O 控制器。龙芯 3A 的指令系统与 MIPS64 兼容并通过指令扩展支持 X86 二进制翻译。

继龙芯 3A 后，龙芯 3 号系列处理器推出第二代产品——8 核龙芯 3B 处理器。龙芯 3B 仍采用 65 纳米工艺，在单个芯片上集成 8 个增强型龙芯 GS464 处理器核，它可以与 MIPS64 兼容，并支持 X86 虚拟机和向量扩展。在 1GHz 主频下可实现 128GFLOPS 的运算能力。在存储设计方面，龙芯 3B 最多可同时处理 64 个访问请求，可提供 12.8GB/s 的访存带宽。在 I/O 接口方面，龙芯 3B 实现两个 16 位的 Hyper Transport 接口，可提供高达 12.8GB/s 的 I/O 吞吐能力。八核龙芯 3 号的芯片对外接口与四核龙芯 3 号完全一致，两款芯片引脚完全兼容，可实现无缝更换。

CPU 是各类电子系统的核心。"龙芯"问世的意义不仅仅在于中国自主研发出了自己的 CPU 产品，其在于它穿透了中国科技人员心中的一团迷雾：凭借着自身的技术研发实力，中国可以生产出被外国垄断的产品。虽然它现在还不如 Intel 的产品，甚至不如 AMD 的产品，但它是一颗国人用着放心的"中国芯"。

2015 年 3 月 31 日，中国发射了首颗使用"龙芯"的北斗卫星。

最近几年，国产芯片产业发展空前活跃，越来越多的企业开始重视国产芯片的研发。华为海思目前是我国技术最强大的芯片开发商之一，华为的麒麟芯片在性能上与高通、三星这些芯片企业的产品处于同一个水平甚至领先，不仅应用于移动手机设备，在高性能服务器、5G 基带、路由器等领域也有较好的表现。

"中国芯"的研制之路是艰辛的，漫长的。国际形势风云变幻，为了国家的长治久安，为了中华民族的伟大复兴，这条路无论多么艰辛，我们都要坚定地走下去，并力争走在前面。

2.4 计算机软件系统

只有硬件的计算机称为"裸机"，不能实现复杂的功能，正如一个人，如果只有躯体，而没有思想，就什么事情都做不了。有大脑、有知识，才能做事情，计算机也一样，要想实现复杂的功能，必须有软件支持，硬件是基础，软件是"灵魂"。

所谓软件是指为方便使用计算机和提高使用效率而组织的程序以及开发、使用和维护程序所需要的文档。软件的雏形是用"0""1"编写的程序，时至今日，计算机软件的功能越来越强大，越来越丰富。根据功能不同，计算机软件可分为系统软件和应用软件两大类。

2.4.1 系统软件

系统软件是一组控制计算机系统并管理其资源的程序，其主要功能包括启动计算机，存储、加载和执行应用程序，对文件进行排序、检索，将程序语言翻译成机器语言等。实际上，系统软件可以看作用户与计算机的接口，它为应用软件和用户提供了控制、访问硬件的手段，这些功能主要由操作系统完成。此外，编译系统和各种工具软件也属于系统软件，它们从另一方面辅助用户使用计算机。

1. 操作系统

操作系统（Operating System，OS）是管理、控制和监督计算机软、硬件资源协调运行的程序系统，由一系列具有不同控制和管理功能的程序组成，它是直接运行在计算机硬件上的、最基本的系统软件，是系统软件的核心。操作系统是计算机发展的产物，它的主要目的有两个。一是方便用户使用计算机，作为用户和计算机的接口，负责接收、理解、执行用户的命令，例如，用户键入一条简单的命令计算机就能自动完成复杂的功能，这就是操作系统帮助的结果；二是统一管理计算机系统的全部资源，合理组织计算机工作流程，以便充分、合理地发挥计算机的效率。操作系统通常应包括下列 5 个功能模块。

（1）处理器管理

当多个程序同时运行时，解决 CPU 的时间分配问题。

（2）存储器管理

为各个程序及其使用的数据分配存储空间，并保证它们互不干扰。

（3）设备管理

根据用户提出的使用设备的请求进行设备分配，同时还能随时接收设备的请求（称为中断），如要求输入信息。

（4）文件管理

主要负责文件的存储、检索、共享和保护，为用户提供文件操作的方便。

（5）用户接口

为用户提供的操作界面。有命令接口、程序接口和图形界面接口三种类型。命令接口是操作系统提供一组命令供用户操作，用户通过下达命令操作计算机；程序接口是操作系统提供一组系统调用命令供用户程序调用，用户通过程序调用方式间接操作计算机；图形界面接口是操作系统提供一个由图标、窗口、菜单、对话框及其他元素组成的直观易懂、使用方便的计算机操作环境，用户通过鼠标或触屏方式操作计算机。

本书第 5 章将对计算机操作系统进行较详细的讲解。

2. 语言处理系统（翻译程序）

人和计算机交换信息使用的语言称为计算机语言或程序设计语言。

（1）计算机语言的发展

① 机器语言。

电子计算机只能识别"0"和"1"，计算机发明之初，人们为了迎合计算机的需要，用计算机能直接识别的符号，也就是用"0""1"编写程序交由计算机执行，这种计算机能够认识的语言，就是机器语言。人使用机器语言是十分痛苦的，特别是在程序有错需要修改时，更是如此。

由于不同系列计算机的指令系统往往也不相同，所以，在某个系列计算机上执行的程序，要想在另一系列计算机上执行，必须重新编写，这就造成了重复工作。但由于程序针对特定型号的计算机，故而运算效率是所有语言中最高的。机器语言是第一代计算机语言。

② 汇编语言。

为了减轻使用机器语言编程的痛苦，人们进行了一种有益的改进：用一些简洁的英文字母、符号串来替代一条特定的指令的二进制串，例如，用"ADD"代表加法，用"MOV"代表数据传递，这样一来，人们很容易读懂并理解程序在干什么，纠错及维护都变得方便了，这种程序设计语言就称为汇编语言，也称为符号语言，即第二代计算机语言。

汇编语言同样十分依赖机器硬件，移植性不好，但效率仍十分高，针对计算机特定硬件编制的汇编语言程序，能准确发挥计算机硬件的功能和特长，程序精练而质量高，所以至今汇编语言仍是一种常用而强有力的软件开发工具。

机器语言和汇编语言都依赖于机器，合称为低级语言。

③ 高级语言。

高级语言是目前绝大多数编程者的选择。和汇编语言相比，它不但将许多相关的机器指令合成为单条指令，并且去掉了与具体操作有关但与完成工作无关的细节，这样就大大简化了程序中的指令。由于省略了很多细节，因此编程者也不需要具备太多的专业知识。高级语言主要是相对于汇编语言而言的，它并不是特指某一种具体的语言，而是包括了很多编程语言，如目前流行的Python、C#、Java、C++等，这些语言的语法、命令格式各不相同。

（2）汇编和翻译

使用汇编语言和高级语言编程对编程者来说固然是方便了，但不能忘记一点：计算机能直接识别的是"0""1"两个符号，因此，如果要在计算机上运行汇编语言或高级语言编写的源程序，就必须将其译成目标程序。

将汇编语言源程序翻译成目标程序的程序称为汇编程序，其翻译过程称为汇编。

将高级语言源程序翻译成目标程序的程序称为翻译程序。翻译程序本身是一组程序，不同的高级语言各有相应的翻译程序。翻译的方式有两种。

① "解释"方式。

"解释"方式类似于我们日常生活中的"同声翻译"，一边由相应语言的解释器将命令"翻译"成目标代码（机器语言），一边执行，因此效率比较低，而且不能生成可独立执行的文件，但这种方式比较灵活，可以动态地调整、修改应用程序。Java、Python 等就是这类"解释"型语言的典型代表。

② "编译"方式。

这种方式像翻译家翻译一篇文章一样，它调用相应语言的编译程序，把源程序变成目标程序（以.obj 为扩展名），然后再用连接程序把目标程序与库文件相连接，形成可执行文件。尽管编译的过程复杂一些，但它形成的可执行文件（以.exe 为扩展名）可以反复执行，执行速度较快。目前大部分高级语言支持"编译"方式，如 C、C++、C#、Pascal 等。

高级语言有的是"解释"型的，有的是"编译"型的，有的既支持"解释"方式，又支持"编译"方式。

3. 服务程序

服务程序能够提供一些常用的服务性功能，它们为用户开发程序和使用计算机提供了方便，微机上经常使用的诊断程序、调试程序、编辑程序均属此类。

4. 数据库管理系统

数据库是按照一定的联系存储的数据集合，可为多种应用共享。数据库技术是计算机技术中发展最快、应用最广的一个分支。可以说，今后的计算机应用开发大都离不开数据库。因此，了解数据库技术尤其是微机环境下的数据库应用是非常必要的。数据库技术将在第 8 章详细讲解。

2.4.2 应用软件

为解决各类实际问题而设计的程序系统称为应用软件。前面讲过，我们可以通过操作系统给计算机布置工作，操作系统也可以把计算机的工作结果告诉我们。可是操作系统的功能也不是无限的，实际上计算机的很多功能是靠多种应用软件来实现的。操作系统一般只负责管理好计算机，使它能正常工作，而众多应用软件才充分发挥了计算机的作用。

2.5　计算机硬件和软件的关系

综上所述，一台计算机包括硬件和软件，如图 2-24 所示。

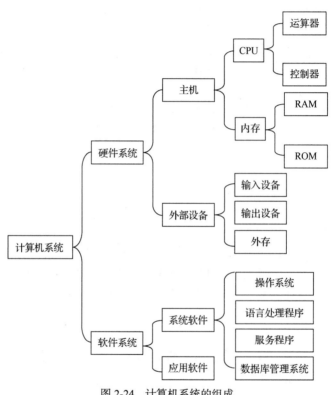

图 2-24　计算机系统的组成

随着计算机软、硬件技术的发展，原来硬件完成的功能，如今软件也能实现，原来软件实现的功能现在也可以由硬件来承担。两者相辅相成，共同组成计算机系统，如图 2-25 所示。

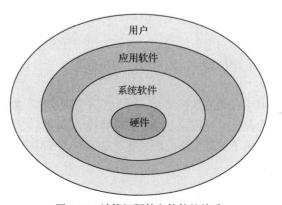

图 2-25　计算机硬件和软件的关系

　　计算机要更好地工作，离不开性能卓越的硬件系统，也离不开功能丰富的软件系统。要成为祖国合格的建设人才和接班人，大学生要把握美好时光，强健体魄，夯实专业知识基础，树立正确的世界观、人生观、价值观，让自己"卓越"起来、"丰富"起来。

本章小结

　　本章简述了计算机硬件设计思路的演变，帮助读者理解为什么现代的计算机硬件是由输入设备、控制器、运算器、存储器、输出设备 5 部分组成的；接着引出冯·诺依曼计算机设计思想和工作原理；最后重点介绍了微机的硬件组成及软件分类。

习　　题

一、选择题

1. 完整的计算机系统由_____组成。
   A. 运算器、控制器、存储器、输入设备和输出设备
   B. 主机和外部设备
   C. 硬件系统和软件系统
   D. 主机箱、显示器、键盘、鼠标、打印机

2. 以下软件中，_____不是操作系统软件。
   A. Windows　　　　B. UNIX　　　　C. Linux　　　　D. Microsoft Office

3. 任何程序都必须加载到_____中才能被 CPU 执行。
   A. 磁盘　　　　B. 硬盘　　　　C. 内存　　　　D. 外存

4. 计算机信息计量单位中的 K 代表_____。
   A. 1024　　　　B. 210　　　　C. 103　　　　D. 28

5. 组成计算机的 CPU 的两大部件是_____。
   A. 运算器和控制器　B. 控制器和寄存器　C. 运算器和内存　D. 控制器和内存

6. 微型计算机的内存容量主要指_____的容量。
   A. RAM　　　　B. ROM　　　　C. CMOS　　　　D. Cache

7. 计算机的 3 类总线不包括_____。
   A. 控制总线　　　B. 地址总线　　　C. 传输总线　　　D. 数据总线

8. 在计算机上插 U 盘的接口通常是_____标准接口。
   A. UPS　　　　B. USP　　　　C. USB　　　　D. UBS

9. 用 C 语言编写的程序需要用_____程序翻译后计算机才能识别。
   A. 汇编　　　　B. 编译　　　　C. 解释　　　　D. 连接

10. _____语言编写的程序可被计算机直接执行。
    A. 机器　　　　B. 汇编　　　　C. 高级　　　　D. 网络

11. 计算机字长和_____宽度有关。
    A. 控制总线　　　B. 数据总线　　　C. 地址总线　　　D. 通信总线

12. 微型计算机中，运算器的主要功能是进行_____。

  A. 逻辑运算　　　　　　　　　　　B. 算术运算

  C. 算术运算和逻辑运算　　　　　　D. 复杂方程的求解

13. 下列存储器中，存取速度最快的是_____。

  A. 软磁盘存储器　　B. 硬磁盘存储器　　C. 光盘存储器　　D. 内部存储器

14. 下列打印机中，打印效果最佳的一种是_____。

  A. 点阵打印机　　　B. 激光打印机　　　C. 热敏打印机　　D. 喷墨打印机

15. CPU 不能直接访问的存储器是_____。

  A. ROM　　　　　B. RAM　　　　　C. Cache　　　　D. CD-ROM

16. 微型计算机中，控制器的基本功能是_____。

  A. 存储各种控制信息　　　　　　　B. 传输各种控制信号

  C. 产生各种控制信息　　　　　　　D. 控制系统各部件正确地执行程序

17. 下列叙述中，属 RAM 特点的是_____。

  A. 可随机读写数据，断电后数据不会丢失

  B. 可随机读写数据，断电后数据将全部丢失

  C. 只能顺序读写数据，断电后数据将部分丢失

  D. 只能顺序读写数据，断电后数据将全部丢失

18. 在微型计算机中，运算器和控制器合称为_____。

  A. 逻辑部件　　　B. 算术运算部件　　C. 微处理器　　D. 算术和逻辑部件

19. 计算机内部信息的表示及存储往往采用二进制形式，采用这种形式的最主要原因是_____。

  A. 计算方式简单　　　　　　　　　B. 表示形式单一

  C. 避免与十进制相混淆　　　　　　D. 与逻辑电路硬件相适应

20. 微型计算机配置高速缓冲存储器是为了解决_____。

  A. 主机与外设之间速度不匹配问题　　B. CPU 与辅助存储器之间速度不匹配问题

  C. 内存与外存之间速度不匹配问题　　D. CPU 与内存之间速度不匹配问题

21. 下列设备中，既属于输入设备，又属于输出设备的是_____。

  A. 音箱　　　　　B. 显示器　　　　　C. 硬盘　　　　D. 打印机

22. 关于硬件系统和软件系统的概念，下列叙述不正确的是_____。

  A. 计算机硬件系统的基本功能是接受计算机程序，并在程序控制下完成数据输入、处理、输出任务

  B. 软件系统建立在硬件系统的基础上，它使硬件功能得以充分发挥，并为用户提供一个操作方便、工作轻松的环境

  C. 硬件的部分功能可以由软件实现

  D. 一台计算机只要装入系统软件，即可进行文字处理或数据处理工作

23. 首先提出计算机内存储程序概念的是_____。

  A. 莫尔　　　　　B. 冯·诺依曼　　　C. 比尔·盖茨　　D. 艾卡特

24. 32 位微型计算机中的 32 指的是_____。

  A. 内存的容量　　B. 微机的型号　　　C. 运算的速度　　D. 机器的字长

25. 计算机操作系统是一种_____。

  A. 应用软件　　　B. 系统软件　　　　C. 工具软件　　D. 绘图软件

26. 计算机主存储器一般由_____组成。

  A．RAM 和 C 盘　　　　　　　　　B．ROM、RAM 和 C 盘

  C．RAM 和 ROM　　　　　　　　　D．RAM 和 RPM

27．内存中有一小部分用于永久存放特殊的专用程序或数据，CPU 对它们只取不存，这一部分称为只读存储器，简称_____。

  A．RAM　　　　B．ROM　　　　C．DOS　　　　D．WPS

28．内存中的每个基本单元都被赋予唯一的序号，称为_____。

  A．地址　　　　B．字节　　　　C．编号　　　　D．容量

29．下列叙述中，正确的是_____。

  A．计算机指令是指挥机器进行操作的命令

  B．显示器既是输出设备又是输入设备

  C．微型计算机就是体积很微小的计算机

  D．光盘驱动器属于主机，光盘属于外设

二、简答题

1．简述冯·诺依曼计算机的硬件组成及工作原理。

2．简述微型计算机系统组成。

教学目标

➢ 了解信息与信息技术的基本概念。

➢ 了解计算机处理信息的基本原理及方法。

➢ 掌握数值在计算机中的各种表示方法及信息编码的相关知识。

➢ 掌握计算机中不同进制数之间的转换方法。

➢ 了解计算机中不同类型数据的表示与存储。

知识要点

本章首先简要介绍信息的定义及特征、信息技术的分类和发展趋势；接着重点介绍不同类型的数据在计算机中的表示和存储，不同进制间的转换，计算机中原码、补码、反码的表示和简单应用，计算机编码的方法与应用。

课前引思

● 计算机如何存储一首歌曲？

很多人都喜欢听歌，音乐播放器从最早的留声机、磁带录音机、CD 机发展到现在非常普及的 MP3 播放器，声音在计算机中是怎么存储的？

● 汉字如何编码？

普通计算机的键盘没有汉字键，人们往往通过各种输入码将汉字输入计算机。那么汉字信息在计算机中是如何存储、输入/输出和显示的呢？

计算机可以处理各种类型的数据，不同类型的数据在计算机中有不同的表示方法，而搞清楚这些是理解计算机信息技术的基础。

3.1 信息及信息技术

信息是事物运动的存在或表达形式，是一切物质的普遍属性，实际上包括了一切物质运动的表征。

3.1.1 信息的定义

信息的定义：以适合于通信、存储或处理的形式来表示的知识或消息。信息作为一个科学术语被提出和使用，可追溯到 1928 年韦哈特利（R.VHartly）在《信息传输》一文中的描述。他认为：信息是指有新内容、新知识的消息。关于信息有多种定义，1948 年，香龙（C.E.Shannon）

博士在《通信的数学理论》中给出了信息的数学定义，他认为信息用以消除随机的、不确定性的东西（信息是肯定性的确认、确定性的增加），并提出信息量的概念和信息熵的计算方法，从而奠定了信息论的基础。维纳（Norbert Wiener）教授在其专著《控制论——动物和机器中的通信和控制问题》中，阐述信息是"我们在适应外部世界、控制外部世界的过程中，同外部世界交换的内容的名称"。1956 年，英国学者阿什比（Ashby）提出"信息是集合的变异度"，认为信息的本质在于事物本身具有变异度。1975 年，意大利学者隆戈（G.Longo）在《信息论：新的趋势与未决问题》一书的序言中指出：信息是反映事物的构成、关系和差别的东西，它包含在事物的差异之中，而不在事物的本身。可见，迄今为止，信息的概念仍然是仁者见仁、智者见智。

3.1.2　信息的特征

尽管从不同的角度出发对信息有不同的定义，但是人们对信息的一些基本性质已有共识。

① 普遍性：有事物的地方，就必然存在信息。信息在自然界和人类社会活动中广泛存在。

② 客观性：信息是客观现实的反映，不随人的主观意志而改变。如果人为篡改信息，那么信息就会失去它的价值，甚至不能称为"信息"了。

③ 动态性：事物是在不断变化发展的，信息也必然随之运动发展，其内容、形式、容量都会随时间而改变。

④ 真伪性：信息有真实的和虚假的。

⑤ 时效性：由于信息具有动态性，因此一条固定的信息的使用价值必然会随着时间的流逝而衰减。时效性实际上是与信息的价值性联系在一起的，信息如果没有价值也就无所谓时效。

⑥ 度量性：信息可采用某种度量单位进行度量，并进行信息编码，如现代计算机使用的二进制。

⑦ 识别性：人类可以通过感觉器官和科学仪器来获取、整理、认知信息。这是人类利用信息的前提。信息可采取直观识别、比较识别和间接识别等多种方式来把握。

⑧ 传递性：信息的传递是与物质和能量的传递同时进行的。语言、表情、动作、报刊、书籍、广播、电视、电话等是人类常用的信息传递方式。信息可以通过各种媒介在人与人、人与物、物与物之间传递。

⑨ 共享性：信息具有扩散性，因此可共享，同一信息可以在同一时间被多个主体共有，而且还能够无限地复制、传递。Internet 实现了全球信息资源的共享。

⑩ 载体依附性：信息不能独立存在，需要依附于一定的载体，而且同一个信息可以依附于不同的载体。

3.1.3　信息技术

一切与信息的获取、加工、表达、交流、管理和评价等有关的技术都称为信息技术。信息技术（Information Technology，IT）是用于管理和处理信息的各种技术的总称，即在计算机技术和通信技术支持下用以获取、加工、存储、变换、显示和传输文字、数值、图像以及声音信息的方法与设备的总称。

1. 技术分类

（1）按表现形态不同分类

按表现形态的不同，信息技术可分为硬技术（物化技术）与软技术（非物化技术）。前者指各种信息设备及其功能，如显微镜、电话机、通信卫星、多媒体计算机。后者指有关信息获取与处理的各种知识、方法与技能，如语言文字技术、数据统计分析技术、规划决策技术、计算机软件技术等。

（2）按工作流程中基本环节不同分类

按工作流程中基本环节的不同，信息技术可分为信息获取技术、信息传递技术、信息存储技术、信息加工技术及信息标准化技术。信息获取技术包括信息的搜索、感知、接收、过滤等，如显微镜、望远镜、气象卫星、温度计、钟表、Internet搜索引擎技术等。信息传递技术指跨越空间共享信息的技术，又可分为不同类型，如单向传递与双向传递技术，单通道传递、多通道传递与广播传递技术。信息存储技术指跨越时间保存信息的技术，如印刷术、照相术、录音术、录像术、缩微术、磁盘术、光盘术等。信息加工技术是对信息进行描述、分类、排序、转换、浓缩、扩充、创新等的技术。信息加工技术的发展已有两次突破：从人脑信息加工到使用机械设备（如算盘、标尺等）进行信息加工，再发展为使用电子计算机与网络进行信息加工。信息标准化技术是指使信息的获取、传递、存储，加工各环节有机衔接，提高信息交换共享能力的技术，如信息管理标准、字符编码标准、语言文字的规范化等。

（3）按使用的信息设备不同分类

按使用的信息设备不同，信息技术可分为电话技术、电报技术、广播技术、电视技术、复印技术、缩微技术、卫星技术、计算机技术、网络技术等。也有人从信息的传播模式将信息技术分为传者信息处理技术、信息通道技术、受者信息处理技术、信息抗干扰技术等。

（4）按技术的功能层次不同分类

按技术的功能层次不同，信息技术可分为基础层次的信息技术（如新材料技术、新能源技术）、支撑层次的信息技术（如机械技术、电子技术、激光技术、生物技术、空间技术）、主体层次的信息技术（如感测技术、通信技术、计算机技术、控制技术）、应用层次的信息技术（如文化教育、商业贸易、工农业生产、社会管理中用以提高效率和效益的各种自动化、智能化、信息化应用软件与设备）。

2. 发展趋势

信息技术推广应用的显著成效促使世界各国致力于信息化，而信息化的巨大需求又驱使信息技术高速发展。当前信息技术发展的总趋势是以互联网技术的发展和应用为中心，从典型的技术驱动发展模式向技术驱动与应用驱动相结合的模式转变。

微电子技术和软件技术是信息技术的核心。集成电路的集成度和运算能力、性能价格比继续呈几何级数增长，支持信息技术达到前所未有的水平。现在每个芯片包含上亿个元件，构成了"单片上的系统"，模糊了整机与元器件的界线，极大地提高了信息设备的功能，并促使整机向轻、小、薄和低功耗方向发展。软件技术已经从以计算机为中心向以网络为中心转变。软件与集成电路设计的相互渗透使得芯片变成"固化的软件"，进一步巩固了软件的核心地位。软件技术的快速发展使得越来越多的功能通过软件来实现，"硬件软化"成为趋势，出现了"软件无线电""软交换"等技术领域。嵌入式软件的发展使软件走出了传统的计算机领域，促使多种工业产品和民用产品智能化。软件技术已成为推进信息化的核心技术。

互联网的应用开发是一个持续的热点。一方面电视机、手机、个人数字助理（Personal Digital Assistant，PDA）等家用电器和个人信息设备都向网络终端设备的方向发展，形成了网络终端设备的多样性和个性化，打破了计算机上网一统天下的局面。另一方面，电子商务、电子政务、远程教育、电子媒体、网上娱乐技术日趋成熟，不断降低对使用者的专业知识要求和经济投入要求；互联网数据中心（Internet Data Center，IDC）等技术的提出和服务体系的形成，构成了对使用互联网而言日益完善的社会化服务体系，使信息技术日益广泛地进入社会生产、生活各个领域，从而促进了网络经济的形成。

3.2　数制与运算

计算机是用于"计算"的机器设备，计算的基础是数及其表示，也就是计数问题，这是数学的基本问题。计算机不仅可以进行数字的运算，还可以对不同类型的信息进行存储和处理，当然这些信息最终在计算机中都是以数字的形式存储。计算机内部所有的数据和信息都以二进制表示，而我们日常更加习惯十进制计数，在程序设计中又会使用八进制和十六进制计数，因此学习不同数制及其相互转换是计算机运算的基础。下面分别介绍不同数制之间是如何转换的。

3.2.1　数制

数制也称计数制，是用一组固定的符号和统一的规则来表示数值的方法。日常生活中最常用的是十进制，同时也采用其他数制，如六十进制（1 分钟为 60 秒）、十二进制（12 个月为 1 年）等。

3-1　计算机中的数制

1. 数码

数制中表示基本数值大小的不同数字符号叫数码。例如，十进制有 10 个数码，0、1、2、3、4、5、6、7、8、9；二进制的数码是 0 和 1；十六进制数码是 0、1、2、3、4、5、6、7、8、9、A、B、C、D、E、F。

2. 权

权也称"位权"，指一种数制中某一位上的 1 所表示数值的大小（所处位置的价值）。例如，十进制的 123，1 的位权是 100，2 的位权是 10，3 的位权是 1。

3. 基数

在一种数制中，具体使用的数码数目就称为该数制的基数。例如，十进制数的基数是 10，使用 0~9 十个数码；二进制数的基数是 2，使用 0 和 1 两个数码。数码所处的位置称为"数位"。

各种数制都有一套统一的规则。R 进制的规则是逢 R 进一，或者借一为 R。R 进制中，使用的数码个数是 R，即 R 进制的基数为 R。数码中的最大数是"基数减 1"，而不是基数本身，例如，十进制数码中的最大数是 9（10-1），二进制数码中的最大数是 1（2-1），而最小数均为 0。

综上所述，无论使用什么数制，位权和基数是数制中的两个核心概念。

3.2.2　常用的数制

日常生活中人们熟悉的是十进制数，而计算机内部采用的是二进制数。如果在日常生活中使用二进制数，就要比十进制数使用更多的位数，这样就增加了数的表示的复杂性。二进制数与八进制数和十六进制数之间存在倍数关系，2^3 等于 8，而 2^4 等于 16，用十六进制或八进制表示一个二进制的数，书写会简洁很多，所以在计算机应用中常常会使用八进制和十六进制。

1. 二进制

二进制（Binary Notation）是采用"逢二进一"的计数原则进行计数，用 0 和 1 这两个数码表示数值。二进制的基数 R 为 2，最小数码是 0，最大数码是 1，在数的表示中，每个数码的位权由基数 2 的幂次决定，即 2^i，其中 i 为数码在二进制数中的序号。

例如，二进制数 10011.011 可表示为

$$(10011.011)_2 = 1\times 2^4 + 0\times 2^3 + 0\times 2^2 + 1\times 2^1 + 1\times 2^0 + 0\times 2^{-1} + 1\times 2^{-2} + 1\times 2^{-3}$$

任意一个二进制数 B（B 为 n 位整数和 m 位小数），都可以用下列公式表示：

$B = b_{n-1} \times 2^{n-1} + b_{n-2} \times 2^{n-2} + \cdots + b_0 \times 2^0 + b_{-1} \times 2^{-1} + b_{-2} \times 2^{-2} + \cdots + b_{-m} \times 2^{-m}$（其中 n、m 为正整数）。

2. 八进制

八进制（Octal Notation）采用"逢八进一"的计数原则进行计数，用 0、1、2、3、4、5、6、和 7 这八个数码表示数值。八进制的基数 R 为 8，最小数码是 0，最大数码是 7，在数的表示中，每个数码的位权由基数 8 的幂次决定，即 8^i，其中 i 为数码在八进制数中的序号。

例如，八进制数 352.46 可表示为

$$(352.46)_8 = 3 \times 8^2 + 5 \times 8^1 + 2 \times 8^0 + 4 \times 8^{-1} + 6 \times 8^{-2}$$

任意一个八进制数 O（O 为 n 位整数和 m 位小数），都可以用下列公式表示：

$O = o_{n-1} \times 8^{n-1} + o_{n-2} \times 8^{n-2} + \cdots + o_0 \times 8^0 + o_{-1} \times 8^{-1} + o_{-2} \times 8^{-2} + \cdots + o_{-m} \times 8^{-m}$（其中 n、m 为正整数）。

3. 十进制

十进制（Decimal Notation）采用"逢十进一"的计数原则进行计数，用 0、1、2、3、4、5、6、7、8 和 9 这十个数码表示数值。十进制的基数 R 为 10，最小数码是 0，最大数码是 9，在数的表示中，每个数码的位权由基数 10 的幂次决定，即 10^i，其中 i 为数码在十进制数中的序号。

例如，十进制数 672.49 可表示为

$$(672.49)_{10} = 6 \times 10^2 + 7 \times 10^1 + 2 \times 10^0 + 4 \times 10^{-1} + 9 \times 10^{-2}$$

任意一个十进制数 D（D 为 n 位整数和 m 位小数），都可以用下列公式表示：

$D = d_{n-1} \times 10^{n-1} + d_{n-2} \times 10^{n-2} + \cdots + d_0 \times 10^0 + d_{-1} \times 10^{-1} + d_{-2} \times 10^{-2} + \cdots + d_{-m} \times 10^{-m}$（其中 n、m 为正整数）。

4. 十六进制

十六进制（Hexdecimal Notation）采用"逢十六进一"的计数原则进行计数，用 0、1、2、3、4、5、6、7、8、9、A、B、C、D、E 和 F 这十六个数码表示数值。十六进制的基数 R 为 16，最小数码是 0，最大数码是 F，在数的表示中，每个数码的位权由基数 16 的幂次决定，即 16^i，其中 i 为数码在十六进制数中的序号。

例如，十六进制数 4BF1.A6 可表示为

$$(4BF1.A6)_{16} = 4 \times 16^3 + 11 \times 16^2 + 15 \times 16^1 + 1 \times 16^0 + 10 \times 16^{-1} + 6 \times 16^{-2}$$

任意一个十六进制数 H（H 为 n 位整数和 m 位小数），都可以用下列公式表示：

$H = h_{n-1} \times 16^{n-1} + h_{n-2} \times 16^{n-2} + \cdots + h_0 \times 16^0 + h_{-1} \times 16^{-1} + h_{-2} \times 16^{-2} + \cdots + h_{-m} \times 16^{-m}$（其中 n、m 为正整数）。

5. 常用数制的对应关系

（1）常用数制的基数和数字符号

常用数制的基数和数字符号如表 3-1 所示。

表 3-1　　　　　　　　　　　　　常用数制的基本符号

进制	进位规则	基数	数字符号
二进制	逢二进一	2	0、1
八进制	逢八进一	8	0、1、2、3、4、5、6、7
十进制	逢十进一	10	0、1、2、3、4、5、6、7、8、9
十六进制	逢十六进一	16	0、1、2、3、4、5、6、7、8、9、A、B、C、D、E、F

（2）常用数制的对应关系

常用数制的对应关系如表 3-2 所示。

表 3-2 四种数制的对应关系

十进制	二进制	八进制	十六进制
0	0000	0	0
1	0001	1	1
2	0010	2	2
3	0011	3	3
4	0100	4	4
5	0101	5	5
6	0110	6	6
7	0111	7	7
8	1000	10	8
9	1001	11	9
10	1010	12	A
11	1011	13	B
12	1100	14	C
13	1101	15	D
14	1110	16	E
15	1111	17	F
16	10000	20	10

3.2.3　各种数制的转换

为了对不同数制表示的数进行运算或比较大小，通常需要将数由一种数制转换成另一种数制。不同数制间的转换是一种数值转换，即一个数值可以从不同数制的角度去表示，尽管表示形式不同，但该数值本身并没有发生改变。转换依据的原则是：如果两个不同数制的数所对应的值相等，则这两个不同数制的数的整数部分和小数部分所对应的值一定分别相等。所以，在转换中应对一个数的整数部分和小数部分分别进行转换。

1．二进制和十进制相互转换

计算机内部采用二进制数，而人们通常习惯使用十进制数，因此在使用计算机进行数据处理时必须把输入的十进制数转换成二进制数，在输出计算机运算结果时，又要把计算机内部的二进制数转换成人们熟悉的十进制数显示或打印。这种不同进制数之间的转换在计算机内部频繁地进行着。人们在使用计算机的过程中没有人为进行数制转换，这些都是计算机系统中专门的程序自动完成的。

（1）二进制数转换成十进制数

将二进制数按权展开，再将展开的表达式按十进制规则进行计算，得到的结果就是转换后的十进制数。

【例 3-1】将二进制数 10011.011 转换成十进制数。

10011.011 按权展开如下：

$$(10011.011)_2 = 1 \times 2^4 + 0 \times 2^3 + 0 \times 2^2 + 1 \times 2^1 + 1 \times 2^0 + 0 \times 2^{-1} + 1 \times 2^{-2} + 1 \times 2^{-3}$$
$$= 16 + 0 + 0 + 2 + 1 + 0.25 + 0.125$$
$$= (19.375)_{10}$$

（2）十进制数转换成二进制数

十进制数转换成二进制数，按整数部分和小数部分分别转换，整数部分按"除二取余"法，小数部分按"乘二取整"法。

【例 3-2】将十进制数 19.375 转换成二进制数。

按转换规则，分整数部分和小数部分。

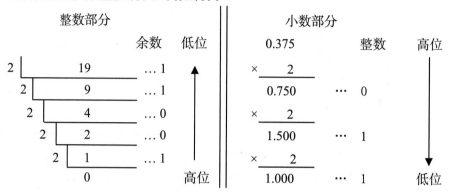

转换结果为 $(19.375)_{10}=(10011.011)_2$。

例 3-2 中小数部分正好全部进位，小数部分为 0，如果小数部分不为 0，就只取有限位。这里要注意的是整数部分取余数是从下往上取，小数部分取整数是从上往下取。

2．二进制和八进制相互转换

二进制的基数是 2，八进制的基数是 8，而 $8=2^3$，所以一位八进制数可以用三位二进制数来表示，反之，三位二进制数可以用一位八进制数来表示，因此，二进制数和八进制数之间的转换十分方便。

（1）二进制数转换成八进制数

先对二进制数按三位进行分组，从小数点位置开始，整数部分向左每三位一组，不足三位前面用 0 补齐三位，小数部分向右每三位一组，不足三位后面用 0 补齐三位。

【例 3-3】将二进制数 10110111001.01101 转换成八进制数。

按转换规则进行分组：

(010 110 111 001 . 011 010)

再将分组结果进行转换：

(010 110 111 001 . 011 010)$_2$

2　6　7　1　3　2

得到 $(10110111001.01101)_2=(2671.32)_8$。

（2）八进制数转换成二进制数

八进制数转换成二进制数就是将每位八进制数拆分成三位二进制数。

【例 3-4】将八进制数 6437.51 转换成二进制数。

按转换规则进行拆分：

(6　4　3　2 . 5　1　)$_8$

110 100 011 010 . 101 001

得到 $(6432.51)_8=(110100011010.101001)_2$。

3．二进制和十六进制相互转换

同二进制和八进制相互转换一样，二进制和十六进制的相互转换也很方便，因为二进制的基数是 2，十六进制的基数是 16，而 16=2^4，所以一位十六进制数可以用四位二进制数来表示，反之，四位二进制数可以用一位十六进制数来表示。

（1）二进制数转换成十六进制数

先对二进制数按四位进行分组，从小数点位置开始，整数部分向左每四位一组，不足四位前面用 0 补齐四位，小数部分向右每四位一组，不足四位后面用 0 补齐四位。

【例 3-5】将二进制数 11110110100101.011011 转换成十六进制数。

按转换规则进行分组：

$$(0011\ 1101\ 1010\ 0101\ .\ 0110\ 1100)$$

再将分组结果进行转换：

$$(0011\ 1101\ 1010\ 0101\ .\ 0110\ 1100)_2$$
$$3\quad D\quad A\quad 5\quad .\quad 6\quad C$$

得到 $(11110110100101.011011)_2 = (3DA5.6C)_{16}$。

（2）十六进数制转换成二进制数

十六进制数转换成二进制数就是将每位十六进制数拆分成四位二进制数。

【例 3-6】将十六进制数 7F90.A2 转换成二进制数。

按转换规则进行拆分：

$$(7\quad F\quad 9\quad 1\quad .\quad A\quad 2)_8$$
$$0111\quad 1111\quad 1001\quad 0001\quad 1010\quad 0010$$

得到 $(7F90.A2)_{16} = (111111110010001.10100010)_2$。

为了区分不同进制数，常在数字的后面加一个英文字母。

二进制数，在数字后面加字母 B（Binary），如 11001B。

八进制数，在数字后面加字母 O（Octal），如 257O。

十进制数，在数字后面加字母 D（Decimal），如 7394D。

十六进制数，在数字后面加字母 H（Hexadecimal），如 4D6AH。

3.2.4 二进制数

人们在日常生活中习惯使用十进制数，为什么计算机不使用人们熟悉的十进制数，而要使用二进制数呢？

1. 二进制数的特点

在计算机中通常采用二进制数，主要基于以下原因。

（1）易于实现，可靠稳定

计算机是由逻辑电路组成的，二进制数只使用两个不同的数字符号，任何可以表示两种不同状态的物理器件都可以用来表示二进制数的一位。例如，继电器触点的接通与断开，晶体管的导通与截止，电平的高与低，开关的接通与断开。制造两种状态的电子器件比制造多种状态的电子器件要简单、便宜，可靠。

（2）运算简单，逻辑性强

二进制运算法则简单，加法法则只有 4 个，乘法法则也只有 4 个。因此运算速度很快。

2. 二进制算术运算

二进制算术运算与十进制算术运算类似，同样包含四则运算，但操作简单直观，容易实现。

二进制加法法则如下：　　　　　　　　　二进制减法法则如下：

0+0=0　　　　　　　　　　　　　　　　0-0=0

0+1=1	0-1=1（借一当二）
1+0=1	1-0=1
1+1=10（逢二进一）	1-1=0

【例 3-7】已知 m=10011.11B，n=110.101B，求 $m+n$ 和 $m-n$。

根据运算法则得

$$m+n=11010.011B$$

$$m-n=1101.001B$$

二进制乘法法则如下：	二进制除法法则如下：
0×0=0	0÷0（无意义）
0×1=0	0÷1=0
1×0=0	1÷0（无意义）
1×1=1	1÷1=1

【例 3-8】已知 m=1001011B，n=11B，求 $m×n$ 和 $m÷n$。

根据运算法则得

$$m×n=11100001B$$

$$m÷n=11001B$$

3. 二进制逻辑运算

计算机不仅能存储数值数据进行算术运算，也能够存储逻辑数据进行逻辑运算。计算机中有实现各种逻辑功能的电路，并可利用逻辑代数规则进行各种逻辑判断。在计算机学科中，逻辑代数常用于逻辑电路的设计、程序设计中条件的描述等。逻辑量之间的运算称为逻辑运算。二进制数码 1 和 0 在逻辑上可以代表"成立"与"不成立"、"真"与"假"、"是"与"否"、"有"与"无"。这种具有逻辑属性的量就称为逻辑量。

计算机的逻辑运算和算术运算的主要区别是，逻辑运算中，运算是按位进行的，位与位之间不像算术运算那样有进位或借位的联系，运算结果也是逻辑数据。

逻辑运算主要包括 3 种基本运算：逻辑加法（又称"或"运算）、逻辑乘法（又称"与"运算）和逻辑否定（又称"非"运算）。此外，还有"异或"运算。

（1）逻辑加法（"或"运算）

逻辑加法通常用符号"+""∨""OR"来表示，运算法则如下：

0+0=0，0∨0=0

0+1=1，0∨1=1

1+0=1，1∨0=1

1+1=1，1∨1=1

从上面的运算法则可见，逻辑加法有"或"的意义。也就是说，给定的逻辑量中，若至少有一个逻辑量的值为 1，则其逻辑加的结果为 1；两者都为 1 时，逻辑加的结果也为 1。

【例 3-9】已知 A=10110B，B=11010B，求 $A∨B$。

根据"或"法则：

```
      10110
  ∨   11010
  ──────────
      11110
```

结果：$A∨B$=11110B。

（2）逻辑乘法（"与"运算）

逻辑乘法通常用符号"×""∧""·""AND"来表示，运算法则如下：

$0×0=0$，$0∧0=0$，$0·0=0$

$0×1=0$，$0∧1=0$，$0·1=0$

$1×0=0$，$1∧0=0$，$1·0=0$

$1×1=1$，$1∧1=1$，$1·1=1$

不难看出，逻辑乘法有"与"的意义。仅当参与运算的逻辑量都同时取值为 1 时，其逻辑乘积才等于 1。

【例 3-10】已知 A=1100110B，B=1011010B，求 $A∧B$。

根据"或"法则：

$$
\begin{array}{r}
1100110 \\
\wedge\ 1011010 \\
\hline
1000010
\end{array}
$$

结果：$A∧B$=1000010B。

（3）逻辑否定（"非"运算）

逻辑否定运算又称"非"运算，即求"反"运算，运算法则如下：

$\overline{0}=1$　非 0 等于 1　　　　$\overline{1}=0$　非 1 等于 0

【例 3-11】已经 A=100110B，求 $\overline{A}$。

根据运算法则可知 $\overline{A}$=011001B。

（4）"异或"逻辑运算

"异或"运算通常用符号"⊕"表示，运算法则如下：

$0⊕0=0$　　0 同 0 异或，结果为 0

$0⊕1=1$　　0 同 1 异或，结果为 1

$1⊕0=1$　　1 同 0 异或，结果为 1

$1⊕1=0$　　1 同 1 异或，结果为 0

从上面的运算法则可见，"异或"运算只有在给定的两个逻辑量不同时，结果为 1，在两个逻辑量相同时，结果为 0。

【例 3-12】已知 A=1011010B，B=1101011B，求 $A⊕B$。

根据"或"法则：

$$
\begin{array}{r}
1011010 \\
\oplus\ 1101011 \\
\hline
0110001
\end{array}
$$

结果：$A⊕B$=0110001B。

逻辑值又称真值，包括：真（或成立），通常用字母 T（True）表示；假（或不成立），通常用字母 F（False）表示，也可以用"1"或"0"表示。表 3-3 列出了四种基本逻辑运算关系真值表。

表 3-3　　　　　　　　　　逻辑运算真值表

X	Y	$\overline{X}$	$X∧Y$	$X∨Y$	$X⊕Y$
T	T	F	T	T	F
T	F	F	F	T	T
F	T	T	F	T	T
F	F	T	F	F	F

3.3 数据的存储

计算机内部采用二进制，因此，不论什么类型的数据，输入计算机进行处理时，都必须转换成二进制数。二进制数既能表示数字量，又能表示字符、汉字、图形等其他形式的数据。那么，二进制数在计算机的存储设备中是如何存储的？

3.3.1 数据存储单位

计算机对各类数据进行处理前，首先要将数据存储在计算机内。计算机表示数据的部件主要是存储设备，而存储数据的具体单位是存储单元。

计算机数据的表示经常用到以下几个概念。在计算机内部，数据都是以二进制数的形式存储和运算的。

1. 位

二进制数中的一位（bit）简写为 b，音译为比特，是计算机存储数据的最小单位。一个二进制位只能表示 0 或 1 两种状态，要表示更多的信息，就要把多个位组合成一个整体，一般以 8 位二进制组成一个基本单位。

2. 字节

字节是计算机处理数据和解释信息的基本单位。字节（Byte）简写为 B，音译为拜特。每字节由 8 个二进制位组成，即 1B=8bit。通常所说的计算机的内存是 256MB，指的是该计算机的主存容量是 256 兆字节，简写成 256MB，也就是说该计算机主存有 256 兆个存储单元，每个存储单元包含 8 个二进制位。

一般情况下，一个 ASCII 码占用 1 字节，一个汉字国标码占用 2 字节，一个整数占 2 字节，一个带有小数点的数占 4 字节。

3. 字

一个字通常由 1 字节或若干字节组成。字（Word）是计算机进行数据处理时，一次存取、加工和传送的数据长度。一个字的位数称为字长。由于字长是计算机一次所能处理信息的实际位数，所以，它决定了计算机数据处理的速度，是衡量计算机性能的一个重要指标，字长越大，性能越好。

3.3.2 存储设备结构

计算机中用来存储信息的设备称为存储设备，常见的有内存、硬盘、U 盘、光盘等。存储设备的最小单位都是"位"，而存储数据的单位是"字节"，1 字节称为存储器的一个存储单元（Memory Cell），数据的传输是按字节的倍数进行的，也就是说，存储设备中的数据是按字节组织存放的。

1. 存储单元

存储单元一般应具有存储数据和读写数据的功能，一个存储单元可以存储 1 字节，也就是 8 个二进制位。计算机的存储器容量是以字节为最小单位来计算的，一个有 128 个存储单元的存储器，其容量为 128 字节。

存储器被划分成若干个存储单元，存储单元从 0 开始顺序编号，例如，一个存储器有 128 个存储单元，其编号为 0～127；一个 1KB 的存储器有 1024 个存储单元，其编号为 0～1023。

存储单元的特点：只有往存储单元里写新的数据时，该存储单元的内容才会被新值替代，否则，永远保留旧值。

2. 存储容量

存储容量是指一个存储设备所能容纳的二进制数的总和，是衡量计算机存储能力的主要指标，通常用字节来计算和表示。随着计算机技术的发展，存储容量越来越大。以 U 盘为例，最初 U 盘存储容量只有 32KB、64KB，而现在一般 U 盘的存储容量都能达到 GB 级，移动硬盘的存储容量更是达到了 TB 级。

3.3.3 编址和地址

通常假设存储单元的位是排成一行的，该行的左端称为高位端，右端称为低位端。高位端的最左一位称高位或最高有效位，低位端的最右一位称低位或最低有效位。字节型存储单元的结构图如图 3-1 所示。

图 3-1 字节型存储单元结构图

存储器是由一个个存储单元构成的，为了对存储器进行有效的管理，需要给各个存储单元编上号，即给每个单元赋予一个地址码，这叫编址。这些都是由操作系统完成的。经编址后，存储器在逻辑上便形成一个线性地址空间。

存储地址一般用十六进制数表示，而每一个地址所对应的存储单元中又存放着一组二进制（或十六进制）数，通常称为该存储单元中的内容。值得注意的是，存储单元地址和存储单元内容两者是不一样的。前者是存储单元的编号，表示存储器中的某个位置，而后者表示这个位置里存放的数据，正如一个是房间号码，一个是房间里住的人。

地址码与存储单元是一一对应的，CPU 访问的存储单元中的信息（数据、程序）是 CPU 操作的对象。存储体结构如图 3-2 所示。

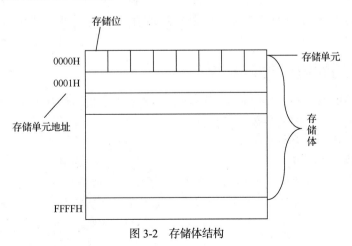

图 3-2 存储体结构

存放一个字的存储单元，通常称为字存储单元，相应的单元地址叫字地址。而存放一个字节的存储单元，称为字节存储单元，相应的单元地址称为字节地址。如果计算机中可以编址的最小单元是字存储单元，则该计算机称为按字寻址的计算机。如果计算机中可以编址的最小单元是字节存储单元，则该计算机称为按字节寻址的计算机。如果机器字长等于存储器单元的位数，一个机器字可以包含数个字节，则一个存储单元也可以包含多个能够单独编址的字节。例如，一个 16位二进制的字存储单元可存放两个字节，可以按字地址寻址，也可以按字节地址寻址。当用字节地址寻址时，16 位的存储单元占两个字节地址。

3.4 数值的表示

计算机中能处理的数据可以分为数值数据和非数值数据。数值数据（Numeric Data）是数学中的代数值，在日常生活中经常可以遇到的计算问题，如计算工资、购物费等，其计算结果为一个确定的数值，具有量的含义，而且具有正负之分、整数和小数之分；非数值数据（Non Numeric Data）是输入到计算机中的其他信息，没有量的含义，如字母、汉字、图像、声音等。本节主要介绍数值数据在计算机中的表示。

3.4.1 机器数与真值

在计算机中表示一个数值数据要解决 3 个方面的问题：数值的大小如何表示、数值的正负号如何表示、数值的小数点如何表示。与此对应，我们引入了3 个方面的内容：进位计数制、数的编码制及定点与浮点表示。这就是数值数据表示的 3 要素。

在计算机中，数值数据是用二进制数表示的。在数学中，用"+"或"-"符号放在数的前面来区分该数是正数还是负数，在计算机内部无法使用"+"或"-"来表示正负数，因此要把"+"或"-"符号数码化，即用一位二进制数表示。一般规定：用"0"表示"+"，用"1"表示"-"，放在二进制数的最高位上。因此，数值数据的最高位用来表示数值的正负，称符号位。在计算机内部，数字和正负符号都用二进制数码表示，这种把符号数字化的数称为机器数，而机器数所表示的实际值称为真值。通常，机器数是按字节的倍数存放的。数字"+5"和数字"-5"的机器数与真值如图 3-3 所示（假设用一个字节表示）。

图 3-3 机器数与真值

3.4.2 数的原码、补码和反码

在计算机中，机器数可以用不同的码制来表示。有符号的机器数通常用原码、补码和反码 3种方法表示，其主要目的是解决减法运算。

1. 原码

数值的符号数字化后用"0"和"1"来表示。我们会自然想到用"0"和"1"简单取代原来的"+"和"-"，这也正是原码表示法的基本思想。在原码表示法中，机器数的最高位表示符号，0 代表正数，1 代表负数；机器数的其余各位表示有效数值，为带符号数的二进制的绝对值。例如，在八位二进制数中，十进制数 $(+67)_{10}$ 和 $(-67)_{10}$ 的原码分别是 01000011、11000011。

注意事项如下。

① 数 0 的原码有两种形式：$[+0]_原=00000000B$；$[-0]_原=10000000B$。

② 8 位二进制原码的表示范围：$-127 \sim +127$。

关于原码的运算，从上面的介绍我们可以看出，原码表示法只是简单地把"+""-"数字化成了"0"和"1"，其他部分与真值是相同的，所以，在运算的时候，运算法则也是相同的，即把符号和数值部分分开来处理。这对于乘除法来讲是相当适合的，因为两个数相乘除时，符号和绝对值就是分别处理的。而对于加减法来讲，似乎就麻烦起来。两个数进行加减的时候，要先比较它们的绝对值，然后再决定是做加法还是减法。也就是说两个数相加，实际做的有可能不是加法而是减法，反之也一样，这就增加了加减法的复杂度。下面介绍的补码表示法可以把加减法变成只做加法而不必做减法，这样就大大简化了加减法。

2. 补码

（1）模的概念

为了引进"补"的概念，我们先来看看日常使用的时钟。时钟以小时为单位，钟盘上有 12 个刻度。时针每转动一周，其记时范围为 1～12 点。若把 12 点称作 0 点，记时范围为 0～11，共 12 个小时。假设现在时针指向 4。要想让时针指向 10，可以让时针顺时针转 6 个刻度，表示为 4+6=10；也可以让时针逆时针转 6 个刻度，表示为 4-6=10（在共有 12 个数的前提下）。我们再来看时针指向 8 的情形。如果我们把时针顺时针转动 7 个刻度，它指向 3；逆时针转 5 个刻度也会到 3，即 8+7≡8-5（在共有 12 个数的前提下）。加一个数和减一个数会是等价的，是因为钟盘只有 12 个刻度，是有限的。时钟是以 12 进制进行计数循环的，称为以 12 为模。在模 12 的前提下，+7 可映射为-5。由此可见，对于一个模为 12 的循环系统来说，加 7 和减 5 的效果是一样的。因此，在以 12 为模的系统中，凡是减 5 的运算都可以用加 7 来代替，这就把减法问题转化成加法问题了（注：计算机的硬件结构中只有加法器，所以大部分运算都必须最终转换为加法）。7 和 5 对模 12 而言互为补数。

我们再来看一个实例，假设某二进制计数器共有 4 位，那么它能记录 0000～1111 即十进制的 0～15 共 16 个数。它能记录的数是有限的。如果它现在的内容是 1011，那么，把它变为 0000 也有两种方法：

$$
\begin{array}{r} 1011 \\ -\ 1011 \\ \hline 0000 \end{array} \qquad \begin{array}{r} 1011 \\ +\ 0101 \\ \hline 10000 \end{array}
$$

第二个式子中，最高位的 1 会因计数器只有 4 位而自动丢失。于是我们可以得出：1011-1011=0000，1011+0101=0000。在只有 4 位的二进制数共可表示 16 个数的前提下，可以认为：1011-1011≡1011+0101。

结论：在记数系统容量有限的前提下，加一个数和减一个数可以等价；并且它们的绝对值之和就等于这个记数系统的容量。例如，对于钟盘来讲，-6≡+6，-5≡+7，6 与 6 之和及 7 与 5 之和都为钟盘刻度的总数 12；对于 4 位二进制计数器，1011 和 0101 之和为计数器的容量 16。

我们可以据此类推，假设记数系统的容量为 100，则有下面的式子存在：97+7≡97-93，25+67=25-33。

前面的三个系统中，12、16 和 100 是记数系统的容量。在计算机科学中我们称之为"模"（mod）。所谓模就是一个计量系统的量程或它所能表示的最大数。在有了模的概念之后，上面的等价式子我们可以表示如下：

$$+7 \equiv -5 \ (\bmod 12)$$

$$-1011 \equiv +0101 \ (\bmod 16)$$

$$+7 \equiv -93 \ (\bmod 100)$$

这里的+7与-5、-1011与+0101以及+7与-93互称为在模12、模16和模100下的补数。

我们知道，计算机系统是一种字长有限的数字系统。因此，它所有的运算都是有模运算。在运算过程中，超过模的部分都会自然丢失，补码的设计就是利用了有模运算的这种溢出特点，把减法变成了加法。从而使计算机中的运算变得简单明了。

（2）正数的补码和负数的补码

在有模运算中，加上一个正数（加法）或加上一个负数（减法）可以用减去一个负数或减去一个正数来等价。如果减一个负数在运算过程中用加一个正数来等价，就把减法变成了加法；反过来，如果加一个正数用减一个负数来等价，就把加法变成了减法。后者是我们所不希望的。所以，为了简化加减运算，在运算过程中，我们把正数保持不变，负数用它的正补数来代替。这就引出了补码的概念。考虑到互为补数的两个数的绝对值之和为记数系统的模，我们可把补码定义如下：

$$[X]_{补}=\begin{cases} X & X \geq 0 \\ 模-|X| & X<0 \end{cases}$$

对于用二进制表示信息的计算机系统来讲，如果不考虑符号位，n 位二进制数可表示从 0……00 到 1……11 共 2^n 个数，其模为 2^n。我们把上面定义中的模改为 2^n 即可。

从上面的定义中我们可以得出如下结论。

正数：正数的补码和原码相同。

负数：负数的补码符号位为"1"，并且这个"1"既是符号位，也是数值位；数值部分按位取反后再在末位（最低位）加 1，也就是"反码+1"。

（3）补码的数学定义

n 字长定点整数（1为符号位，n-1位数值位）的补码数学定义为：

$$[X]_{补}=\begin{cases} X & 0 \leq X<2^{n-1} \\ 2^n-|X| & -2^{n-1} \leq X<0 \end{cases} （模 2^n）$$

n 字长定点小数的补码数学定义为：

$$[X]_{补}=\begin{cases} X & 0 \leq X<1 \\ 2-|X| & -1<X<0 \end{cases} （模 2）$$

在定点整数补码的数学定义中，n 位可表示的数据个数为 2^n 个，其模为 2^n。

（4）求补码的方法

由定义可知：正数的补码只要把真值的符号位变为 0，数值位不变（N 位字长，数值位应为 N-1 位，超过 N-1 位时要适当舍入，不足 N-1 位时，要在整数的高位或小数的低位补 0）即可求得。所以下面介绍的补码求法主要针对负数而言。假设真值的数值位是 N-1 位。

方法一：按补码的数学定义求。

方法二：从真值低位向高位检查，遇到 0 的时候照写下来，直到遇到第一个 1，也照写下来；第一个 1 前面的各位按位取反（0 变成 1，1 变成 0），符号位填 1。

【例 3-13】已知 X=1101100，求 X 在 8 位机中的补码。

真值： - 1 1 0 1 1 0 0

变反   不变

补码：1 0 0 1 0 1 0 0

$[-1101100]_{补}$=10010100（mod 2^8）

【**例 3-14**】已知 $X=-0.1010100$，求 X 在 8 位机中的补码。

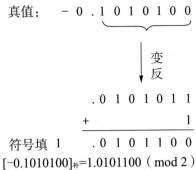

真值： -0.1010100

变反

.0101011
+   1

符号填 1   .0101100

$$[-0.1010100]_{补}=1.0101100（mod 2）$$

用同样的方法可以求得：$[-1101100]_{补}=10010100$（mod 2^8）。计算机中常采用这种方法来求补码。

（5）已知补码求真值

先判断补码的最高位，若为 0，则表示该补码为正数的补码，也为正数的原码，只要将最高位用正号或负号表示，即得到其真值；若为 1，则表示该补码为负数的补码，只需将其数值部分再求一次补，即可得到该负数的原码，将最高位用负号表示，便得到其真值。

（6）补码的运算

补码的设计就是利用了有模运算的溢出特点，把减法变成了加法，从而使计算机中的运算变得简单明了。

从上面的介绍我们可以看出，补码表示法不像原码表示法只是简单地把"+""-"数字化成了"0"和"1"。在做加减法运算的时候，补码的符号是和数值部分一起参加运算的。

（7）注意

① 采用补码后，可以方便地将减法运算转化成加法运算，运算过程得到简化。正数的补码即是它所表示的数的真值，而负数的补码的数值部份却不是它所表示的数的真值。采用补码进行运算，所得结果仍为补码。

② 与原码、反码不同，数值 0 的补码只有一个，即 $[0]_{补}=00000000B$。

③ 若字长为 8 位，则补码所表示的范围为-128～+127；进行补码运算时，应注意所得结果不应超出补码所能表示的范围。

3. 反码

反码表示法就是正数的反码和原码相同，负数的反码，符号位为"1"，数值部分按位取反，即"0"变"1"，"1"变"0"。例如，$[+7]_{反}=00000111B$，$[-7]_{反}=11111000 B$。

（1）已知反码求真值

符号位为"1"的反码，用 1.11……11 或 11……11（n 个 1）减去反码就可得出真值的绝对值，符号位填上"-"就可得到真值。而符号位为"0"的反码，其本身就是真值的绝对值，我们只需把 0 改为"+"或直接在前面加"+"（对于纯小数）即可。也可以通过简单地把负数反码的符号位的"1"改为"-"，把数值部分按位取反来求得真值。

（2）反码的运算

反码在运算的时候，符号和数值部分一起参加运算。

（3）注意

① 数 0 的反码也有两种形式，即 $[+0]_{反}=00000000B$；$[-0]_{反}=11111111B$。

② 8 位二进制反码的表示范围：-127～+127。

3.5　非数值数据的表示

计算机不仅能够对数值数据进行处理，还能够对逻辑数据、字符数据（字母、符号、汉字）以及多媒体数据（图形、图像、声音）等非数值数据信息进行处理。非数值数据是指不能进行算术运算的数据。

3.5.1　逻辑数据的表示

逻辑数据是用二进制代码串表示的参加逻辑运算的数据。逻辑数据由若干位无符号二进制代码串组成，位与位之间没有权的内在联系，只进行本位操作。每一位只有逻辑值"真"或"假"，如 10110001010。从表现形式上看，逻辑数据与数值数据没有什么区别。计算机具有逻辑判断能力，由指令来识别数据是否为逻辑数据。逻辑数据只能参加逻辑运算，"1"表示真，"0"表示假。

3.5.2　字符数据的表示

字符数据主要指数字、字母、通用符号、图形符号、控制符号等，在机器内部它们都被转换成计算机能够识别的二进制代码。字符数据主要用于主机与外设间进行信息交换。

字符数据也称文本形式的信息，文本中的每一个不同的符号（如字母和标点符号等）均被赋予唯一的位模式。这样，文本就表示为一个长的位串，连续的位模式逐一表示原文本中的符号。

在 20 世纪的 40 年代—50 年代，人们设计了许多表示字符的代码，供不同的设备使用，随之增加了不少通信问题。为了缓解这种情况，ANSI（American National Standards Institute，美国国家标准学会）采用了 ASCII（American Standard Code for Information Interchange，美国信息交换标准码）。这种代码使用长度为 7 的位模式来表示大小写英文字母、标点符号、数字 0～9 以及某些控制字符，如换行、回车与制表符等。今天，ASCII 码被扩展为 8 位位模式，方法就是在每个 7 位位模式的最高端添加一个 0。这个技术不仅使所产生的代码的位模式与字节型存储单元相匹配，还提供了附加的 128 位位模式（通过给附加的位赋予数值 1），可以表示除英语字母和关联的标点符号之外的符号。

在计算机中，字符数据的编码包括表示基本字符的 ASCII 字符编码、汉字编码等。

1. ASCII 字符编码

目前国际上广泛使用的字符表示是美国信息交换标准码，简称 ASCII 码。每个 ASCII 字符用 7 个二进制位编码，共可表示 128 个字符。为了构成 1 字节，ASCII 码允许加一个奇偶校验位，一般加在 1 字节的最高位，用作奇偶校验。通过对奇偶校验位设置 "1" 或 "0" 状态，保持 8 位中的 "1" 的个数总是奇数（称为奇校验）或偶数（称为偶校验），用以检测字符在传送（写入或读出）过程中是否出错。

ASCII 码包含 4 类共 128 种常用的字符。

① 数字 0～9。这里 0～9 是 10 个数字符号，与它们的数值二进制代码是两个不同的概念。

② 字母。26 个大写英文字母和 26 个小写英文字母。

③ 通用符号。"↑""+""{" 等。

④ 动作控制符。"ESC""CR" 等。

其中个别字符因机型不同，表示的含义可能不一样，例如，表中"↑"也有表示为"∧"或"Ω"的，"–"也有表示为"↓"的。

由一长串 ASCII 码或 Unicode 码组成的文件常称为文本文件。重要的是要区别下面两类文件：一类是由称为文本编辑器（常简称为编辑器）的实用程序操作的简单文本文件；一类是由字处理程序如微软（Microsoft）公司的 Word 产生的较复杂的文件。两者都是由文本组成的，但是，简单文本文件只包含文本中各个字符的编码，而由字处理程序产生的文件还包含许多专用格式码，用于表示字体变化、对齐信息等。

2. 汉字编码

我国 1981 年公布的《信息交换用汉字编码字符集（基本集）》（GB 2312—80）把高频字、常用字和次常用字归纳为汉字基本字符集，共 6763 个汉字，按出现的频度分，一级汉字 3755 个，二级汉字 3008 个，还有西文字母、数字、图形符号等 682 个，再加上自行定义的专用汉字和符号，共 7445 个。这么多的汉字，其输入方法成为人们必须花大力气研究的课题。研究按输入设备从 4 个方面展开：整字大键盘输入、手写输入、语音输入、小键盘输入。

用计算机进行汉字信息处理，首先必须将汉字代码化，即对汉字进行编码，称为汉字输入码。汉字输入码送入计算机后还必须转换成汉字内码，才能进行信息处理；处理完毕，再把汉字内码转换成汉字字形码，才能通过显示器或打印机输出。因此汉字的编码有输入码、内码、字形码 3 种。

用户用输入码输入汉字，输入码比较容易学习和记忆；系统由输入码找到相应的内码，内码是计算机内部对汉字的表示；要在显示器上显示或在打印机上打印出用户所输入的汉字，需要汉字的字形码，系统由内码找到相应的字形码。

（1）汉字的输入码

目前，计算机一般是使用西文标准键盘输入的，为了能直接使用西文标准键盘输入汉字，必须给汉字设计相应的输入编码方法。汉字输入编码方法主要分为三类：数字编码、拼音码和字形编码。

① 数字编码。

常用的数字编码是国标区位码（GB2312—80），这是中文信息处理的国家标准，也称汉字交换码，简称 GB 码。GB 码中 3755 个一级汉字按汉语拼音排列，3008 个二级汉字按偏旁部首排列。6763 个两级汉字分为 94 个区，每个区分 94 位，实际上就是把汉字表示成二维数组，每个汉字在数组中的下标就是区位码。区码和位码各 2 位十进制数字，因此输入一个汉字需按键 4 次。例如，"中"字位于第 54 区第 48 位，区位码为 5448。区码和位码各加 32 就构成了国标码，这是为了与 ASCII 码兼容，每个字节值大于 32（0～32 为非图形字符码值）。所以，"中"的国标码为 8650。

数字编码输入的优点是无重码，输入码与内部编码的转换比较方便，缺点是代码难以记忆。

② 拼音码。

拼音码是以汉语拼音为基础的输入方法。凡掌握汉语拼音的人，不需训练和记忆，即可使用。但汉字同音字太多，输入重码率很高，因此按拼音输入后还必须进行同音字选择，影响了输入速度。

③ 字形编码。

字形编码是用汉字的形状来进行的编码。汉字总数虽多，但由一笔一画组成，汉字的部件是有限的。因此，把汉字的部件用字母或数字编码，按笔画的顺序依次输入，就能表示一个汉字了。例如，五笔字型编码是很有影响力的一种字形编码方法。

不难看出，汉字的输入码的主要目的是方便汉字的输入，基本要求是编码尽可能短，重码尽量少，容易学、容易上手。

（2）汉字的内码

同一个汉字以不同输入方式进入计算机时，编码长度以及 0、1 组合顺序差别很大，使进一步存取、使用、交流十分不方便，必须将其转换成长度一致且与汉字唯一对应的能在各种计算机系统内通用的编码，满足这种规则的编码叫汉字内码。

汉字内码是用于汉字信息的存储、交换、检索等操作的机内代码，一般用 2 字节表示。英文字符的机内代码是 7 位的 ASCII 码，当用 1 字节表示时，最高位为"0"。为了与英文字符区别，一个汉字国标码占 2 字节，因为英文字符和汉字都是字符，为了在计算机内部区分它们，将汉字国标码 2 字节的最高位规定为"1"，变换后的国标码称为汉字内码。由此可知汉字内码的每个字节都大于 128，而每个英文字符的 ASCII 码值均小于 128。

有些系统中字节的最高位用于奇偶校验，或采用扩展 ASCII 码，这种情况下用 3 字节表示汉字内码。

（3）汉字的字形码

存储在计算机内的汉字要在屏幕上显示或在打印机上输出时，需要知道汉字的字形信息，汉字内码并不能直接反映汉字的字形，而要采用专门的字形码。

目前的汉字处理系统中，字形信息的表示大体上有两类形式：一类是用活字或文字版的母体字形形式；另一类是是点阵表示法、矢量表示法等形式。大多数字形库采用的是以点阵的形式存储汉字字形码的方法。将字符的字形分解成若干"点"组成的点阵，将此点阵置于网格上，每一小方格是点阵中的一个点，每一个点可以有黑、白两种颜色，有字形笔画的点用黑色，反之用白色，这样就能描绘出汉字字形了。图 3-4 所示为汉字"英"的点阵，如果用二进制的"1"表示黑色点，用"0"表示没有笔画的白色点，每一行 16 个点用 2 字节表示，则需 32 字节来描述一个汉字的字形，即一个字形码占 32 字节。

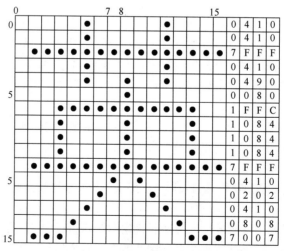

图 3-4 "英"字的点阵及编码

一个计算机汉字处理系统常配有宋体、仿宋、黑体、楷体等多种字体。同一个汉字不同字体的字形码是不同的。

汉字输出的要求不同，点阵的大小也不同。简易型汉字为 16×16 点阵，提高型汉字为 24×24

点阵、32×32 点阵，甚至更高。点阵越大，描绘的字形越细致美观，质量越高，所占存储空间也越大。汉字点阵的信息量是很大的，以 16×16 点阵为例，每个汉字要占用 32 字节，国标码两级汉字要占用 256KB。因此点阵只能用来构成汉字库，而不能用于机内存储。

通常，计算机中所有汉字的字形码集合起来组成汉字库（或称为字模库）存放在计算机里，当汉字输出时，由专门的字形检索程序根据这个汉字的内码从汉字库里检索出对应的字形码，字形码再控制输出设备输出汉字。点阵字形的汉字库结构简单，但是当需要对汉字进行放大、缩小、平移、倾斜、旋转、投影等操作时，点阵字形的汉字库效果不好，若使用矢量汉字库、曲线字库，其字形用直线或曲线表示，则能产生高质量的输出字形。

综上所述，汉字从送入计算机到输出显示，编码形式不尽相同。汉字的输入码、内码、字形码是计算机中用于输入、内部处理、输出 3 种不同用途的编码，不要混为一谈。

（4）激光照排

激光照排，就是把每一个汉字编成特定的编码，存储到计算机内，输出时用激光束直接扫描成字。

汉字激光照排系统是由王选主持的一项伟大发明，是我国自主创新的典型代表。王选团队采用当时国外尚无产品的激光照排技术，经过四年的连续攻关，凭着非凡的毅力和对创新的执著，克服重重困难，成功从计算机里输出了汉字。后来，汉字激光照排系统不仅风靡全国，颠覆性改造了新中国出版印刷行业，还出口到日本和欧美等发达国家。汉字激光照排系统使中文印刷业告别了"铅与火"，大步跨进"光与电"的时代。

3. 十进制数的编码

由于日常生活中人们最熟悉的数制是十进制，因此专门规定了一种以二进制表示十进制数的编码，简称 BCD（Binary-Coded Decimal）码。

BCD 码是用 4 位二进制代码的组合代表十进制数的 10 个字符 0、1、2、3、4、5、6、7、8、9。4 位二进制代码有 16 种组合，原则上可任选其中的 10 种，分别代表 10 个字符，故有多种 BCD 码方案。

根据 4 位二进制代码中每一位是否有确定的位权，可将其分为有权码和无权码两类。有权码中用得最普遍的是 8421 码，即 4 个二进制位的位权从高到低分别为 8、4、2、1。有权码还有 2421码、5211 码及 4311 码。无权码中用得较多的是余 3 码和格雷码。余 3 码是在 8421 码的基础上，把每个代码加 0011 而成。格雷码的编码规则是相邻的代码只有一位不同。

4. Unicode 字符编码

Unicode（统一码、万国码、单一码）是一种在计算机上使用的字符编码。它为每种语言中的每个字符设定了统一并且唯一的二进制代码，以满足跨语言、跨平台进行文本转换、处理的要求。Unicode 于 1990 年开始研发，1994 年正式公布。随着计算机工作能力的增强，Unicode 也在面世以来的若干年里得到普及。Unicode 基于通用字符集（Universal Character Set）的标准，同时也以图书的形式（*The Unicode Standard*）对外发表。

最新版本的 Unicode 是 2005 年 3 月 31 日推出的 Unicode 4.1.0。另外，Unicode 5.0 Beta 于 2005 年 12 月 12 日推出，Unicode 5.2 于 2009 年 10 月 1 日正式推出。

Unicode 是国际组织制订的可以容纳世界上所有文字和符号的字符编码方案。Unicode 用数字 0～0x10FFFF 来映射这些字符，最多可以容纳 1114112 个字符，或者说有 1114112 个码位。码位就是可以分配给字符的数字。UTF-8、UTF-16、UTF-32 都是将数字转换为程序数据的编码方案。下面简单介绍 UTF-8。

UTF-8 以字节为单位对 Unicode 进行编码。从 Unicode 到 UTF-8 的编码方式如下。

Unicode（十六进制）	‖	UTF-8（二进制）
000000 - 00007F	‖	0xxxxxxx
000080 - 0007FF	‖	110xxxxx 10xxxxxx
000800 - 00FFFF	‖	1110xxxx 10xxxxxx 10xxxxxx
010000 - 10FFFF	‖	11110xxx 10xxxxxx 10xxxxxx 10xxxxxx

UTF-8 的特点是对不同范围的字符使用不同长度的编码。对于 0x00～0x7F 的字符，UTF-8 码与 ASCII 码完全相同。UTF-8 码的最大长度是 4 字节。4 字节模板有 21 个 x，即可以容纳 21 位二进制代码。Unicode 的最大码位 0x10FFFF 也只有 21 位。

3.5.3 声音的表示

声音本身是模拟信息。模拟声音在时间上是连续的，而以数字表示的声音是一个数字序列，在时间上只能是间断的，因此当把模拟声音变成数字声音时，需要每隔一个时间间隔在模拟声音的波形上取一个幅度值，称为采样，该时间间隔为采样周期（其倒数为采样频率）。由此看出，数字声音是一个数字序列，它是由模拟声音采样、量化和编码后得到的。

1. 采样

为了便于计算机存储和操作，对音频信息进行编码的最常用方法是按有规律的时间间隔对声波的振幅进行采样，并记录所得到的数值序列。例如，序列 0、1.5、2.0、1.5、2.0、3.0、4.0、3.0、0 可以表示这样一种声波，它的振幅先增大，然后经短暂的减小，再回升至较大的振幅，接着又减小至 0。这种技术采用每秒 8000 次的采样频率，已经在远程语音电话通信中使用了许多年。发送端的语音被编码为数字序列，表示每秒 8000 次采样的声音振幅。将这些数字通过通信线路传输到接收端，用来重现声音。

2. 量化

量化就是对连续幅度值进行离散化，也就是将采集的点（声音样本）的幅度值用数字表示。每个声音样本的位数（bit per seconds，bps），每个采样点用几位二进制数表示，即量化精度。量化精度一般有 8 位、12 位或 16 位。量化精度越高，声音的保真度越高。

3. 编码

编码是将采样和量化的数字序列以一定的格式记录下来。编码的方法有很多，常用的脉冲编码调制（Pulse Code Modulation，PCM）是最简单、最基本的编码方法，它直接赋予声音样本一个代码，没有进行压缩，存储空间大，优点是音质好。MPEG-1 的声音压缩编码是第一个高保真声音数据压缩的国际标准，分为 3 个层次：层 1 主要应用于数字盒式录音磁带；层 2 主要应用于数字音频广播、VCD、DVD 等；层 3 主要应用于 Internet 上高品质声音的传输和 MP3 音乐。MPEG-2 的声音压缩编码采用与 MPEG-1 相同的声音编译码器，但能支持 5.1 声道和 7.1 声道的环绕立体声。杜比数字 AC-3 是多声道全频带声音编码系统，它提供 5 个全频带声道，及第 6 个用以表现超低音效果的声道。6 个声道的信息在制作和还原的过程中全部实现数字化，具有真正的立体声效果，主要应用于家庭影院、DVD 和数字电视。

4. 数字音频的文件格式

WAVE 格式记录声音的波形，只要采样率高、采样字节长、机器速度快，利用该格式记录的声音能够和原声基本一致，被 Windows 系统及其应用程序广泛支持。WAVE 格式可以不对数据进行压缩，所以存储的文件体积非常大。

MOD 格式及播放器大约起源于 20 世纪 80 年代初，原本是作为"软声卡"问世的，利用 Modplayer 可以通过机器自带喇叭或通过 LPT 口自制"声卡"直接播放音乐。MOD 只是这类文件格式的总称，后来逐渐发展产生了 ST3、XT、S3M、FAR 等扩展格式，其基本原理还是一样的。该格式的文件里不仅存放了乐谱（最初只能支持 4 个声道，现在已有 16 甚至 32 个声道的文件及播放器），而且存放了乐曲使用的各种音色样本。

MP3 格式是一种有损压缩格式，它压缩了人耳不敏感的部分，压缩程度较大，但其实音质并不非常令人满意。在网络、可视电话通信方面，MP3 格式大有用武之地。

WMA（Windows Media Audio）格式是 Microsoft 公司定义的一种流式声音格式。采用 WMA 格式压缩的声音文件比起由相同文件压缩而来的 MP3 文件要小得多，但在音质上却毫不逊色。

RA（Real Audio）格式是 Real Network 公司推出的一种流式声音格式。这是一种在网络上很常见的音频文件格式，为了确保在网络上传输的效率，在压缩时声音质量损失较大。

3.5.4　图形与图像的表示

图形一般是指通过绘图软件绘制的由直线、圆、圆弧、任意曲线等组成的画面，即图形是由计算机产生的，且以矢量图形式存储。

图像是由扫描仪、数字照相机、摄像机等输入的画面，即图像是由真实的场景或现实存在的图片输入计算机产生的，图像以位图形式存储。

动画是通过一些工具软件对图像素材进行编辑制作而成的。动画是用人工合成的方法对真实世界的一种模拟。

视频是对视频信号源（如电视机、摄像机等）的信号进行采样和数字化的结果。视频影像是对真实世界的记录。

通常图像被表示为由若干行和若干列的点组成的阵列，每一个点称为一个像素，每个像素用若干个二进制代码表示，整个图像就是这些已编码像素的集合，这个集合被称为位图。这种方法很常用，因为许多显示设备（如打印机和显示器）都是在像素的概念上进行工作的。因此，位图格式的图像更便于显示。

位图中的像素编码方式随着应用的不同而不同。对于黑白图像，每个像素由 1 位表示，位的值取决于对应像素是黑还是白。大多数传真机采用此方法。对于更加精致的黑白照片，每个像素由 1 组位（通常是 8 位）表示，使许多灰色阴影可以被表示出来。

就彩色图像而言，每个像素通过更为复杂的系统来编码。有两种方法很常用，我们称其中一种为 RGB 编码，它将每个像素表示为 3 种颜色成分——红、绿、蓝，即光的三原色。1 字节通常用来表示颜色成分的强度。因此，要表示原始图像中的一个单独像素，就需要 3 字节的存储空间。

一个较常用的可以替代简单 RGB 编码的方法是采用一种"亮度"成分和两种颜色成分。这时候，"亮度"成分（称为像素亮度）基本上就是红、绿、蓝成分的总和。（事实上，它是像素中白光的数量，但是现在我们不需要考虑这些细节。）其他两种成分（称为蓝色度和红色度）分别取决于像素亮度与蓝光或红光数量的差。这 3 种成分合起来就包括了显示像素所需的信息。

利用亮度和色度进行图像编码源自彩色电视领域，因为这是可以兼容老式黑白电视接收器的彩色图像编码方式。事实上，只需要对彩色图像的亮度成分进行编码就可以制造出图像的灰度形式。

位图技术的一个缺陷在于图像不能轻易调节到任意大小。基本上，增大图像的唯一途径就是放大像素，而这会使图像呈现颗粒状。（这就是应用于数码相机的"数字变焦"技术，与此相对的"光学变焦"是通过调整相机镜头实现的。）

为了解决缩放问题，可以把图像表示成几何结构的集合（如直线和曲线），这些几何结构可以用解析几何技术来编码。这种描述允许最终显示图像的设备决定几何结构的显示方式，而不是让设备再现特殊像素模式。这种方法被用在当今的字处理系统中，用于产生可缩放的字体。例如，TrueType（由微软公司和苹果公司开发）是用几何结构描述文本符号的系统，而 PostScript（由 Adobe 系统公司开发）提供了一种描述字符及更一般的图形数据的方法。这种表示图像的几何方法在 CAD（Computer-Aided Design，计算机辅助设计）系统中也很常见，用于在计算机屏幕上显示和操控三维物体的绘制。

对使用许多绘图软件（如微软公司的绘图工具）的用户来说，用几何结构表示图像与用位图表示图像的区别是明显的，这类绘图软件支持用户绘制的图包含预先设定的形状（如矩形、椭圆形、基本线条等）。用户可从菜单中选择所需的几何形状，然后使用鼠标绘制这个形状。在绘制过程中，软件保存的是所画形状的几何描述。在鼠标给出方向后，计算机内部的几何表示就被修改，再转化成位图形式显示出来。这种方法方便图像的缩放和形状的改变。然而，一旦绘制过程结束，软件就会去除基本的几何描述，仅保存位图，这意味着再做其他修改需要经历冗长的一个像素接一个像素的修改过程。另外一些绘图软件会将几何描述保存下来，并允许再进行修改。有了这些系统，用户就可以轻松地调整图形的大小，并可按各种尺寸显示清晰图像。

1. 图形和图像

图形（Graphics）是指从点、线、面到三维空间的黑白或彩色几何图，也称矢量图。矢量图的格式是一组描述点、线、面等几何图形的大小、形状及其位置、维数的指令的集合，通过读取这些指令并将其转换为屏幕上所显示的形状和颜色而生成图形的软件通常称为绘图程序。

图像（Image）是一个矩阵，其元素代表空间的一个点，称为像素，这种图像也称位图。位图适合于表现层次和色彩比较丰富、包含大量细节的图像。彩色图像需由硬件（显卡）合成显示。由像素矩阵组成的图像可用画位图的软件（如 Windows 的画图）获得，也可用彩色扫描仪扫描照片或图片来获得，还可用摄像机、数码相机拍摄或用帧捕捉设备获得数字化帧画面。

常见的图形和图像文件格式如下。

（1）BMP 格式

BMP 是 Windows 系统下最常用的图像格式之一，该格式的图像文件不损失原始图像的任何信息，是原始图像的最真实再现，故一般用于原始图像的无失真保存，但文件尺寸比较大。

（2）TIFF（TIF）格式

TIFF 是一种复杂、灵活、全面的图像格式。TIFF 格式也不损失原始图像的信息，适合于跨平台使用。TIFF 格式是印刷中最常用的图像格式之一，它能够保存各种图像特效处理的效果。

（3）JPG 格式

采用 JPEG 有损压缩方法存储的文件为 JPG 格式文件。JPG 格式具有最优越的压缩性能，是 Internet 中的主流图像格式。但它是以牺牲一部分图像数据来达到较高的压缩率的，故印刷用的文件不宜采用此格式。

（4）GIF 格式

GIF 格式是通用的图像格式，GIF 格式文件是一种压缩的 8 位图像文件。正因为它是经过压缩的，而且又是 8 位的，所以这种格式是网络传输使用最频繁的文件格式，传输速度要比传输其他格式的图像文件快得多。

（5）PNG 格式

PNG 是一种优秀的网页设计用图像格式。它继承了 GIF 格式与 JPG 格式的主要优点，以数据流的形式保存图像，将图像数据压缩到了极限却保存了所有与图像品质有关的信息，适合于网络传输。所以，PNG 格式是网页图像的最佳选择。

（6）PCX 格式

PCX 格式是由 Zsoft 公司在 20 世纪 80 年代初期设计的，专用于存储该公司开发的 PC Paintbrush 绘图软件所生成的图像数据。PCX 格式是最早支持彩色图像的一种文件格式，目前已成为较为流行的图像文件格式。

（7）WM 格式

WM 是一种矢量图格式，Word 中内部存储的图片或绘制的图形对象就采用这种格式。无论放大还是缩小，图形的清晰度不变。WMF 是一种清晰简洁的文件格式。

（8）PSD、PDD 格式

它们是 Photoshop 专用的图像文件格式。

（9）EPS 格式

CorelDraw、FreeHand 等软件均支持 EPS 格式，它属于矢量图格式，输出质量非常高，可用于绘图和排版。

（10）TGA 格式

TGA 格式由 TrueVision 公司设计，可支持任意大小的图像。专业图形用户经常使用 TGA 点阵格式保存具有真实感的三维有光源图像。

2. 视频与动画

视频（Video）是图像数据的一种，若干有联系的图像连续播放便形成了视频。计算机视频图像可来自录像机、摄像机等视频信号源，这些视频图像使多媒体应用系统表现力更强。

动画（Animation）与视频一样，也与运动着的图像有关，它们的实现原理是相同的，两者的不同在于视频是对已有的模拟信号进行数字化采集，形成数字视频信号，其内容通常是真实事件的再现，而动画里的场景和各帧运动画面的生成一般都是通过计算机完成的。

常见的视频与动画文件格式如下。

（1）AVI 视彤

AVI（Audio Video Interleaved，音视频交错）格式可以将视频和音频交织在一起进行同步播放。它对视频文件采用有损压缩方式，压缩比较高，是目前比较流行的视频文件格式。

（2）MOV 格式

MOV 格式是美国苹果（Apple）公司的 Quick Time for Windows 视频处理软件所用的视频文件格式，具有较高的压缩比和较佳的视频清晰度。

（3）MPG 格式

计算机上全屏幕活动视频的标准文件为 MPG 格式文件。它是使用 MPEG 压缩方法进行压缩的全运动视频图像。目前许多视频处理软件都支持该格式。

（4）DAT 格式

DAT 是 VCD 数据文件的格式，也是基于 MPEG 压缩方法的一种文件格式。

（5）ASF

ASF（Advanced Streaming Format，高级流格式）是 Microsoft 公司推出的一种可以直接在 Internet 上观看的视频文件格式。由于它使用了 MPEG-4 的压缩算法，所以压缩率和图像的质量都不错。

（6）WMV 格式

WMV（Windows Media Video）也是 Microsoft 公司推出的一种流媒体格式，从 ASF 升级延

伸而来。在同等视频质量下，WMV 格式文件的体积非常小，因此很适合在网络上播放和传输。

（7）RM 格式

RM（Real Media）格式是由 Real Networks 公司开发的一种能够在低速率的网络上实时传输的流媒体文件格式，可以根据网络数据传输速率的不同制定不同的压缩比，从而实现在低速率的广域网上进行影像数据的实时传送和实时播放。

（8）SWF 格式

SWF 格式文件是 Flash 的动画文件。Flash 是 Micromedia 公司推出的动画制作软件，它制作出一种扩展名为.swf 的动画，这种格式的动画能用比较小的体积来表现丰富的多媒体形式，并且可以嵌入网页。

3.5.5 条形码

条形码是近年来广泛使用的一种物品信息标识技术。其方法是赋予物品一个特别的编号，通过该编号可以获得该物品的详细信息。条形码是迄今为止最为经济、实用的一种自动识别技术。

条形码也称条形码符号，是由一组规则排列的条、空及字符组成的平行线条图形，用以表示一定信息的代码。常见的条形码是由反射率相差很大的黑条（简称条）和白条（简称空）组成的。

1. 条形码的优点

条形码技术具有以下几个方面的优点。

（1）可靠准确

键盘输入数据出错率为三百分之一，利用光学字符识别技术出错率为万分之一，而采用条形码技术误码率低于百万分之一。

（2）数据输入速度快

与键盘输入相比，条形码输入的速度是键盘输入的 5 倍，并且能实现"即时数据输入"。

（3）经济便宜

与其他自动化识别技术相比较，推广应用条形码技术所需费用较低。

（4）灵活实用

条形码符号作为一种识别手段可以单独使用，也可以和有关设备组成识别系统实现自动化识别，还可以和其他控制设备联系起来实现整个系统的自动化管理。在没有自动识别设备时，也可实现手工键盘输入。

（5）自由度大

识别设备与条形码标签相对位置的自由度要比 OCR 大得多。条形码通常只在一维方向上表达信息，而同一条形码所表示的信息是连续的，即使标签有部分缺失，仍可能从正常部分获得正确的信息。

（6）设备简单

条形码识别设备结构简单，操作容易，无须专门训练。

（7）易于制作

条形码称为"可印刷的计算机语言"。条形码标签易于制作，对印刷设备和材料无特殊要求。

2. 一维条形码

一维条形码可标识物品的生产国、制造厂家、商品名称、生产日期、类别等信息。在商品流通、图书管理、邮政管理、银行系统等许多领域有广泛的应用。目前使用频率最高的几种码制有 EAN（European Article Number）码、UPC（Universal Product Code）、39 码、交叉 25 码和 EAN-128 码。

3. 二维条形码

一维条形码所携带的信息量有限，例如，EAN-13 码仅能容纳 13 个阿拉伯数字，更多的信息只能依赖商品数据库的支持，离开了预先建立的数据库，这种条形码就没有意义了，这在一定程度上限制了条形码的应用范围。基于这个原因，在 20 世纪 90 年代出现了二维条形码。目前二维条形码主要有 PDF417 码、Code 49 码、Code 16K 码、Data Matrix 码、Maxiocle 码等，主要分为堆积或层排式、棋盘或矩阵式两大类。

二维条形码作为一种新的信息存储和传递技术，从诞生之时就受到了国际社会的广泛关注。二维条形码现已应用在国防、公共安全、交通运输、医疗保健、工业、商业、金融、海关及政府管理等多个领域。

本章小结

本章主要介绍了信息的概念、特征与信息处理技术，信息的表示方法，数值与非数值信息的数据存储与实现存储的原理，进位计数制和数的表示，二进制数的运算等。

习　题

一、选择题

1. 十进制数 100 对应的二进制数、八进制数和十六进制数分别是_____。
   A. 1100100B、144O 和 64H
   B. 1100110B、142O 和 62H
   C. 1011100B、144O 和 66H
   D. 1100100B、142O 和 60H

2. 信息是一种_____。
   A. 物质　　　　　B. 能量　　　　　C. 资源　　　　　D. 知识

3. 计算机中处理、存储、传输信息的最小单位是_____。
   A. 字　　　　　　B. 比特　　　　　C. 字节　　　　　D. 波特

4. 下面是关于计算机中定点数和浮点数的一些叙述，正确的是_____。
   A. 浮点数是既有整数部分又有小数部分的数，定点数只能表示纯小数
   B. 浮点数的尾数越长，所表示的数的精度就越高
   C. 定点数可表示的数值范围总是大于浮点数所表示的范围
   D. 浮点数使用二进制表示，定点数使用十进制表示

5. 一个某进制数 "1B3"，其对应的十进制数的值为 279。则该数为_____。
   A. 十一进制数　　B. 十二进制数　　C. 十三进制数　　D. 十四进制数

6. 下列数中，_____最大。
   A. 00101011B　　B. 52O　　　　　C. 44D　　　　　D. 2AH

7. 现代信息技术不包括_____。
   A. 微电子技术　　B. 机械技术　　　C. 通信技术　　　D. 计算机技术

8. 下列等式不成立的是_____。
   A. 12D=1100B
   B. 273.71875=421.56O
   C. 3DH=74O
   D. 43345O=100011011100101B

9. 信息的处理过程包括_____。
   A. 信息的获得、收集、加工、传递、施用
   B. 信息的收集、加工、存储、传递、施用
   C. 信息的收集、加工、存储、接收、施用
   D. 信息的收集、获得、存储、加工、发送

10. 在一个字长为 16 位的机器中，若采用补码表示数值，最高位为符号位，则十进制数-32768 的补码表示是_____。
   A. 1000000000000000   B. 0000000000000000
   C. 1111111111111111   D. 0000000000000001

11. 若十进制数-65 在计算机内部表示成 10111110，则其表示方式为_____。
   A. ASCII 码   B. 反码   C. 原码   D. 补码

12. 下列 4 个不同进制的无符号数中，最小的数是_____。
   A. 11011001B   B. 75D   C. 37O   D. 2AH

13. 1KB 的准确值是_____。
   A. 1024 字节   B. 1000 字节   C. 1024 个二进制位D. 1000 字

14. 下列几个选项中，与十进制数 262 最接近的数是_____。
   A. 二进制的 100000110   B. 八进制的 411
   C. 十进制的 263   D. 十六进制的 108

15. 在一个字长为 8 位的机器中，若采用补码表示数值，最高位为符号位，则十进制数-1 的补码表示是_____。
   A. 10000001   B. 10000000   C. 11111111   D. 00000010

16. 在下列有关不同进位制的叙述中，错误的是_____。
   A. 在计算机中所有的信息均以二进制代码存储
   B. 任何进位制的整数均可以精确地用其他任一进位制表示
   C. 任何进位制的小数均可以精确地用其他任一进位制表示
   D. 十进制小数转换成二进制小数，可以采取"乘 2 取整"法

17. 已知 x 的补码为 10011000，其真值为_____。
   A. -1100110   B. -1100111   C. -0011000   D. -1101000

18. 若用 8 位二进制数补码形式表示整数，则可以表示的整数范围是_____。
   A. -127～+127   B. -128～+127   C. -127～+128   D. -127～+128

19. 下列这组数中最大数是_____。
   A. $(11011001)_2$ B. $(175)_{10}$ C. $(237)_8$ D. $(D1)_{16}$

20. 1GB 等于_____字节。
   A. 2^{10} B. 2^{20} C. 2^{30} D. 2^{40}

21. 二进制带符号整数（补码）10000000 对应的十进制数为_____。
   A. 0   B. 128   C. -128   D. -0

22. 十六进制数 4D 转变成七进制数（用 0～6 表示）的结果为_____。
   A. 141   B. 140   C. 115   D. 116

23. 用于辅助人们进行信息获取、传递、存储、加工处理、控制及显示的综合使用各种信息技术的系统，可以通称为_____。
   A. 信息处理系统   B. 信息管理系统   C. 自动办公系统   D. 人工智能系统

24. 声音与视频信息在计算机内以_____形式存在。

  A. 调制信号   B. 模拟信号   C. 模拟或数字 D. 二进制数字

25. 二进制数$(1010)_2$与十六进制数$(B2)_{16}$相加，结果为_____。

  A. 2730   B. 2740   C. 3140   D. 3130

二、填空题

1. 若一个补码表示的整数为 FFFFH，则-FFFFH 的十进制数是_____。

2. 111111111100000B÷8D 的八进制结果是_____。

3. 一个 8 位二进制数 11011001 和 00111101 做"与"运算的结果是_____。

4. 若机器的字长为 n，则补码的表示范围是_____。

5. 四进制数 232 对应的七进制数是_____。

6. 若 11111111 是 8 位的二进制补码表示的数，则 11111111+1 结果的补码表示为_____。而对于补码表示的数 01111111，则 01111111+1 结果的补码表示为_____。

7. 在信息处理系统中，负责信息加工处理的装置通常是_____。

8. 十六进制数 AB.CH 对应的十进制数是_____。

9. 已知一个带符号整数的补码由 2 个 1 和 6 个 0 组成，则该补码能够表示的最小整数是_____。

10. 美国信息交换标准码的缩写是_____。

三、判断题（正确用√标记，错误用×标记）

1. 所有的十进制数都可精确转换为二进制数。（　　　）

2. 信息是可以交换的。（　　　）

3. 经加工后的信息一定比原始的信息更能反映现实的最新状态。（　　　）

4. 信息是可压缩的。（　　　）

5. 对二进制信息进行逻辑运算是按位独立进行的，位与位之间不发生关系。（　　　）

6. 信息处理的本质是数据处理。（　　　）

7. 计算机中的整数分为不带符号的整数和带符号的整数两类，前者表示的一定是正整数。（　　　）

8. 所有的数据都是信息。（　　　）

9. 正整数无论采用原码还是补码表示，其编码都是完全相同的。（　　　）

10. 同一个字符集中的字符可以对应多种不同的编码。（　　　）

第 4 章 常用数据结构与算法

教学目标

➤ 了解计算机语言和计算机程序。

➤ 了解算法和算法描述语言。

➤ 熟悉运用计算机解决问题的基本思路和一般过程。

➤ 了解计算机程序设计常用数据结构和算法

知识要点

本章主要简述计算机程序基本概念、计算机程序设计语言的历史、算法和算法描述语言，通过现实案例说明计算机程序设计常用数据结构（线性结构、树形结构、图形结构）和一些常用的简单算法。

课前引思

● 判断一个给定的数是奇数还是偶数。从需求分析来看，我们的需求只有一句话："判断一个给定的数是奇数还是偶数。"从这句话可以派生出一系列的问题。首先，这个数是哪一种类型？是实数还是整数？显然应该是整数，因为只有整数才有奇偶之分。其次，对于计算机来说，它怎么样从用户那里得到这个数？另外，什么叫"奇数"？什么叫"偶数"？如何判断一个整数是奇数还是偶数？最后，如果计算机得出了判断的结果，那么怎么样把这个结果通报给用户？

● 数制转换问题。

● 已知 N 个关键字值的有序序列如下所示：

2，8，15，23，31，37，42，49，67，83，91，…

对于给定的关键字值 23，如何在表中以最快的速度找到它？如果给定的关键字值不在表中，让你来在表中找出它，你又如何以最少的查找次数得出结论，明确此表中没有要找的值呢？

4.1　计算机程序概述

4.1.1　计算机程序

所谓的计算机程序（Computer Program），就是计算机能够识别、执行的一组指令。如前所述，人们正是通过编写程序（Programming）来让计算机帮助我们解决各种各样的问题。程序应包括以下两个方面的内容。

对数据的描述：数据结构（Data Structure）。

4-1　算法描述方法

对操作的描述：算法（Algorithm）。

著名计算机科学家沃思（Wirth）提出一个公式：数据结构+算法=程序。

编写程序一般可以分为以下 4 个步骤。

（1）需求分析

我们拿到一个问题以后，首先要对它进行分析，弄清楚核心任务是什么，输入是什么，输出是什么。比如说，假设我们要编写一个程序，实现从华氏温度到摄氏温度的转换。显然，对于这个问题来说，输入是一个华氏温度，输出是相应的摄氏温度，而我们的核心任务就是实现这种转换。

（2）算法设计

对于给定的问题，采用分而治之的策略，把它进一步分解为若干个子问题，然后对每个子问题逐一进行求解，并且用精确而抽象的语言来描述整个求解过程。算法设计一般是在纸上完成的，最后得到的结果通常是流程图或伪代码。

例如，对于上述的温度转换问题，我们可以设计出如下算法。

① 从用户那里输入一个华氏温度 F。

② 利用公式 $C = \dfrac{5}{9}(F - 32)$，计算出相应的摄氏温度 C。

③ 把计算出来的结果显示给用户。

（3）编码实现

在计算机上，使用某种程序设计语言，把算法转换成相应的程序，然后交给计算机去执行。如前所述，我们只能使用计算机能够看懂的语言来跟它交流，而不能用人类的自然语言来命令它。

（4）测试与调试

最后一个步骤是测试与调试程序。我们在编写程序的时候，由于疏忽，经常会犯一些错误，如少写了一个字符、多写了一个字符或拼写错误等，但是计算机是非常严格的，或者说是非常苛刻的，它不允许有任何错误存在，哪怕是再小的错误，它也会给你指出来。所以在编完程序以后，通常还要进行测试和调试，以确保程序能够正确运行。

通过以上的分析可以知道，要想成为一名优秀的程序员，必须具备多种不同的能力。首先是理解能力和沟通能力，要善于与客户沟通、交流，弄明白我们的任务是什么，需要解决的是什么问题。第二是算法设计能力，拿到一个问题以后，如何对它进行分析，如何设计出一种巧妙、高效的算法来解决它。第三是编码能力，对于给定的一个算法，如何用某种计算机语言来实现它。第四是良好的心理素质，在真正编程的时候，要非常耐心、细致，因为计算机非常严格，任何一个小小的错误都有可能导致程序运行失败，甚至根本就运行不了。尤其是在刚开始学习编程的时候，一个看似简单的小程序，可能也要花上几个小时才能完成，所以程序员特别要有耐心和毅力。通过本章的学习，读者能够掌握程序设计的基本思路和基本方法，提高分析问题、解决问题的能力，也就是算法设计的能力；另一方面，读者能够运用一种编程语言（如 C 语言）编写程序，实现算法的计算机求解（事实上，在我们的教学实践中，经常碰到一些学生，他们对 C 语言的语法都非常熟悉，说起来头头是道，但是一旦要让他们动手实践，通过编程解决一个实际的问题，就不行了）。既然在编写程序的时候，必须使用计算机能够看懂的语言，那么，程序语言是什么呢？

4.1.2　程序设计语言

程序设计语言（Programming Language）是用于书写计算机程序的语言。计算机语言也是语言，和我们日常所用的自然语言如汉语和英语有着相似的地方，有词法和句法。而这些词法和句法是以英语形式存在的。学习的目的就是会用语言写出文章（程序），命令计算机解决问题。文章（程序）都有着代表自己特色的模式和结构。使用自然语言，需要想象力、形象思维和逻辑思维。使用计算机语言，也需要想象力，更需要创造性思维、缜密的逻辑思维和计算思维。

语言的基础是一组记号和一组规则。根据规则由记号构成的记号串的总体就是语言。在程序设计语言中，这些记号串就是程序。程序设计语言包含语法、语义和语用。语法是程序的结构或形式，即构成语言的各个记号之间的组合规律，但不涉及这些记号的特定含义，也不涉及使用者。语义是语句的含义，即以各种方法表示的各个记号的特定意义，但不涉及使用者。语用是程序与使用者的关系。

计算思维来源于数学思维，但是又不等同于数学思维。数学思维是抽象的，它是建立在公理、定义、定理以及独特的推导方式上的。例如，高等数学的基础是连续，推导方式是从现有条件出发，根据定义或定理，经过若干步骤推导出结果。计算思维也是抽象的，但是它不依据定义和定理，它的思维的对象也不像数学那么连续，它的思维是基于算法的。算法来自于经验和逻辑，思维对象是离散的。

机器语言是与计算机硬件关系最为密切的一种计算机语言，在计算机硬件上执行的就是一条条用机器语言编写的指令。任何一个计算机程序都要先变成机器指令的形式，才能够在计算机上运行。不过，这种指令完全是由二进制的 0 和 1 所组成的，一条指令就是由若干个 0 和若干个 1 所组成的字符串，所以很难看懂。例如，图 4-1 所示为一段机器语言代码，每一行表示一条指令，有的指令长一点，有的指令短一点。

```
1000101101000101111111100
00111011010001011111111000
0000100001111110
1000101101001101111111100
1000100101001101111110100
1110101100000110
1000101101010101111111000
1000100101010101111110100
```

图 4-1　一段机器语言代码

显然，对于那些不太熟悉机器语言的人来说，看到这些由 0 和 1 所组成的字符串，完全就像看天书一样，根本就看不懂。所以说，如果要采用机器语言来编写程序，那么工作效率将会极其低下，而且编写出来的代码正确性也很难保证。例如，在图 4-1 所示的某条指令当中，如果不小心把一个 1 写成了 0，那么这条指令的含义可能就完全变了，而整个程序的运行结果也可能就完全不同了。

为了克服机器语言的缺点，在 20 世纪 50 年代，人们提出了汇编语言的概念。它的基本思路是用符号的形式来代替二进制的指令。例如，一条机器指令 00110101，我们可能不知道它是干什么的，但如果用符号 "ADD" 来代替它，那么这条指令的功能就很容易猜到：它是一个加法运算。所以说，采用汇编语言来编写程序，比机器语言要方便得多，也容易得多。例如，将图 4-1 所示的机器语言代码翻译为相应的汇编语言的形式，如图 4-2 所示。

显然，这段代码就比刚才的机器语言代码要好理解得多，虽然我们并不知道这种汇编语言的语法，但我们能够大致猜测出每条指令的功能。例如，mov 可能是一个赋值操作，cmp 可能是一个比较操作，jle 和 jmp 可能是跳转指令。不过即便如此，我们还是不太明白整段代码的功能是什么，它解决的是什么问题。所以，汇编语言的层次仍然太低了，使用起来还是不太方便，程序开发和维护的效率还是比较低。另外，在计算机硬件上执行的必须是机器指令，所以用汇编语言编写出来的程序不能直接在计算机上运行，而必须先用专门的汇编系统把它翻译成机器指令。

为了更好地进行程序设计，人们又提出了高级程序设计语言（简称高级语言）的概念。它的基本思路是：用一种更自然、更接近于人类语言习惯的符号形式（如数学公式）来编写程序，这样写出来的程序更容易理解和使用。例如，图 4-2 中的汇编语言代码所对应的 C 语言代码如图 4-3 所示。

```
mov     eax, dword ptr[ebp-4]
cmp     eax, dword ptr[ebp-8]
jle     00401048
mov     ecx, dword ptr[ebp-4]
mov     dword ptr[ebp-0Ch], ecx
jmp     0040104e
mov     edx, dword ptr[ebp-8]
mov     dword ptr[ebp-0Ch], edx
```

```
if(x>y)
    z=x;
else
    z=y;
```

图 4-2　一段汇编语言代码　　　　　　图 4-3　一段 C 语言代码

　　显然，对于这样的一段程序，即使读者现在还没有学过 C 语言，也很容易猜测出它的功能就是找出 x 和 y 当中的较大值，然后把它赋给 z。

　　与汇编语言一样，用高级语言编写的程序也不能直接在计算机上运行，因为计算机硬件只认识机器指令，其他的一概不认。所以先要用编译器把高级语言程序翻译成机器指令。这里所说的编译器，其实也是软件，是一个专用的计算机程序，它能直接在计算机上运行。在计算机学科中，有一门"编译原理"课程，介绍的就是如何来编写一个编译器软件。

　　从高级语言的发展历史来看，在 20 世纪 50 年代,诞生了第一个高级程序设计语言 FORTRAN，它主要用于科学计算。同期还出现了 Lisp 语言，也就是表处理语言，它主要用于人工智能领域。在 20 世纪 60 年代，出现了 Cobol 语言、Algol 语言和 APL 语言。在 20 世纪 70 年代，又出现了 Basic 语言、Pascal 语言和 C 语言。到了 20 世纪 80 年代，出现了一些面向对象的编程语言，如 SmallTalk、C++等，另外，还出现了 Modula、Ada 和 Prolog 语言。到了 20 世纪 90 年代，著名的 Java 语言也出现了。一方面，它是一种面向对象的编程语言；另一方面，它又是一种独立于具体的硬件平台的开发环境，所以 Java 语言已经成为当今的一大热点。Python 语言自从 20 世纪 90 年代初诞生以来，随着机器学习和人工智能的发展而得到了非常好的应用，目前被很多用户作为首选语言。遗憾的是，这些流行计算机语言中，目前还没有一个出自中国人之手，因此当代大学生要在这方面有所担当，希望不久的将来，IT 领域也会有国人开创的计算机语言。

4.1.3　算法和算法描述语言

　　如前所述，"判断一个给定的数是奇数还是偶数"这个问题，是用人的自然语言来描述的，而且描述得比较简单，如果把这句话直接提交给计算机，计算机是看不懂的，也不知道如何去解决这个问题。所以，必须用某种计算机语言来进行编程，也就是说，用计算机能够看懂的方式来与它交流。那么如何来编程呢？这就要用到前面讲过的 4 个步骤，即需求分析、算法设计、编码实现和测试与调试。

　　从需求分析来看，我们的需求只有一句话："判断一个给定的数是奇数还是偶数。"从这句话可以派生出一系列的问题。首先，这个数是哪一种类型？是实数还是整数？显然应该是整数，因为只有整数才有奇偶之分。其次，对于计算机来说，它怎么样从用户那里得到这个数？另外，什么叫"奇数"？什么叫"偶数"？如何判断一个整数是奇数还是偶数？最后，如果计算机得出了判断的结果，那么怎么样把这个结果通报给用户？

　　从算法设计来看，显然，在刚才提出的这些问题当中，核心问题就是如何判断一个整数是奇数还是偶数。对于这个问题，可以采用除 2 取余法，也就是说，把这个整数除以 2，然后看余数是 0 还是 1。例如，对于 543 这个整数，把它除以 2，得到的余数为 1，这说明它是一个奇数。下面，我们把这个问题的求解思路抽象为算法。

　　① 计算机接收用户从键盘输入的一个整数。

② 把这个整数除以 2。

③ 如果得到的余数为 0，说明它是一个偶数，因此就在屏幕上显示"该数是偶数"。

④ 如果得到的余数为 1，说明它是一个奇数，因此就在屏幕上显示"该数是奇数"。

当然，这个问题的算法并不是唯一的，你还可以想出其他的算法。例如，可以采用末位判定法：如果这个整数的末位数是 0、2、4、6 或 8，那么它就是一个偶数；否则，它就是一个奇数。所以说，对于同一个问题，可以设计出不同的算法，从而编写出不同的程序。

利用计算机处理不同的问题，必须事先对具体问题进行仔细分析，确定解决该问题的具体方法和步骤，然后依据该方法和步骤，选择某种语言，按照该语言的规则，编制计算机能够执行的一组指令（程序），提交给计算机，让计算机按照指定的步骤有效地工作。这些具体的方法和步骤，实际上就是解决一个问题的算法。如何描述算法？形式有多种，最常用、最直观的是流程图。

流程图就是按照顺序用特定图形符号和结构将过程的各个独立步骤及其相互联系展示出来的工具。传统流程图符号如图 4-4 所示。

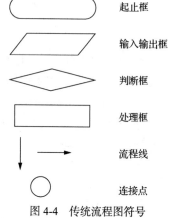

起止框

输入输出框

判断框

处理框

流程线

连接点

图 4-4　传统流程图符号

4.1.4　程序结构与流程图

高级语言的程序结构分 3 种：顺序结构、选择结构和循环结构，用流程图表示如图 4-5、图 4-6、图 4-7 所示。

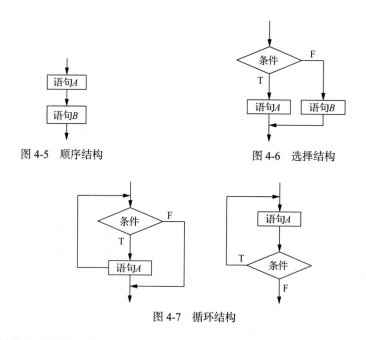

图 4-5　顺序结构

图 4-6　选择结构

图 4-7　循环结构

3 种基本结构的共同特点如下。

① 只有一个入口。

② 只有一个出口（注意：一个菱形判断框有两个出口，而一个选择结构只有一个出口，不要将菱形框的出口和选择结构的出口混淆）。

③ 结构内的每一部分都有机会被执行。

④ 结构内不存在"死循环"(无终止的循环)。

由 3 种基本结构组成的算法可以解决任何复杂的问题。由基本结构所构成的算法属于"结构化"的算法,不存在无规律的转向,只在基本结构内存在分支和向前或向后的跳转。

4.1.5 用流程图表示求 5! 的算法

用传统流程图表示求 5! 的算法如图 4-8 所示。

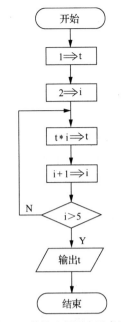

图 4-8 传统流程图表示求 5!

传统流程图用流程线指出各框的执行顺序,对流程线的使用没有严格限制。因此,使用者可以毫无限制地使流程线随意转向,使流程图变得毫无规律,阅读者要花很大精力去追踪流程。因此,1973 年美国学者那西(I.Nassi)和史奈德曼(B.Shneiderman)提出了一种新的流程图形式。在这种流程图中,完全去掉了带箭头的流程线,全部算法写在一个矩形框内,该框还可以包含其他从属于它的框,或者说,由一些基本框组成一个大框。这种流程图称为 N-S 结构化流程图,如图 4-9 所示。

(a)顺序结构

(b)选择结构

(c)循环结构

图 4-9 N-S 结构化流程图

N-S 结构化流程图比传统流程图紧凑易画。尤其是它废除了流程线,整个算法结构是由各个基本结构按顺序组成的,N-S 结构化流程图中的上下顺序就是执行顺序。用 N-S 结构化流程图表示的算法都是结构化的算法,因为它不可能出现无规律的跳转,而只能自上而下地顺序执行。

4.2 常用数据结构

线性表是实际应用中最简单、最常用的一种数据结构,即线性结构。线性结构的基本特点:元素与元素之间的关系表现为所有元素排成一个线性序列,除第一个元素无前驱元素,最后一个元素无后继元素外,其余元素均有前驱和后继元素。线性表的存储有两种方式:顺序存储和链式存储。线性表的主要操作是插入、删除、检索等。

4-2 常用数据结构

4.2.1 线性表

线性表 List 是 n 个具有相同数据类型的数据元素的集合。通常描述为

$$List = (e_1, e_2, \cdots, e_{i-1}, e_i, e_{i+1}, \cdots, e_n)(n \geq 0)$$

线性表 List 所含元素的个数 n 称为表长,$n=0$ 时 List 称为空表。List 中相邻元素之间存在着线性关系,将 e_{i-1} 称为 e_i 的直接前驱,e_{i+1} 称为 e_i 的直接后继。其中,第一个元素 e_1 为首元素,无

直接前驱；最后一个元素 e_n 为尾元素，无直接后继。List 中的数据元素类型相同，元素之间存在前驱与后继关系。

线性表中的数据元素也称为节点或记录，可以是原子类型（整型等），也可以是组合类型（结构体类型等）。

实际应用中，线性表的例子很多，如学生点名册、课程表、电话号码簿等。其中学生点名册如表 4-1 所示，表中的数据元素由一条记录构成，记录由序号、姓名、缺勤次数等数据项构成。

表 4-1　　　　　　　　　　　　　　　　学生点名册

序号	姓名	缺勤次数
1	马全力	0
2	李华均	1
3	王天敏	0
4	刘为一	2
…	…	…

在程序设计语言中，一维数组在内存中占用的存储空间就是一组连续的存储区域，因此用一维数组来表示线性表的数据存储区域是再合适不过的。考虑到线性表的运算有插入、删除等（即表长是不断变化的），因此数组的容量需足够大。当然也可考虑在实际运行中动态分配内存和动态增加内存，本章中暂不考虑数组的动态分配问题，当表长超过数组的容量时视为溢出。

【例 4-1】已知集合 A 和 B，编写一个算法求 $A \cap B$ 和 $A \cup B$。

解题思路： 分别用两个线性表存储集合 A 和 B；$A \cap B$ 就是 A 和 B 中都存在的元素，方法是删除 A 中所有没有在 B 中出现的元素，$A \cup B$ 就是 A 或者 B 中存在的元素，方法是将 B 中有而 A 中没有的元素加入 A。

4.2.2　栈

栈和队列广泛应用于计算机软、硬件系统。编译系统、操作系统等系统软件和各类应用软件中经常需要使用栈和队列完成特定的算法设计。它们的逻辑结构和线性表相同，但它们是一种特殊的线性表，其特殊性在于运算操作受到了一定限制，因此栈和队列又被称为操作受限的线性表。栈按"后进先出"的规则进行操作，队列则按"先进先出"的规则进行操作。

栈是限制在表的一端进行插入和删除的线性表。在线性表中允许插入、删除的这一端称为栈顶，栈顶的当前位置是动态变化的；不允许插入和删除的另一端称为栈底，栈底是固定不变的。表中没有元素称为空栈。栈的插入操作称为进栈、压栈或入栈，栈的删除操作称为退栈或出栈。元素的进栈和出栈过程如图 4-10 所示，进栈的顺序为 e_1、e_2、e_3，出栈的顺序为 e_3、e_2、e_1，所以栈又称为后进先出（Last In First Out）线性表，简称 LIFO 表。

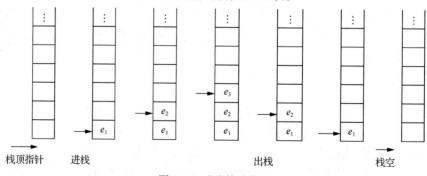

图 4-10　进出栈示意图

日常生活中有很多后进先出的例子，例如，食堂里碟子在叠放时是从下到上，从大到小，在取碟子时，则是从上到下，从小到大。在程序设计中，常常需要栈这样的数据结构，使得取数据与保存数据顺序相反。

由于栈的"后进先出"特点，很多实际问题都可以利用栈做一个辅助的数据结构来实现逆向操作的求解。下面通过例子进行说明。

【例 4-2】将十进制数 N 转换为 R 进制数，利用辗转相除法。

以 $N=1234$，$R=8$ 为例，转换方法如下：

N	$N/8$（整除）	$N\%8$（求余）	
1234	154	2	低
154	19	2	↑
19	2	3	
2	0	2	高

所以：$(1234)_{10} = (2322)_8$

可以看到，八进制数按从低位到高位的顺序产生，而通常的输出应该从高位到低位，与计算过程正好相反，因此转换过程中每得到一位余数则进栈保存，转换完毕后依次出栈则正好是转换结果。

算法思想如下。

① 初始化栈，初始化 N 为要转换的数，R 为进制数。

② 判断 N 的值，为 0 转④，否则将 $N\%R$ 压入栈。

③ 用 N/R 代替 N，转②。

④ 出栈，出栈序列即为结果。

4.2.3　队列

队列和栈一样，也是一种特殊的线性表，是限制在表的一端进行插入、在另一端进行删除的线性表。表中允许插入的一端称为队尾，允许删除的一端称为队头。表中没有元素称为空队列。队列的插入操作称为进队列或入队列，队列的删除操作称为退队列或出队列。队列的入队列和出队列的过程如图 4-11 所示，入队列的顺序为 e_1、e_2、e_3、e_4、e_5，出队列的顺序为 e_1、e_2、e_3、e_4、e_5，所以队列又称为先进先出（First In First Out）线性表，简称 FIFO 表。

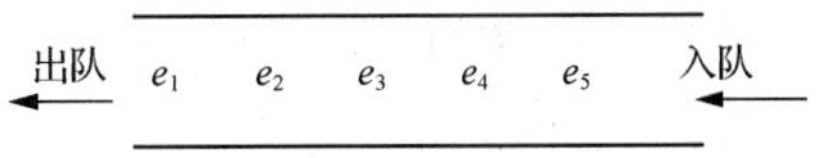

出队 ← | e_1 | e_2 | e_3 | e_4 | e_5 | ← 入队

图 4-11　队列示意图

在日常生活中，队列的例子很多，例如，排队买票，排头的买完后走掉，新来的排在队尾。

实际上，在计算机科学领域，队列的作用非常重要。例如，在解决主机和外部设备速度不匹配的问题时必须用队列。以主机和打印机速度不匹配的问题为例，主机输出数据给打印机打印，输出数据的速度比打印数据的速度要快得多，若直接把输出的数据送给打印机打印，由于速度不匹配，显然是不行的。所以解决的方法是设置一个打印数据缓冲区，主机把要打印的数据依次写入这个缓冲区，写满就暂停写入，转去做其他事情；打印机从缓冲区中按照先进先出的队列操作原则依次取出数据并打印，打印完后向主机发出请求，主机接到请求后再向缓冲区写入打印数据。这样做既保证了打印数据的正确，又使主机提高了效率。由此可见，打印数据缓冲区中存储的数据就是一个队列。再如，在解决由多用户引起的资源竞争问题时也需要队列，CPU 资源的竞争就是一个典型的例子。在一个带多终端的计算机系统上，有多个用户需要 CPU 运行自己的程序，他们分别通过各自的终端向操作系统提出占用 CPU 的请求，操作系统通常按照每个请求在时间上的先后顺序，把它们排成一个队列，每次把 CPU 分配给队首请求的用户使用；当相应的程序运行结束或规定的时间用完，则令其出队（出队后可重新排到队尾），再把 CPU 分配给新的队首请求的用户使用。这样既满足了每个用户的请求，又使 CPU 能够正常运行。

4.2.4 树及二叉树

1. 树的定义

树（Tree）是 n（$n{\geqslant}0$）个有限数据元素的集合。当 $n=0$ 时，称这棵树为空树。非空树 T 有如下特点。

① 有一个特殊的数据元素称为树的根节点，根节点没有前驱节点。

② 若 $n>1$，除根节点之外的其余数据元素被分成 m（$m>0$）个互不相交的集合 $T_1,T_2,\cdots,T_m$，其中每一个集合 T_i（$1{\leqslant}i{\leqslant}m$）本身又是一棵树。树 $T_1,T_2,\cdots,T_m$ 称为这个根节点的子树。

可以看出，在树的定义中用了递归概念，即用树来定义树。因此树结构的许多算法都使用递归方法。

树的定义还可描述为二元组的形式：

$$T=(D,R)$$

其中 D 为树 T 中节点的集合，R 为树 T 中节点之间关系的集合。

当树为空树时，$D=\varnothing$；当树 T 不为空树时，有 $D=\{\text{Root}\}\cup DF$。

其中，Root 为树 T 的根节点，DF 为树 T 的根 Root 的子树集合。DF 可由下式表示：

$$DF=D_1\cup D_2\cup\cdots\cup D_m \text{且} D_i\cap D_j=\varnothing（i{\neq}j，1{\leqslant}i{\leqslant}m，1{\leqslant}j{\leqslant}m）$$

当树 T 中节点个数 $n{\leqslant}1$ 时，$R=\varnothing$；当树 T 中节点个数 $n>1$ 时有

$$R=\{<\text{Root},r_i>，i=1,2,\cdots,m\}$$

其中，Root 为树 T 的根节点，r_i 是树 T 的根节点 Root 的子树 T_i 的根节点。

树的定义的形式化主要用于树的理论描述。

图 4-12（a）是一棵具有 9 个节点的树，即 $T=\{A,B,C,\cdots,H,I\}$，节点 A 为树 T 的根节点，除根节点 A 之外的其余节点分为两个不相交的集合：$T_1=\{B,D,E,F,H,I\}$ 和 $T_2=\{C,G\}$。T_1 和 T_2 构成了节点 A 的两棵子树，T_1 和 T_2 本身也分别是一棵树。例如，子树 T_1 的根节点为 B，其余节点又分为三个不相交的集合：$T_{11}=\{D\}$、$T_{12}=\{E,H,I\}$ 和 $T_{13}=\{F\}$。T_{11}、T_{12} 和 T_{13} 构成了子树 T_1 的根节点 B 的三棵子树。如此可继续向下分为更小的子树，直到每棵子树只有一个根节点为止。

从树的定义和图 4-12（a）可以看出，树具有下面两个特点。

① 树的根节点没有前驱节点，除根节点之外的所有节点有且只有一个前驱节点。

② 树中所有节点可以有零个或多个后继节点。

由以上特点可知，图 4-12（b）、图 4-12（c）、图 4-12（d）所示的都不是树。

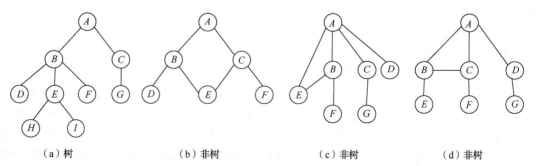

(a) 树　　　　　　　(b) 非树　　　　　　　(c) 非树　　　　　　　(d) 非树

图 4-12　树和非树

2. 树的表示

树的表示方法主要有以下 4 种。

（1）直观表示法

树的直观表示法就是以倒着的分支树的形式表示，图 4-12（a）就是一棵树的直观表示。其特点就是对树的逻辑结构的描述非常直观。直观表示法是数据结构中最常用的树的表示方法。

（2）嵌套集合表示法

嵌套集合中，任何两个集合或者不相交，或者一个包含另一个。用嵌套集合的形式表示树，就是将根节点视为一个大的集合，各棵子树构成这个大集合中若干个互不相交的子集，如此嵌套下去，即构成一棵树的嵌套集合表示。图 4-13（a）就是一棵树的嵌套集合表示。

（3）凹入表示法

树的凹入表示如图 4-13（b）所示。它如同书的目录，主要用于树的屏幕输出和打印输出。

（4）广义表表示法

用广义表表示树，就是将根作为由子树森林组成的表的名字写在表的左边，这样依次将树表示出来。图 4-13（c）就是一棵树的广义表表示。

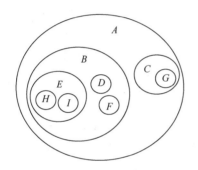

（a）树的嵌套集合表示

$(A(B(D,E(H,I),F),C(G)))$

（c）树的广义表表示

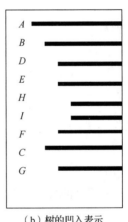

（b）树的凹入表示

图 4-13 对图 4-12（a）所示树的其他 3 种表示

3. 基本术语

下面给出与树有关的概念。

节点的度：节点的分支数。

终端节点（叶子）：度为 0 的节点。

非终端节点：度不为 0 的节点。

节点的层次：树中根节点的层次为 1，根节点子树的根为第 2 层，依次类推。

树的度：树中所有节点度的最大值。

树的深度：树中所有节点层次的最大值。

有序树、无序树：如果树中每棵子树从左向右的排列有一定的顺序，不可互换，则称其为有序树，否则称其为无序树。

森林：m（$m \geqslant 0$）棵互不相交的树的集合。

在树结构中，节点之间的关系又可以用家族关系来描述，定义如下。

孩子、双亲：节点子树的根称为这个节点的孩子，而这个节点被称为孩子的双亲。

子孙：以某节点为根的子树中的所有节点都被称为该节点的子孙。

祖先：从根节点到该节点路径上的所有节点。

兄弟：同一个双亲的孩子互为兄弟。

堂兄弟：双亲在同一层的节点互为堂兄弟。

4. 二叉树的定义

定义：二叉树是另一种树结构。二叉树与树的区别如下。

① 二叉树的每个节点最多有两棵子树。

② 二叉树的子树有左右之分。

二叉树的直观表示如图 4-14 所示。

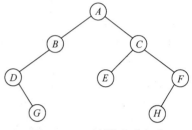

图 4-14　二叉树的直观表示

二叉树也可以用递归的形式定义即：二叉树是 n（$n \geq 0$）个节点的有限集合。当 $n=0$ 时，该二叉树称为空二叉树；当 $n>0$ 时，有且仅有一个节点为二叉树的根，其余节点被分成两个互不相交的子集，一个称为左子集，另一个称为右子集，每个子集又是一棵二叉树。

二叉树的 5 种基本形态如图 4-15 所示。

图 4-15　二叉树的 5 种基本形态

5. 遍历二叉树

二叉树是一种非线性的数据结构，在对它进行操作时，总是需要逐一对每个数据元素进行访问，由此提出了二叉树的遍历问题。所谓遍历二叉树就是按某种顺序访问二叉树中的每个节点，要求每个节点被访问一次且仅一次。这里的访问可以是输出、比较、更新、查看元素内容等各种操作。二叉树的遍历方式分为两大类：一类按根、左子树和右子树 3 个部分进行访问；另一类按层次访问。前者遍历二叉树的顺序有 6 种可能：根、左、右（TLR）、根、右、左（TRL）、左、根、右（LTR）、右、根、左（RTL）、左、右、根（LRT）、右、左、根（RLT）。

其中，TRL、RTL 和 RLT 3 种顺序在左右子树之间均是先右子树后左子树，这与人们先左后右的习惯不同，因此，往往不予采用。余下的 3 种顺序 TLR、LTR 和 LRT 根据根访问的位置不同分别被称为先序遍历（也称前序编历）、中序遍历和后序遍历。由此可以得出如下结论。

① 遍历操作实际上是将非线性结构线性化的过程，其结果为线性序列，并根据采用的遍历顺序分别称为先序序列、中序序列和后序序列。

② 遍历操作是一个递归的过程，因此，这 3 种遍历操作的算法可以用递归函数实现。

二叉树遍历运算是二叉树各种运算的基础。真正理解遍历的实现及其含义有助于二叉树其他运算的实现。

a. 先序遍历的基本算法思想如下。

若二叉树为空，则结束遍历操作；否则

访问根节点；

先序遍历根的左子树；

先序遍历根的右子树。

b.　中序遍历的基本算法思想如下。

若二叉树为空，则结束遍历操作；否则

先序遍历根的左子树；

访问根节点；

先序遍历根的右子树

c.　后序遍历的基本算法思想如下。

若二叉树为空，则结束遍历操作；否则

先序遍历根的左子树；

先序遍历根的右子树；

访问根节点。

用这个算法对图 4-16 所示的二叉树进行遍历得到的是先序序列 *ABDGCEFH*。

按层次遍历二叉树的实现方法为从上层到下层，每层中从左侧到右侧依次访问每个节点。

二叉树按层次顺序访问每个节点的遍历序列为 *ABCDEFGH*。

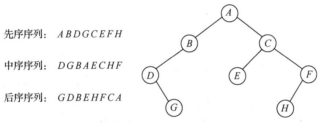

图 4-16　二叉树 4 种遍历序列

4.2.5　图

图结构是一种比树结构更复杂的非线性结构。在线性表中，数据元素之间仅有线性关系，每个数据元素只有一个直接前驱和一个直接后继；在树结构中，数据元素之间有着明显的层次关系，并且每一层的数据元素可能和下一层中多个元素相关，但只能和上一层中一个元素相关；而在图结构中，数据元素之间的关系可以是任意的，图中任意两个数据元素之间都可能相关。

18 世纪以来，图论已成为一门学科，并应用于科学技术、经济管理的各个领域，特别是近年来迅速发展，已渗入语言学、逻辑学、物理学、化学、电信工程学、计算机科学以及数学的其他分支，图结构被作为解决问题的手段之一。本节主要讨论图的逻辑表示、在计算机中的存储方法及一些有关图的算法和应用。

1.　图的定义和术语

图（Graph）由非空的顶点集合和一个描述顶点之间关系（边或者弧）的集合组成，其二元组定义为

$$G=(V,E)$$
$$V=\{v_i|\ v_i \in \text{dataobject}\}$$
$$E=\{(v_i,v_j)|\ v_i,v_j\ \in V \wedge P(v_i,v_j)\}$$

其中，G 表示一个图，V 是图 G 中顶点的集合，E 是图 G 中边的集合，集合 E 中 $P(v_i,v_j)$ 表示顶点 v_i 和顶点 v_j 之间有一条直接连线。集合 E 可以是空集，若 E 为空，则该图只有顶点而没有边，

偶对(v_i,v_j)表示一条边。

（1）无向图

在一个图中，如果任意两个顶点构成的偶对$(v_i,v_j) \in E$是无序的，即顶点之间的连线是没有方向的，则称该图为无向图（Undigraph）。图4-17所示的G_1是一个无向图，在该图中：

$G_1=(V_1,E_1)$；

$V_1=\{v_0,\ v_1,\ v_2,\ v_3,\ v_4\}$；

$E_1=\{(v_0,v_1),(v_0,v_3),(v_1,v_2),(v_2,v_3),(v_2,v_4),(v_1,v_4)\}$。

（2）有向图

在一个图中，如果任意两个顶点构成的偶对$<v_i,v_j> \in E$是有序的，即顶点之间的连线是有方向的，则称该图为有向图（Digraph）。图4-18所示的G_2是一个有向图。

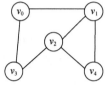

图4-17　无向图G_1

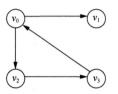

图4-18　有向图G_2

$$G_2=(V_2,E_2)$$
$$V_2=\{\ v_0,v_1,v_2,v_3\ \}$$
$$E_2=\{<v_0,v_1>,<v_0,v_2>,<v_2,v_3>,<v_3,v_0>\}$$

为了区别，无向图的边用圆括号表示，有向图的边（或称为弧）用尖括号表示。显然，在无向图中$(v_i,v_j)=(v_j,v_i)$，但在有向图中$<v_i,v_j> \neq <v_j,v_i>$。

（3）顶点、边、弧、弧头、弧尾

图中的数据元素v_i称为顶点（Vertex），$P(v_i,v_j)$表示在顶点v_i和顶点v_j之间有一条直接连线。如果是在无向图中，则称这条连线为边；边用顶点的无序偶对(v,w)来表示，称顶点v和顶点w互为邻接点，边(v,w)与顶点v和w相关联。如果是在有向图中，一般称这条连线为弧（Arc）；弧用顶点的有序偶对$<v_i,\ v_j>$来表示，有序偶对的第一个节点v_i被称为始点（或弧尾），在图中就是不带箭头的一端，有序偶对的第二个节点v_j被称为终点（或弧头），在图中就是带箭头的一端；若$<v,w>$是一条弧，则称顶点v邻接到w，顶点w邻接自v，$<v,w>$与顶点v和w相关联。

（4）无向完全图

在一个无向图中，如果任意两顶点之间都有一条直接连线，则称该图为无向完全图（Undireted Complete Graph）。可以证明，一个含有n个顶点的无向完全图中有$n(n-1)/2$条边。图4-19所示的G_3是一个具有5个节点的无向完全图。

（5）有向完全图

在一个有向图中，如果任意两顶点之间都有方向相反的两条弧，则称该图为有向完全图（Directed Complete Graph）。一个含有n个顶点的有向完全图中有$n(n-1)$条边。图4-20所示的G_4是一个具有3个节点的有向完全图。

（6）稠密图、稀疏图

若一个图接近完全图，则该图称为稠密图（Dense Graph）；数很少的图（$e<<n(n-1)$），则称为稀疏图（Sparse Graph）。

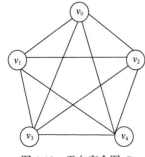

图 4-19　无向完全图 G_3

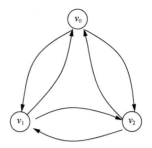

图 4-20　有向完全图 G_4

（7）度、入度、出度

顶点的度（Degree）是指依附于某顶点 v 的边数，通常记为 $D(v)$。在有向图中，要区别顶点的入度与出度的概念。顶点 v 的入度（Indegree）是指以顶点 v 为终点的弧的数目，记为 $ID(v)$；顶点 v 的出度（Outdegree）是指以顶点 v 为始点的弧的数目，记为 $OD(v)$。

$$D(v)=ID(v)+OD(v)$$

例如，在 G_1 中有

$$D(v_0)=2 \quad D(v_1)=3 \quad D(v_2)=3 \quad D(v_3)=2 \quad TD(v_4)=2$$

在 G_2 中有

$$ID(v_0)=1 \qquad OD(v_0)=2 \qquad D(v_0)=3$$
$$ID(v_1)=1 \qquad OD(v_1)=0 \qquad D(v_1)=1$$
$$ID(v_2)=1 \qquad OD(v_2)=1 \qquad D(v_2)=2$$
$$ID(v_3)=1 \qquad OD(v_3)=1 \qquad D(v_3)=2$$

可以证明，对于具有 n 个顶点、e 条边的图，顶点 v_i 的度 $D(v_i)$ 与顶点的个数以及边的数目满足关系：

$$e=\frac{1}{2}\sum_{i=1}^{n}D(v_i)$$

（8）边的权、网图

有时图的边或弧附带有数值信息，这种数值称为权（Weight）。在实际应用中，权可以有某种含义。例如，在一个反映城市交通线路的图中，边上的权可以表示该条线路的长度或者等级；对于一个电子线路图，边上的权可以表示两个端点之间的电阻、电流或电压值；对于反映工程进度的图，边上的权可以表示从前一个工程到后一个工程所需要的时间。每条边或弧都带权的图称为带权图或网络（Network）。图 4-21 所示的 G_5 就是一个无向网图。边有方向的带权图称为有向网图。

（9）路径、路径长度

在无向图中，顶点 v_p 到顶点 v_q 之间的路径（Path）是指顶点序列 $v_p,v_1,v_2,\cdots,v_m,v_q$。其中，$(v_p,v_1)$，$(v_1,v_2),\cdots,(v_m,v_q)$ 分别为图中的边。路径上边的数目称为路径长度（Path Length）。在有向图中，路径也是有向的，它由若干条弧组成。图 4-17 所示的无向图 G_1 中，$v_0{\to}v_3{\to}v_2{\to}v_4$ 与 $v_0{\to}v_1{\to}v_4$ 是从顶点 v_0 到顶点 v_4 的 2 条路径，路径长度分别为 3 和 2。

（10）回路、简单路径、简单回路

起点和终点相同的路径称为回路或者环（Cycle）。序列中顶点不重复出现的路径称为简单路径。在图 4-17 中，前面提到的 v_0 到 v_4 的 2 条路径都为简单路径。除第一个顶点与最后一个顶点之外，其他顶点不重复出现的回路称为简单回路。

（11）子图

对于图 $G=(V,E)$，$G'=(V',E')$，若存在 V' 是 V 的子集，E' 是 E 的子集，则称图 G' 是 G 的一个子图（Subgraph）。图 4-22 给出了分别对应图 4-17（G_1）和图 4-18（G_2）的子图 G' 和 G''。

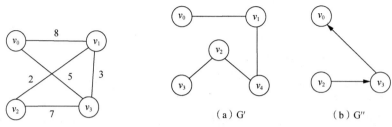

图 4-21 无向网图 G_5 　　图 4-22 G_1 的子图和 G_2 的子图
　　　　　　　　　　　（a）G'　　　　（b）G''

（12）连通的、连通图、连通分量

在无向图中，如果从一个顶点 v_i 到另一个顶点 v_j（$i \neq j$）有路径，则称顶点 v_i 和 v_j 是连通的。如果图中任意两顶点都是连通的，则称该图为连通图（Connected Graph）。无向图的极大连通子图称为连通分量（Connected Component），基本特征：顶点数达到极大，如果再增加一个顶点就不再连通。图 4-23（a）中有两个连通分量，如图 4-23（b）所示。

（13）强连通图、强连通分量

对于有向图来说，若图中任意一对顶点 v_i 和 v_j（$i \neq j$）均有从一个顶点 v_i 到另一个顶点 v_j 的路径，也有从 v_j 到 v_i 的路径，则称该有向图是强连通图。有向图的极大强连通子图称为强连通分量，如图 4-24 所示。

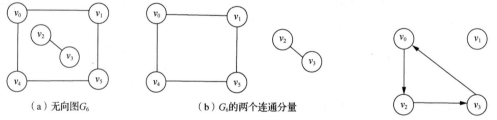

（a）无向图 G_6　　　　（b）G_6 的两个连通分量

图 4-23 无向图 G_6 及连通分量　　　　　　图 4-24 G_2 的两个强连通分量

（14）生成树、生成森林

所谓连通图的生成树（Spanning Tree），是一个极小的连通子图，它包含图中全部顶点，且以最少的边数使其连通。一个具有 n 个顶点的连通图，它的生成树是由 n 个顶点和 $n-1$ 条边组成的连通子图。如果 G 的一个子图 G' 的边数大于 $n-1$，则 G' 中必定会产生回路；相反，如果 G' 的边数小于 $n-1$，则 G' 一定不连通。非连通图通过遍历得到的将是森林。

2. 图的遍历

图的遍历是指从图中的任一顶点出发，对图中所有顶点访问一次而且仅能访问一次。图的遍历是图的一种基本操作，图的许多其他操作都建立在遍历操作的基础之上。

图的遍历操作较为复杂，主要表现在以下 4 个方面。

① 在图结构中，没有一个"自然"的首节点，图中任意一个顶点都可作为第一个被访问的节点。

② 在非连通图中，从一个顶点出发，只能够访问它所在的连通分量上的所有顶点，因此，

还需考虑如何选取下一个出发点以访问图中其余的连通分量。

③ 在图结构中，如果有回路存在，那么访问一个顶点之后，有可能沿回路又回到该顶点。

④ 在图结构中，一个顶点可以和其他多个顶点相连，当这样的顶点被访问过后，存在如何选取下一个要访问的顶点的问题。

图的遍历通常有深度优先搜索和广度优先搜索两种方式，它们对无向图和有向图都适用。

（1）深度优先搜索

深度优先搜索（Depth First Search）遍历类似于树的先序遍历，是树的先序遍历的推广。

假设初始状态是图中所有顶点未曾被访问，则深度优先搜索可从图中某个顶点 v 出发，访问此顶点，然后依次从 v 的未被访问的邻接点出发深度优先遍历图，直至图中所有和 v 有路径相通的顶点都被访问到；若此时图中尚有顶点未被访问，则另选图中一个未曾被访问的顶点作为起始点，重复上述过程，直至图中所有顶点都被访问到为止。

以图 4-25 所示的无向图为例，进行图的深度优先搜索。假设从顶点 v_0 出发进行搜索，在访问了顶点 v_0 之后，选择邻接点 v_1。因为 v_1 未曾访问，则从 v_1 出发进行搜索。依次类推，接着从 v_3、v_7、v_4 出发进行搜索。在访问了 v_4 之后，由于 v_4 的邻接点都已被访问，则搜索回到 v_7。由于同样的理由，搜索继续回到 v_3、v_1 直至 v_0，此时由于 v_0 的另一个邻接点未被访问，则搜索又从 v_0 到 v_2，再继续进行下去。由此得到的顶点访问序列为

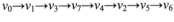

$$v_0 \rightarrow v_1 \rightarrow v_3 \rightarrow v_7 \rightarrow v_4 \rightarrow v_2 \rightarrow v_5 \rightarrow v_6$$

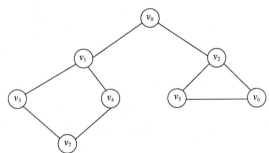

图 4-25　无向图

（2）广度优先搜索

广度优先搜索（Breadth First Search）遍历类似于树的按层次遍历过程。

假设从图中某顶点 v 出发，在访问了 v 之后依次访问 v 的各个未曾访问过的邻接点，然后分别从这些邻接点出发依次访问它们的邻接点，并使"先被访问的顶点的邻接点"先于"后被访问的顶点的邻接点"被访问，直至图中所有已被访问的顶点的邻接点都被访问到。若此时图中尚有顶点未被访问，则另选图中一个未曾被访问的顶点作为起始点，重复上述过程，直至图中所有顶点都被访问到为止。换句话说，广度优先搜索遍历图的过程中以 v 为起始点，由近至远，依次访问和 v 有路径相通且路径长度为 $1,2,\cdots$ 的顶点。

例如，对图 4-25 所示无向图进行广度优先搜索遍历，首先访问 v_0 和 v_0 的邻接点 v_1 和 v_2，然后依次访问 v_1 的邻接点 v_3 和 v_4 及 v_2 的邻接点 v_5 和 v_6，最后访问 v_3 的邻接点 v_7。由于这些顶点的邻接点均已被访问，并且图中所有顶点都被访问了，因此完成了图的遍历。得到的顶点访问序列为

$$v_0 \rightarrow v_1 \rightarrow v_2 \rightarrow v_3 \rightarrow v_4 \rightarrow v_5 \rightarrow v_6 \rightarrow v_7$$

4.3 常用算法

4-3 常用算法

4.3.1 顺序查找

顺序查找是一种最简单的查找方法，其基本思想是，从表的一端开始顺序扫描，依次将表中的节点关键字和给定值进行比较，若两者相等，则查找成功；若扫描结束发现没有与给定值相等的关键字，则查找失败。

上面的算法采用单重循环语句实现，简单明了，但算法效率不高，因为每次都要进行两轮比较，一轮是检测当前下标是否在查找表的有效长度范围内，第二轮是查看当前下标记录的关键字是否等于要找的关键字。

提高效率可以通过设置"前哨站"的办法来实现，即把要找的关键字先送到查找表的尾部。

4.3.2 二分查找

有序表指的是用数组存储节点，且节点按关键字有序的线性表。对于一个有序表我们可以采用顺序查找的方法来查找指定的关键字，但为提高查找效率，通常采用折半查找。

折半查找又称二分查找，它是一种效率较高的查找方法，其基本思想是，设表中的节点按关键字递增有序，首先将待查值 k 和表中间位置上的节点关键字进行比较，若两者相等，则查找成功；否则，若 k 值小，则在表的前半部分中继续进行折半查找，若 k 值大，则在表的后半部分中继续进行折半查找。这样，经过一次关键字比较就缩小一半查找区间，如此进行下去，直到查找到该关键字或查找失败。

【例 4-3】已知 11 个关键字的有序表序列为

02,08,15,23,31,37,42,49,67,83,91

当给定的 k 值为 23 和 89 时，折半查找过程如图 4-26 所示。图中用方括号表示当前的查找区间，用"↑"指向中间位置。

```
[02   08   15   23   31   37   42   49   67   83   91]
                             ↑

[02   08   15   23   31]  37   42   49   67   83   91
             ↑

 02   08   15  [23   31]  37   42   49   67   83   91]
              ↑
```

（a）查找关键字23的过程

```
[02   08   15   23   31   37   42   49   67   83   91]
                             ↑

 02   08   15   23   31   37  [42   49   67   83   91]
                                   ↑

 02   08   15   23   31   37   42   49   67  [83   91]
                                                  ↑

 02   08   15   23   31   37   42   49   67   83  [91]
                                                   ↑
```

（b）查找关键字89的过程

图 4-26 折半查找过程

4.3.3 直接插入排序

直接插入排序（Straight Insertion Sort）算法实质就是将待插入子序列元素逐步插入有序子序列的执行过程。设有一待排序序列 $S=\{r_1,r_2,r_3,\cdots,r_i,\cdots,r_n\}$，其中$\{r_1,r_2,\cdots,r_i\}$（$1\leq i\leq n$）是按照关键字$\{k_1\leq k_2\leq\cdots\leq k_i\}$有序的子序列，序列$\{r_{i+1},\cdots,r_n\}$暂时无序。操作如下：从序列$\{r_{i+1},\cdots,r_n\}$的第一个元素 r_{i+1} 开始取数据元素，每取一个元素就将其插入前面的有序序列，并使插入后的序列有序，直到所有元素插入完成，最后形成的序列将是一个有序序列。

按照上述思想，我们用一个例子来说明直接插入排序的过程。

【例 4-4】已知 10 个待排序的数据元素，其关键字分别为 75,88,68,92,88,62,77,96,80,72，用直接插入排序法对其进行排序。（88 和 88 表示的关键字值是相同的，表示目的是区分在排序过程中其位置的变化过程）

如果一个序列中只有一个元素，显然这个序列是有序的。在例 4-4 中，关键字序列可以分成两个子序列：{75}和{88,68,92,88,62,77,96,80,72}。第一个序列有序，从第二个序列分别取 88，68，92，…插入前面的有序序列。

排序过程如下，括号中为已排序的部分。

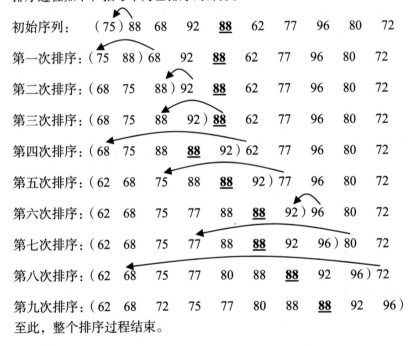

```
初始序列：    （75）88  68   92   88   62   77   96   80   72

第一次排序：（75   88）68   92   88   62   77   96   80   72

第二次排序：（68   75   88）92   88   62   77   96   80   72

第三次排序：（68   75   88   92）88   62   77   96   80   72

第四次排序：（68   75   88   88   92）62   77   96   80   72

第五次排序：（62   68   75   88   88   92）77   96   80   72

第六次排序：（62   68   75   77   88   88   92）96   80   72

第七次排序：（62   68   75   77   88   88   92   96）80   72

第八次排序：（62   68   75   77   80   88   88   92   96）72

第九次排序：（62   68   72   75   77   80   88   88   92   96）
```
至此，整个排序过程结束。

4.3.4 冒泡排序

冒泡排序（Bubble Sort）的算法思想就是不停地比较相邻记录的关键字，如果不满足排序要求，就交换相邻记录，直到所有的记录都已经排好序为止。对于待排序记录 $S=\{r_1,r_2\cdots,r_n\}$，假设待排序记录长为 n，冒泡排序将按照下述步骤进行。

① 比较记录 r_1 与 r_2 的关键字，若 $r_1>r_2$，则将两个记录交换，紧接着比较 r_2 和 r_3 的关键字，依次类推，直至 r_{n-1} 与 r_n 的关键字。这样一趟比较过程中，关键字值较小的记录会逐步前移，关键字值最大的记录会移至最后。

② 由于关键字值最大的记录已经在最后（第 n 位），进行第二趟冒泡排序时仅需将关键字值

次大的记录移动到第 *n*-1 位，方法同①。依次完成第三趟、第四趟……直到所有记录都完成排序。

【例 4-5】已知 10 个待排序的记录，其关键字分别为 75,87,68,92,88,61,77,96,80,72。用冒泡排序法对其进行排序。

排序过程如下，中括号中的元素为本次冒出的元素。

初始序列：75,87,68,92,88,61,77,96,80,72

第一趟：75,68,87,88,61,77,92,80,72,[96]

第二趟：68,75,87,61,77,88,80,72,[92],96

第三趟：68,75,61,77,87,80,72,[88],92,96

第四趟：68,61,75,77,80,72,[87],88,92,96

第五趟：61,68,75,77,72,[80],87,88,92,96

第六趟：61,68,75,72,[77],80,87,88,92,96

第七趟：61,68,72,[75],77,80,87,88,92,96

第八趟：61,68,[72],75,77,80,87,88,92,96

第九趟：61,[68],72,75,77,80,87,88,92,96

[61],68,72,75,77,80,87,88,92,96

至此，待排序序列变为有序序列：61,68,72,75,77,80,87,88,92,96。过程如图 4-27 所示，其中 *i* 和 *j* 为循环控制变量。

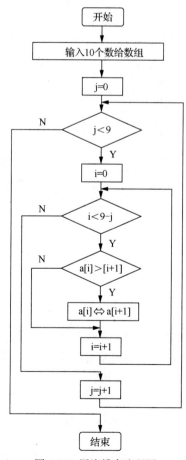

图 4-27　冒泡排序流程图

本章小结

　　算法是程序设计课程中最重要的概念。用程序解决问题前，必须设计切实可行的算法。程序就是求解过程中按指定的次序执行一系列操作的步骤，用这些操作和执行次序解决问题的过程称为算法。广义的算法应该定义为：为解决一个问题而采取的方法和步骤。

　　算法的表示方法如下。

　　① 用自然语言表示算法。

　　② 用流程图表示算法。

　　③ 用伪代码表示算法。

　　④ 用计算机语言表示算法。

　　本章主要阐述计算机程序基本概念、计算机程序设计语言历史、算法和算法描述语言，通过现实案例简单说明计算机程序设计常用数据结构（线性结构、树结构、图结构）和一些常用的算法（顺序查找、二分查找、直接插入排序、冒泡排序）。

习　　题

一、选择题

1. _____不是算法的基本特征。
   A. 可行性　　　　　　B. 长度有限　　　　C. 在规定的时间内完成　　D. 确定性

2. 下列关于算法的说法，正确的是_____。
   A. 算法最终必须由计算机程序实现
   B. 算法的可行性是指指令不能有二义性
   C. 为解决某问题的算法与为该问题编写的程序含义是相同的
   D. 程序一定是算法

3. 线性表是_____。
   A. 一个有限序列，可以为空　　　　　　B. 一个有限序列，不能为空
   C. 一个无限序列，可以为空　　　　　　D. 一个无序序列，不能为空

4. 线性表采用链式存储时，其各元素存储地址_____。
   A. 必须是连续的　　　　　　　　　　　B. 部分地址必须是连续的
   C. 一定是不连续的　　　　　　　　　　D. 连续与否均可以

5. 下面关于二叉树的结论正确的是_____。
   A. 二叉树中，度为 0 的节点个数等于度为 2 的节点个数加 1
   B. 二叉树中节点个数必大于 0
   C. 完全二叉树中，任何一个节点的度，或者为 0，或者为 2
   D. 二叉树的度是 2

6. 设无向图的顶点个数为 n，则该图最多有_____条边。
   A. $n-1$　　　　　　B. $n(n-1)/2$　　　　C. $n(n+1)/2$
   D. 0　　　　　　　　E. n^2

7. 具有 7 个顶点的有向图至少应有＿＿＿＿＿＿＿＿＿条边才能确保是一个强连通图。

    A. 6   B. 7   C. 8   D. 9

8. 栈和队列的共同点是＿＿＿＿＿＿＿＿＿。

    A. 都是先进先出   B. 都是先进后出

    C. 只允许在端点处插入和删除元素   D. 没有共同点

9. 根据数据元素之间关系的不同特性，以下解释错误的是＿＿＿＿＿＿＿＿＿。

    A. 集合中任何两个节点之间都有逻辑关系但组织形式松散

    B. 线性结构中节点形成 1 对 1 的关系

    C. 树结构具有分支、层次特性，其形态有点像自然界中的树

    D. 图结构中的各个节点按逻辑关系互相缠绕，任何两个节点都建立连接

10. 若一个栈的输入序列为 $1,2,3,\cdots,n$，输出序列的第一个元素是 n，则第 i 个输出元素是＿＿＿＿＿＿＿＿＿。

    A. $n-i-1$ B. $n-i$ C. $n-i+1$ D. 不确定

11. 在一个无向图中，所有顶点的度数之和等于所有边数的＿＿＿＿＿＿＿＿＿倍。

    A. 1/2   B. 2   C. 1   D. 4

二、判断题（正确用√标记，错误用×标记）

1. 算法的优劣与算法描述语言无关，但与所用计算机有关。（　　　）

2. 程序一定是算法。（　　　）

3. 顺序存储的线性表可以按序号随机存取。（　　　）

4. 将一棵树转换成二叉树后，根节点没有右子树。（　　　）

5. 在 n 个节点的无向图中，若边数大于 $n-1$，则该图必是连通图。（　　　）

6. 进行折半查找的表必须是顺序存储的有序表。（　　　）

7. 有序的线性表无论如何存储，都能采用折半查找。（　　　）

三、算法设计题（给出解决问题的中文算法或流程图）

1. 输入一个 0～100 的整数，若该数是偶数且是 5 的倍数，则输出"Y"，否则输出"N"。

2. 判断 2008 年是否闰年。

3. 把 a,b,c 三个数从小到大排序。

4. 把一个大写字母变为小写字母。

5. 写出 5,10,23,8,12,4 的冒泡排序过程（由小到大）。

6. （中国古典算术问题）某工地需要搬运砖块，已知男人一人搬 3 块，女人一人搬 2 块，小孩两人搬 1 块。用 45 人正好搬 45 块砖，男人、女人和小孩各多少人？

第 5 章　计算机操作系统

教学目标
➤ 从操作系统的定义、作用、类型及其发展过程等角度，了解操作系统是什么。
➤ 从操作系统的具体功能角度，理解操作系统做什么、怎么做。
➤ 掌握操作系统常用的操作方法及其工具应用。
➤ 熟知国产操作系统现状及进展，为发展壮大自主知识产权操作系统奠定思想基础。

知识要点
　　本章主要对操作系统的概念、作用、类型、发展历史及趋势进行介绍，在操作系统的常用操作及其应用中引入计算思维，引导学生利用计算思维去了解操作系统的工作原理，掌握其应用方法。

课前引思
　　● 操作系统是什么？要了解操作系统是什么，就要了解整个计算机系统的工作流程。试想，你打开计算机运行一个程序，转而又想听首歌，一边又要查询消息，或是想为你的计算机系统增加新的部件，你可以迅速地通过桌面操作完成这些任务，你的每一次操作及切换都是那么顺利而理所当然，此时的你有没有想过，是谁在帮助你，将你的需求告诉计算机硬件，同时将硬件分配给你，切换并完成你的任务？是操作系统！它常被我们忽略，却不可或缺。
　　● 没有安装操作系统的计算机叫作**裸机**，用户几乎无法用它来完成任何实际任务。对绝大多数计算机用户来说，操作系统是他们接触最早、最多的软件，因为用户使用计算机是通过操作系统进行的。因此，熟悉操作系统的大致原理，对帮助读者进一步掌握计算机的应用技术是非常必要的。

5.1　操作系统概述

　　操作系统是计算机系统中最重要和庞大的系统软件，它的主要作用是管理、控制计算机软件与硬件资源，合理组织计算机工作流程，充分提高计算机的工作效率，为用户提供良好的工作环境和友好的操作界面。

5.1.1　操作系统的定义

　　操作系统是系统软件，是软件系统的主要组成部分，它管理着整个硬件系统及所有其他软件，如处理器、存储器、外设、文件、网络等，从这个角度看，它是一个大管家；

5-1　操作系统概述

同时，它负责计算机各部分之间的协调，如处理器时间分配、内存分配回收等，旨在为用户提供非常友好的服务，所以说它也是个很好的服务员。

市面上常见的操作系统包括 Windows、UNIX、Linux、DOS、macOS 等。国产操作系统也有很多，如 Deepin OS、安超 OS（国产通用型云操作系统）、优麒麟（Ubuntu Kylin）、起点操作系统（StartOS）、一铭操作系统、AliOS（阿里云系统）以及华为最新发布的鸿蒙 OS 等。

1. 从计算机系统层次结构上理解

从计算机系统层次结构上看，操作系统是在计算机硬件层之上的第一层软件，其他任何软件只有通过操作系统才能对硬件进行操作。

计算机系统由硬件和软件两大部分构成，按功能再进一步细分，可分为 7 层，如图 5-1 所示。

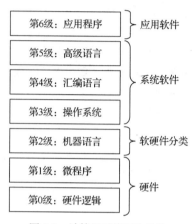

图 5-1　计算机系统层次结构

将计算机系统按功能划分为多级层次，有利于正确理解计算机系统的工作过程，明确软件、硬件在计算机系统中的地位和作用。

2. 从用户角度上理解

站在用户角度理解，操作系统是计算机系统的窗口和界面。用户面对的是一个人性化的虚拟计算机平台，通过这个平台就可以操作计算机。而在计算机系统内部，操作系统面对的却是极其复杂的物理计算机。即便用户执行的是一个简单的文件复制操作，对操作系统而言，也要进行一系列复杂的运算和操作（要算出文件存放的地址、长度，找到文件在磁盘中的位置，执行复制操作）。从这个意义上讲，操作系统是对任何用户都非常友好的虚拟计算机平台。

概括地说，操作系统就是控制和管理计算机硬件和软件资源，合理组织计算机工作流程以及方便用户操作的程序集合。

5.1.2　操作系统的作用

操作系统就像一个交通指挥中心，它对各类交通资源了如指掌，同时负责各个路线的交通调度，处理因调度引起的突发事件，使交通畅通、快捷。它负责调度、分配和管理计算机系统中所有的硬件设备和软件资源，使它们合作运行，以满足用户的需求。操作系统的主要作用体现在以下几个方面。

1. 管理计算机软件资源与硬件资源

操作系统要合理地组织计算机的工作流程，使软件和硬件之间、用户和计算机之间、系统软件和应用软件之间的信息传输和处理流程准确畅通。操作系统可以管理整台计算机的硬件，它可以控制 CPU 进行正确的运算，可以分辨硬盘里的数据并进行读取，它还必须能够识别所有的适配卡，这样才能正确地使用所有的硬件。所以，如果没有操作系统，计算机运行举步维艰。比较完整的操作系统应该包含两个组件，一个是"核心及其提供的接口工具"，另一个是"利用核心提供的接口工具所开发的软件"。我们以常用的安装 Windows 操作系统的计算机为例进行说明。我们都使用过 Windows 里的资源管理器，打开资源管理器，它会显示硬盘中的数据，显示硬盘里面的数据就是"核心"做的事情，但是，指示"核心"去显示硬盘哪一个目录下的数据，则是由资源管理器实现的。

从定义来看，只要能让计算机硬件正确地运行，就算是操作系统了。所以，操作系统其实就是"核心"与其提供的接口工具。如上所述，因为最基本的"核心"缺乏与用户沟通的友好界面，所以，一般提到的操作系统，都会包含"核心"及与之相关的工具软件。

2. 让用户方便使用计算机资源

操作系统通过各种不同的操作方式（字符界面方式、系统调用方式、图形窗口方式）为用户提供友好、便捷的操作环境和操作界面，供不同类型用户方便地使用计算机。具有网络管理、服务和资源管理功能的操作系统，为用户使用分布在不同地理位置的计算机资源提供方便的应用界面（或接口），实现信息交换和资源的共享。

5.1.3　操作系统的发展过程

1. 人工管理阶段

早期的计算机并没有配置操作系统，计算机的功能主要靠硬件装置来实现，几乎没有外部设备。而软件只使用机器语言，系统只能运行简单的应用程序。

从 1946 年第一台通用计算机诞生到 20 世纪 50 年代中期，操作系统还未出现，计算机工作采用手工操作方式。程序员将存储程序和数据的纸带或卡片（纸带和卡片采用穿孔的方式存储信息）装入输入机，然后启动输入机把程序和数据输入计算机内存，接着通过控制台开关启动程序针对数据运行；计算完毕，打印机输出计算结果；用户取走结果并卸下纸带或卡片后，才让下一个用户上机。手工操作方式有两个特点。

① 用户独占全机。用户程序一旦运行，不会出现因资源已被其他用户占用而等待的现象，但资源的利用率低。

② CPU 等待手工操作。CPU 的利用不充分。

20 世纪 50 年代后期，低速手工操作和高速计算机运行之间形成了尖锐矛盾，手工操作方式严重降低了系统资源的利用率（使资源利用率降为百分之几，甚至更低），于是出现了摆脱手工操作、实现作业自动推进的批处理系统。

2. 单道批处理系统

为解决上述矛盾，提高资源利用率，人们很自然地想到让计算机保持不间断工作、减少人工干预，于是产生了把"零散的单一程序处理"变为"集中的成批程序处理"的处理方式，单道批处理系统由此诞生。

批处理系统是加载在计算机上的一个系统软件，在它的控制下，计算机能够自动地、成批地处理一个或多个用户的作业（包括程序、数据和作业控制命令）。

3. 多道批处理系统

20 世纪 60 年代中期，前述的单道批处理系统引入多道程序设计技术后形成多道批处理系统（简称批处理系统）。它有两个特点，分别是多道与成批。

批处理系统追求的目标是提高系统资源利用率和系统吞吐量，以及实现作业流程的自动化。

批处理系统的缺点是不提供人机交互功能，给用户使用计算机带来不便。

4. 分时系统

随着 CPU 速度不断提高和采用分时技术，一台计算机可同时连接多个用户终端，而每个用户可在自己的终端上联机使用计算机，好像自己独占机器一样。分时系统如图 5-2 所示。

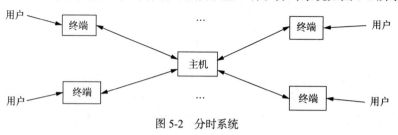

图 5-2　分时系统

分时技术：把处理机（工作主机）的运行时间分成若干个很短的时间片，按时间片轮流把处理机分配给各联机作业使用。

若某个作业在分配给它的时间片内不能完成其计算，则该作业在时间片结束后，暂时中断，把处理机让给下一作业使用，等待下一轮获得处理机的时间片时，再继续运行。由于计算机速度很快，作业运行轮转得也很快，给每个用户的印象是他独占了一台计算机。而每个用户可以通过自己的终端向系统发出各种操作控制命令，在充分的人机交互情况下，完成作业的运行。

具有上述特征的计算机系统称为分时系统，它允许多个用户同时联机使用计算机。

分时系统具有多路性、交互性、独立性、及时性等特点。其主要目标是对用户响应的及时性，即不至于使用户等待每一个命令的处理时间过长。

分时系统是当今计算机操作系统中使用最普遍的一类操作系统。

5. 实时系统

多道批处理系统和分时系统虽然有比较令人满意的资源利用率和系统响应时间，但却不能满足实时控制与实时信息处理应用领域的需求，于是就产生了实时系统，即系统能够及时响应随机发生的外部事件，并在严格的时间范围内完成对该事件的处理。

实时系统可分成两类。

① 实时控制系统。例如，飞机导航、导弹发射的自动制导等要求计算机能尽快处理测量系统测得的数据，及时地对飞机或导弹进行控制，或将有关信息通过显示终端提供给决策人员。轧钢、石化等工业生产过程控制也要求计算机能及时处理由各类传感器送来的数据，然后控制相应的执行机构。

② 实时信息处理系统。例如，预订飞机票、查询航班、情报检索等都要求计算机能对终端设备发来的服务请求予以及时、正确的回答。但此类应用对计算机系统响应及时性的要求稍弱于实时控制系统。

5.1.4　操作系统的类型

1. 按适用面分类

① 专用操作系统：为特定应用目的或特定机器环境而配备的操作系统，包括一些具有操作系统特点的监控程序，如用于数控机床的工控机操作系统。

② 通用操作系统：为通用计算机配备的、能为各种计算机用户提供服务的系统。通常提到的操作系统均指通用操作系统，如 UNIX、Windows XP 等。

③ 嵌入式操作系统：运行在嵌入式操作系统环境中，对各种部件装置等资源进行统一调度、

指挥和控制的操作系统。嵌入式操作系统除了具有通用操作系统的基本特性和功能外，还具有管理所嵌入设备和环境资源的功能。嵌入式操作系统应用范围非常广泛，如制造工业、过程控制、通信、仪器、仪表、汽车、船舶、航空、航天、军事装备、消费类产品等。例如，wePOS 是微软公司为支持零售行业应用而设计的一个嵌入式操作系统，它具有即插即用功能，完全兼容 Windows 平台下的各种应用。

2. 按任务处理方式分类

① 交互式操作系统：能为用户提供交互操作支持的操作系统。目前，一般通用操作系统都兼有交互式操作系统的功能，如 UNIX、MS-DOS、Linux 等。

② 批处理操作系统：以成批处理用户程序为特征的操作系统。它是相对交互式操作系统而言的。在批处理方式下，用户在一个批次处理完毕后才能调试程序中可能存在的问题，或获得计算的结果。批处理着眼于提高计算机系统效率，而交互式则着眼于方便用户的使用。

3. 按用户数量分类

① 单用户操作系统：单用户操作系统的基本特征是一台处理机只能支持一个用户程序的运行，系统的全部资源都提供给该用户使用。过去，多数微机上运行的操作系统都属于单用户操作系统。例如，MS-DOS 就是一个典型的单用户操作系统。

② 多用户操作系统：能同时为多个用户服务的操作系统，如 UNIX。

4. 按硬件环境和控制方式分类

① 集中式操作系统：主要指 IBM、HP 等小型机以上档次的系统，一台主机带多个终端。终端没有数据处理能力，运算全部在主机上进行。现在的银行系统大部分都采用这种集中式操作系统，此外，大型企业、科研单位、军队、政府等也采用集中式操作系统。

② 分布式操作系统：指通过网络将多台计算机连接在一起，以获取极高的运算能力、广泛的数据共享以及实现分散资源管理等功能为目的的一种操作系统。

5.1.5　常用的操作系统

5-2　常用操作系统简介

1. MS-DOS

MS-DOS 是磁盘操作系统（Microsoft Disk Operating System）的缩写（简称 DOS），它是美国微软公司为 16 位字长计算机开发的单用户、单任务的个人计算机操作系统。

1981 年，微软的 MS-DOS 1.0 与 IBM 的 PC 面世，这是第一个实际应用的 16 位操作系统。微型计算机进入一个新的纪元。1987 年，微软发布 MS-DOS 3.3，这是非常成熟可靠的 DOS 版本，微软由此取得个人操作系统的霸主地位。从 1981 年问世至今，DOS 经历了 8 次大的版本升级，从 MS DOS 1.0 到现在的 MS DOS 8.0，不断地改进和完善。但是，DOS 的单用户、单任务、字符界面和 16 位的大格局没有变化，因此它对内存的管理也局限在 640KB 的范围内。到 2000 年，微软主推 Windows，而放弃了 DOS。

2. Windows

Windows 是微软公司继成功开发了 MS-DOS 之后，为高档 PC（32 位，64 位）开发的另一个计算机操作系统，它改变了 MS-DOS 字符命令行的操作方式，用户通过鼠标即可实现对计算机的各种复杂操作。从微软 1985 年推出 Windows 1.0 以来，Windows 系统从最初运行在 DOS 下的 Windows 3.x，到现在风靡全球的 Windows 9x/Me/2000/NT/XP/ Vista/7/8.1/10，几乎成为了操作系统的代名词。

Windows 10 是微软公司研发的新一代跨平台及设备的操作系统，也可能是微软发布的最后一个 Windows 版本，下一代 Windows 将以 Update 形式出现。Windows 10 从诞生之日起就备受争议，免费升级让它获得了大量的用户，但其系统安全性一再受到质疑。

3. UNIX

UNIX 是通用、交互式、多用户、多任务的操作系统，强大的功能和优良的性能使之成为业界公认的工业化标准的操作系统。UNIX 也是目前唯一能在各种类型计算机（微型计算机、工作站、小型机、巨型计算机及群集、SMP、MPP）硬件平台上稳定运行的全系列通用操作系统。1969年，美国 AT&T 公司贝尔实验室的汤普森（KenThompson）、里奇（Dennis Ritchie）和麦克罗伊（Douglas McIlroy）为实现"方便的交互式计算服务环境"，在 PDP-7 小型机上开发出 UNIX，这通常被业界认为是 UNIX 的起源阶段。1980年，微软公司提出了 Xenix.32V，这也是基于 X86 微型机开发的 UNIX 系统，版本号定为 Xenix。1982 年 AT&T 公司正式向商业领域发布了一款测试版 UNIX，名叫 System III。1984年，由加州大学伯克利分校开发的 UNIX 4.2 BSD 在 VAX 机上成功运行，该版本提供了 TCP/IP 支持。而在 1989 年，UNIX SVR4 的发布统一了 Systrm V、BSD 和 Xenix。其后，经过不断发展和改进，诞生出多个版本的 UNIX。目前 UNIX 的商标权由国际开放标准组织所拥有，只有符合单一 UNIX 规范的 UNIX 系统才能使用 UNIX 这个名称，否则只能称为类 UNIX（UNIX-like）。

4. Linux

1991 年年底，托瓦兹（Linus Torvalds）首次在 Internet 上发布了基于 Intel 386 体系结构的 Linux 源代码，奇迹自此发生。由于 Linux 具有结构清晰、功能简捷等特点，许多大专院校的学生和科研机构的研究人员把它当作学习和研究的对象。他们在更正原有 Linux 版本中错误的同时，也不断地为 Linux 增加新的功能。从 1991 年 Linux v0.01 发行以来，相继出现了 Linux 0.99/1.0/2.0 等版本，在众多热心者的努力下，Linux 逐渐成为一个稳定可靠、功能完善的操作系统。Linux 的源头要追溯到最古老的 UNIX，其思想源于 UNIX。Linux 和 UNIX 的最大的区别是，前者是开放源代码的自由软件，而后者是对源代码实行知识产权保护的传统商业软件。

5. 国产操作系统概况

从 20 世纪 70 年代开始，我国科技工作者就积极参与操作系统的研发，并逐渐形成了一批以 Linux 内核为基础的国产操作系统。随着国产芯片的诞生和发展，国产操作系统又得到了长足的发展。如今，自主知识产权操作系统的研发和推广到了不得不为的地步。新一代大学生是祖国科技进步的生力军，承载着科技及民族的未来，要清楚地知道自主知识产权对于操作系统未来的重要性及迫切性，不断了解、学习、发展、创新，以满腔热忱和不懈努力为祖国的科技建设添砖加瓦。

操作系统的推行不但受技术水平的影响，也受到生态环境的严重制约，目前流行的操作系统主要有 Android、BSD、IOS、Linux、Mac OSX、Windows、Windows Phone 和 z/OS 等，除了 Windows 和 z/OS 等少数操作系统，大部分操作系统都为类 UNIX 操作系统，但我们相信未来的操作系统舞台上必然有中国的一席之地。

5.2 操作系统功能概述

操作系统是管理计算机资源、控制其程序运行并为用户提供交互操作界面的系统软件。它是计算机系统的关键组成部分，负责管理与配置内存、决定系统资源供需的优先次序、控制输入与输出设备、操作网络与管理文件系统等基本任务。操作系统的种类很多，从手机的嵌入式操作系统到超级计算机的大型操作系统，不一而足。

5-3 操作系统功能

5.2.1 进程管理

1. 程序

程序是为实现特定目标或解决特定问题而用计算机语言编写的命令序列的集合，即为实现预期目的而进行操作的一系列语句和指令，一般分为系统程序和应用程序两大类。

作业是指一次应用业务处理过程中，从输入开始到输出结束，用户要求计算机所做的有关该次任务处理的全部工作。它由 3 部分组成：程序、数据和作业说明书。作业是程序被选中到运行结束并再次成为程序的整个过程。显然，所有作业都是程序，但不是所有程序都是作业。

2. 进程概念

进程是操作系统结构的基础，是一个正在执行的程序，是计算机中正在运行的程序实例，是可以分配给处理机并由处理机执行的一个实体，是由单一顺序的执行显示、一个当前状态和一组相关的系统资源所描述的活动单元。Windows 操作系统进程表如图 5-3 所示。同样，所有的进程都是作业，但不是所有的作业都是进程。

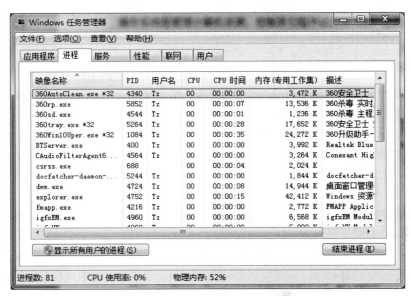

图 5-3 Windows 操作系统进程表

3. 进程的状态

进程是一个活动的实体，有一定的生命周期，在其生命周期内会体现出不同的状态。不同操作系统对进程状态的设置各不相同，但一般进程都具有以下 3 种基本状态。进程状态转换如图 5-4 所示。

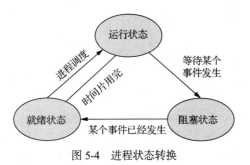

图 5-4 进程状态转换

（1）就绪状态

进程已获得除处理机外的所有资源，等待分配处理机资源；只要获得了处理机，进程就可执行。可以说就绪（Ready）状态就是"万事俱备，只欠 CPU"了。就绪进程可以按多个优先级来划分队列。例如，一个进程由于时间片用完而进入就绪状态时，排入低优先级队列；进程由 I/O 操作完成而进入就绪状态时，排入高优先级队列。

（2）运行状态

进程占用处理机资源为运行（Running）状态，处于此状态的进程的数目小于等于处理机的数目。在没有其他进程可以执行时（如所有进程都在阻塞状态），通常会自动执行系统的空闲进程。

（3）阻塞状态

进程等待某种条件（如 I/O 操作或进程同步），在条件满足之前无法继续执行，称为阻塞（Blocked）状态。条件满足前即使把处理机分配给该进程，进程也无法执行。

外存中的程序被操作系统选择后就成为作业，并被"保持"着等待载入内存执行。这个程序被操作系统调入内存时就进入"就绪"状态，等待分配一个时间片（多任务系统将 CPU 执行时间划分成时间片分配给各个作业）。获取时间片后，作业被 CPU 执行就成为了进程。

4．进程与程序的区别

程序是静止的，而进程是动态的。进程包括程序和程序处理的对象（数据集）。进程能得到程序处理的结果。进程和程序并非一一对应的。一个程序运行在不同的数据集上就构成了不同的进程。通常把进程分为系统进程和用户进程两大类，把完成操作系统功能的进程称为系统进程。系统通过对进程的控制和调度来完成其管理和服务功能。

程序分为 3 个可独立执行的程序模块：输入程序、处理程序、输出程序。一个程序在某个数据集上的执行称为进程。每个进程都包含程序、数据集和进程控制 3 个组成部分。

5.2.2 内存管理

1．内存管理的概念

内存管理是指软件运行时对计算机内存资源的分配和使用。其最主要的目的是高效、快速地分配，并在适当的时候释放和回收内存资源。一个执行中的程序，如网页浏览器在个人计算机或是图灵机（Turing Machine）里，相应的进程将数据在现实世界及计算机内存之间转换，然后将数据存储于计算机内存。一个程序结构包括以下 2 部分："代码区段"，也就是存放指令的一段内存区域，提供 CPU 使用及执行；"数据区段"，存放程序本身设定的数据，如常数、字符串等。

2．内存管理的方法

常用的存储管理方法有单一连续区分配法、多连续区分配法、分页分配法、分段分配法、段页式分配法、请求段页式分配法等。MS-DOS 采用的是单一连续区和多连续区相结合的分配法，Windows 操作系统采用虚拟内存管理和交换文件相结合的方法管理内存（为用户提供的最大内存使用空间是 4GB），UNIX 操作系统使用的是分段分配法。

3．虚拟存储器

虚拟存储技术是解决在"小内存中求解大问题"的存储管理技术。虚拟存储器是通过交换功能，在逻辑上对内存空间加以扩充的一种存储系统。虚拟存储技术把内存与外存有机地结合起来使用，从而得到一个容量很大的"内存"，这称为虚拟存储。可以说，存储网络平台的综合性能的优劣，将直接影响整个系统的正常运行。用户可在逻辑地址空间内编程，而不考虑实际内存的大小。多道程序系统为每个用户的每个进程都建立一个虚拟存储器环境。虚拟存储技术是在硬件和软件的共同支持下实现的。硬件负责虚、实地址的转换，软件负责实存（内存）和虚存（外存）

之间的信息调度管理。

程序在虚拟存储器环境中运行时,并不是一次把全部程序装入内存,而是只将那些当前要运行的程序段装入内存,其余部分留在外存中。程序执行过程中,若所要访问程序段尚未装入内存,则向 OS 发出请求,将它们调入内存。如果此时内存已满,无法再装入新的程序段,则请求 OS 的置换功能,将内存中暂时不用的程序段置换到外存去,腾出足够大的内存空间,用于装入要运行的程序段。一个虚拟存储器的最大容量是由计算机系统的地址结构所确定的,即由地址长度所确定。

5.2.3 设备管理

1. 设备管理的概念

设备管理的任务就是负责控制和操纵所有 I/O 设备,实现不同类型的 I/O 设备之间、I/O 设备与 CPU 之间、I/O 设备与通道和 I/O 设备与控制器之间的数据传输,使它们能协调地工作,为用户提供高效、便捷的 I/O 操作服务。

2. 设备管理(I/O)的控制方式

随着计算机技术的发展,I/O 控制方式也在变化,经历了程序查询方式、中断驱动方式、DMA 控制方式和通道控制方式。

(1)程序查询方式

在程序查询方式中,由于 CPU 的速度远远高于 I/O 设备,因此 CPU 绝大部分时间都处于等待 I/O 设备操作完成的循环测试之中,造成了 CPU 的极大浪费。程序查询方式由于管理简单,常被应用于要求简单的设备处理中。

(2)中断驱动方式

在现代计算机系统中,对 I/O 设备的控制广泛地采用中断驱动(Interrupt-Driven)方式,需数据的进程由 CPU 发出指令启动 I/O 设备输入数据,此时该进程放弃处理机,等待输入完成。输入完成后,I/O 控制器向 CPU 发出中断请求,CPU 收到后,转向中断服务程序。中断服务程序将输入寄存器中的数据送指定内存单元,并将原进程唤醒,继续执行。此后,该进程再次被调度,从内存单元取出数据进行处理。该方式减少了 CPU 忙等时间,提高了其利用率。

(3)DMA 控制方式

DMA(Direct Memory Access,直接内存存取)作为一项有效的技术被现代计算机广泛采用,它允许不同速度的硬件装置相互通信,而不需要 CPU 的大量中断。需数据的进程由 CPU 发出指令,向 DMA 控制器写入数据存放的内存始址、传送的字节数,并置中断位和启动位,启动 I/O 设备输入数据并允许中断。此时该进程放弃处理机等待输入完成,处理机被其他进程占据。DMA 控制器窃取 CPU 周期,将一批数据写入内存。DMA 控制器传送完数据后向 CPU 发出中断请求,CPU 响应后转向中断服务程序唤醒进程,并返回被中断程序。此后该进程再被调度,从内存单元取出数据进行处理。该方式仅当输完一个数据块时,才需 CPU 花费极短的时间去进行中断处理,从而大大地提高了整个系统的资源利用率及吞吐量,特别是 CPU 的利用率。DMA 工作图如图 5-5 所示。

(4)通道控制方式

由于 DMA 每次只能执行一条 I/O 指令,不能满足复杂的 I/O 操作要求,因此在大、中型计算机系统中,普遍采用专用的 I/O 处理机通道来接受 CPU 的委托,与

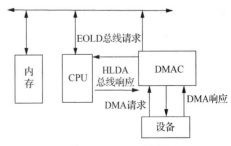

图 5-5 DMA 工作图

CPU 并行，独立执行自己的通道程序来实现 I/O 设备与内存之间的信息交换，这就是通道技术。通道技术可以进一步减少 CPU 的干预，即把对以一个数据块为单位的读（或写）的干预，减少到对以一组数据块为单位的读（或写）的控制和管理的干预。这样可实现 CPU、通道和 I/O 设备三者并行工作，从而更有效地提高整个系统的资源利用率和运行速度。

3. 设备管理程序

（1）设备分配程序

在多道程序环境下，用户是不能自行使用任何 I/O 设备的，用户能够做到的只是发出某一类 I/O 设备的操作请求，而具体 I/O 操作的实现则是由设备管理程序来完成的。在进程发出 I/O 操作申请后，设备分配程序按照一定的分配策略，把用户指定的设备分配给该进程。为了实现设备与 CPU 之间的通信，还要分配相应的控制器和通道。这些操作控制都是借助于设备管理数据表来实现的。

（2）设备处理程序

设备处理程序包括设备驱动程序和 I/O 中断处理程序。它的主要任务是直接控制设备完成实际 I/O 操作，当在 I/O 操作过程中遇到中断请求时（如设备出现故障时），负责中断处理。

设备处理程序在控制设备完成 I/O 操作过程中，还要完成一系列准备工作：设备初始化，使设备、控制器以及通道处于正常准备工作状态；检查用户 I/O 请求的合法性；了解 I/O 设备状态，传递有关参数；设置设备工作方式，组织 I/O 缓冲队列，等等。在执行 I/O 操作过程中，设备处理程序还要及时响应由控制器或通道发来的中断请求，并根据其中断类型调用相应的中断处理程序进行处理。

5.2.4 文件管理

1. 文件与文件系统

（1）文件

这里讲述的"文件"不同于办公室中的文件。它是以外存（如计算机硬盘）为载体存储在计算机里的信息集合。文件的范围很广，可以是文本文档、图片、程序等，总之计算机中所有信息都是以文件的形式存放的。通常文件都是按文件名存取的，如"一份论述文件""学生学习成绩数据表文件""录音文件""校运会开幕式实况剪辑纪录片文件"等。在 Linux 系统中，设备也可以看作被赋予了文件名的特殊文件。

（2）文件系统

文件系统是操作系统中负责管理和存储文件信息的软件集合，也指用于存储文件的磁盘、分区，或文件系统种类。文件系统由 3 部分组成：与文件管理有关的软件、被管理文件以及实施文件管理所需的数据结构。从系统角度来看，文件系统是对文件存储空间进行组织和分配、负责文件存储并对存入的文件进行保护和检索的系统。具体地说，它负责对用户文件的建立、存入、读出、修改、转储等过程的操作，同时对文件实施存取保护。

文件系统具有以下特点。

① 使用简单便捷。用户在使用文件时，无须考虑所使用的文件存放在哪台存储设备、什么位置，只要给出确定的操作命令和正确的文件名（包括文件路径），文件系统就能自动实现对文件的操作。

② 信息安全可靠。文件系统通过设置各种保护措施来实现对文件的安全操作，通过对文件设置各种特征信息达到对文件信息的保护，通过对使用文件的用户设置各种不同类型的操作权限（如"隐藏""只读""修改""执行"等）限制用户对文件的操作方式，达到对文件信息的保护。

③ 实现信息共享。文件系统通过提供文件共享机制，即通过文件并发控制机制，使一个文件可以同时为多个用户使用。例如，教师在网站上提供一份教学大纲，可供 N 个学生同时下载共享。

2. 文件分类

由于不同系统对文件的管理方式不同，因而对文件的分类方法也有很大差异。下面介绍几种常用的文件分类方法。

（1）按用途分类

系统文件：由系统软件（包括系统数据）构成的文件。用户只能按照系统授予的操作权限访问系统文件。

用户文件：用户委托文件系统保存的文件，用户对其拥有一切操作权限。

库文件：系统提供给用户使用的各种标准过程、函数和应用程序等文件。

（2）按操作权限分类

只读文件：只允许读取文件内容，但不能对文件进行改写。

读写文件：对其既能读，又能写的文件。

执行文件：可以运行，但不允许进行读/写操作的文件。

不保护文件：不加任何操作限制的文件。

3. 文件的控制方法

文件系统中存放着众多文件，如何对文件进行保护，使其免受无意或恶意的破坏？一个文件如何为多用户共享？这些都涉及对访问文件的用户如何进行有效控制的问题。

文件共享是指主动地在网络上（互联网或小的网络）共享自己的计算机文件。大多数参加文件共享的人也同时下载其他用户提供的共享文件，有时这两个行为是连在一起的。无论是早期的文件共享方法还是现代文件共享方法，都是实现一个文件副本被多用户共享的技术和方法。不同的是，共享的范围不断扩大，从单机系统、多机系统、局域网系统，到现在的互联网范围中的文件共享。

文件保护实际上有两层含义：文件保护和文件保密。文件保护是指避免因有意或无意的误操作使文件受到破坏；文件保密是指未经授权不能访问文件。这两个问题涉及文件访问权限控制。

4. 文件管理机制

在现代操作系统中，为了实现对文件的有效管理，要对它们进行合理有效的组织。树形文件目录结构是最常用的一种文件组织形式。目录结构的作用与图书中目录的作用完全相同，即可以实现快速查找。同时，文件管理机制还应具有按名存取、快速检索、文件共享以及允许文件重名等功能。为此，文件系统的管理机制中设置有文件目录表、文件块分配表、文件目录等文件管理结构。

5.2.5 用户接口

1. 用户接口的概念

随着操作系统功能的不断扩充和完善，用户接口更加友好。目前，人机之间的用户接口有两种主要类型：直接用户接口，通过交互方式的用户界面进行人机对话；间接用户接口，通过批作业或程序的方式完成人机交流。

2. 系统调用

在计算机系统中，用户不能直接管理系统资源，所有资源的管理都是由操作系统统一负责的。但是，这并不是说用户不能使用系统资源，实际上用户可以通过系统调用的方式使用系统资源。

这种对系统资源的使用方式被称为系统调用，应用编程接口（Application Programming Interface，API）即是系统调用的一种应用。目前的操作系统都提供了功能丰富的系统调用功能。不同操作系统所提供的系统调用功能有所不同。

3. 用户接口的分类

（1）命令界面

命令界面为用户提供的是以命令行方式进行对话的界面，如 MS-DOS 命令界面。用户通过在终端上输入简短、有隐含意义的命令行，实现对计算机的操作。这种方式对熟练用户而言操作简捷，可节省大量时间，但对初学者来说很难掌握。

（2）菜单界面

菜单界面为用户提供一系列可用的选项，用户通过快捷键方式输入字母或数字选择指定项，或是通过单（双）击鼠标的方式来选择指定的选项。这种方式操作简单，但遇到复杂的多级列表选择可能会很费时间。

（3）图形用户界面

图形用户界面（Graphical User Interface，GUI）也称为面向对象的界面，以窗口、图标、菜单和对话框的方式为用户提供操作界面，如 Apple Macintosh 系统和 Microsoft Windows 系统。用户通过单击鼠标的方式进行相关操作。这种方式易于理解、学习和使用。然而，与命令方式相比，图形用户界面消耗了大量 CPU 时间和系统存储空间。

（4）专家系统界面

专家系统界面也称语音激活界面，它可以通过识别自然语言进行操作。这种方式的关键元素包括语音识别、语音数据输入和语音信息的输出。自然语言处理需要有大内存和高速 CPU 的强大计算机系统支持。显然，专家系统界面是未来用户接口技术发展的方向。

（5）网络形式界面

网络形式界面是随 Internet 的普及应用应运而生的界面形式。它采用基于 Web 的规范格式，对于有上网浏览经历的用户来说，这种操作无须任何培训。

5.3 操作系统基本操作

5-4 Windows7
常用操作

5.3.1 应用软件操作

应用软件是为解决计算机各类应用问题而编制的软件系统，具有很强的实用性。它是在系统软件支持下开发的，一般分为应用软件包和用户程序两类。

（1）应用软件包是实现某种特殊功能或计算的独立软件系统，如办公软件 Office 套件、WPS 套件，辅助设计、工程制图软件 AutoCAD 等，动画处理软件 ANIMO、Flash 等，图形图像处理软件 PhotoShop、Illustration 等，科学计算软件 MATLAB 等。

（2）用户程序是用户为解决特定的具体问题而二次开发的软件，是在系统软件和应用软件包的支持下开发的，如人事管理系统、财务管理信息系统和学籍管理信息系统，火车票、飞机票网上订票系统。

1. 应用软件的安装

通常，各种软件都是用打包的方式发布或放在网络中供用户下载使用。对于开放免费使用的软件，用户要先下载，然后释放打包的软件到本地计算机上，接着运行安装程序，安装后才可以使用。有的安装程序会自动解包并安装，帮助用户完成这个过程。

为方便用户，通常每个程序都提供一个名为"Setup.exe"或"Install.exe"的安装程序。用户可以在安装向导的帮助或提示下，方便地将应用程序安装到本地计算机中。运行"Setup.exe"文件，即可启动安装程序。

【例 5-1】完全安装 Office 2010。

① 进入 Office 2010 安装文件所在目录。

② 双击执行"Setup.exe"文件，打开安装程序，如图 5-6 所示。

图 5-6　Office 2010 安装

③ 选择"立即安装（I）"，开始安装 Office 2010。

④ 根据提示及自己的需要选择安装路径和组件信息等，单击"下一步（N）>"按钮。

⑤ 确认安装结束后，点击"关闭"按钮退出界面。

2. 应用软件的打开与关闭

Windows 系统提供了多种运行程序的方式：双击应用程序的快捷图标；双击应用程序图标；从"开始"菜单的"运行"对话框输入应用程序名启动；从"开始"菜单的"程序"中找到应用程序名称打开。

当要关闭应用程序时，找到应用程序右上角的"✖"图标，如图 5-7 所示，单击后应用程序会关闭；或者按<Alt+F4>快捷键关闭软件；也可以从菜单栏"文件"中单击"关闭"或者"退出"命令。

图 5-7　程序关闭

3. 应用软件的切换

应用软件间的切换是指将另一个已打开的应用程序切换到当前工作窗口，尽管 Windows 是一个多任务操作系统，允许同时打开多个应用程序，但是当前工作的程序只有一个，其他的都在后台运行。当需要将某个已运行的程序作为当前工作窗口时，就需要进行切换。

当前运行的应用程序窗口标题栏以高亮深蓝色显示。切换方法有多种：单击任务栏上的"应用程序最小化"按钮；单击应用程序标题栏；如果应用程序窗口在桌面上是重叠的，单击应用程序可见的任何部分；按住<Alt>键，然后重复按<Tab>键，直到找到要运行的应用程序时释放<Alt+Tab>快捷键。

4. 应用软件的编辑

任何应用程序窗口菜单栏中的"编辑"菜单都有"剪切""复制"和"粘贴"命令及对应的工具按钮。利用"剪切"或"复制"命令可以将任意数据送入剪切板，这些数据可以是一段文字、一张表格、一个文件、文件夹、一幅图片等。然后再利用"粘贴"命令将剪切板上的数据粘贴到光标停留的目标点。

5.3.2 磁盘操作

由于文件数量巨大、占用存储空间多，所以文件只能存放在外存（磁盘）中，使用时调入内存。因此文件存储空间的管理实际上是对磁盘空间的管理。

在文件系统中，磁盘存储空间被划分为"块"，文件系统以块为单位直接对磁盘上的任意一个物理块进行存取操作。由于频繁地进行文件操作可能导致磁盘中的文件块存放散乱，甚至出现文件系统故障，因此，应该定期对磁盘进行维护操作。磁盘操作包括磁盘分区与格式化、磁盘属性操作、磁盘清理与碎片整理。

1. 磁盘分区与格式化

（1）分区

① 关闭所有应用程序之后，单击"开始"按钮，打开"管理工具"，打开"计算机管理"，如图 5-8 所示。

② 在左边栏中选择"存储"，再选择"磁盘管理"，在右边会显示计算机的磁盘分区情况，下方则出现分区图示，这也就是我们要操作的地方，如图 5-9 所示。

③ 右键单击要修改的磁盘分区，在弹出的菜单中选择"删除逻辑驱动器"（细心的朋友可能已发现，这里还可以修改驱动器号，如你的计算机有 3 个分区，光盘是 D 盘，你想把它改为 F 盘，即可在这里设置），再选择"确定"。

④ 用以上方法删除所要修改的几个分区，被删除的分区容量会自动相加显示为未指派（用黑色进行标记，已分区的即不修改的显示为蓝色）。

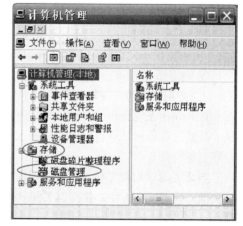

图 5-8 计算机管理

⑤ 重新分区。在未指派的区块上，即黑色区块上单击右键，在弹出菜单中选择"新建逻辑驱动器"，单击"下一步"按钮，再单击"下一步"按钮。

⑥ 调整驱动器号，一般不用改，直接单击"下一步"按钮。

⑦ 选择是否格式化新的分区，一般选格式化，这里有 3 个选项，最好勾选"执行快速格式化"一项，否则格式化过程会很慢。然后单击"下一步"按钮，再单击"完成"按钮。

⑧ 重复上述步骤，确定所要重新划分的其他分区。

至此，我们实现了不用任何第三方分区软件而调整计算机分区的目的。

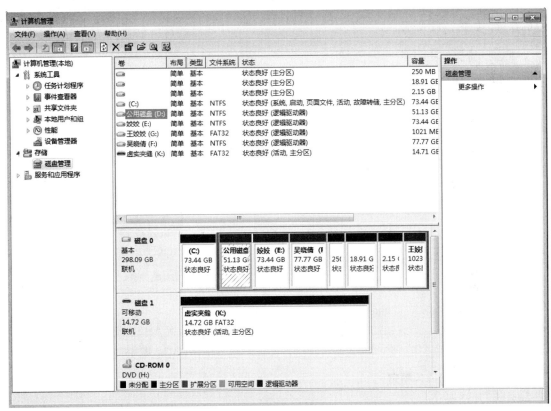

图 5-9　磁盘管理器

（2）格式化

磁盘格式化也是非常重要的磁盘功能之一。格式化，通俗地说，就是把磁盘划分成若干个规定格式而且干净的空白小区域，并给予地址编号，供计算机储存、读取数据。没有经过格式化的磁盘是无法正常使用的。具体步骤如下。

① 右键单击要进行格式化操作的磁盘盘符，在弹出的快捷菜单中选择"格式化"命令，打开"格式化"对话框，如图 5-10 所示。

② 在对话框的"格式化选项"栏目中选择"快速格式化"，用于快速恢复磁盘的文件系统。单击"开始"按钮，系统将自动进行指定磁盘的格式化操作。

　　　　　一般情况下，用户应慎用磁盘格式化操作，一旦执行了该操作，磁盘上的文件信息将被全部清除。用户可以对作为临时存储器的 U 盘或移动磁盘进行格式化操作。

2. 磁盘属性操作

磁盘属性包括磁盘的类型、文件系统、空间大小，以及磁盘的检错、碎片整理等处理程序和硬件信息。

例如，查看 C 盘的容量、可用空间和已用空间等信息，操作步骤如下。

① 在桌面双击"计算机"，打开"计算机"对话框。

② 鼠标右键单击 C 盘图标，在出现的快捷菜单中选择"属性"命令，将会弹出"属性"对话框。

③ 选择"属性"对话框中的"常规"选项卡，即可看见磁盘的已用空间、可用空间以及磁盘的容量，如图 5-11 所示。

图 5-10 "格式化"对话框

图 5-11 磁盘属性

3. 磁盘清理与碎片整理

（1）碎片整理

磁盘碎片整理是指程序将计算机硬盘上的碎片（指分散的、小容量的空闲存储区域）合并在一起，使之形成较大的连续空闲存储空间。这样，文件系统就可以更有效地访问文件和文件夹。

操作步骤如下。

① 选择执行"开始"→"所有程序"→"附件"→"系统工具"，选择"磁盘碎片整理"。弹出"磁盘碎片整理程序"对话框。

② 在对话框中，选择一个磁盘（如 D 盘），单击"分析"按钮，系统开始分析所选磁盘，并弹出对该盘分析结果的对话框。

③ 对话框中有 3 个操作按钮"查看报告""碎片整理"和"关闭"，分别对应不同的操作：单击"查看报告"按钮，将弹出分析报告对话框，显示该磁盘的"卷信息"和"最零碎的文件"的详细列表信息；单击"碎片整理"按钮，即开始磁盘碎片整理操作，系统将以不同的颜色条显示文件的零碎程度以及碎片整理的进度；单击"关闭"按钮，放弃当前碎片整理操作，关闭对话框。

（2）磁盘清理

磁盘清理是指借助磁盘清理程序删除磁盘空间中不需要的文件。执行磁盘清理操作时，磁盘清理程序首先搜索驱动器，然后列出临时文件、Internet 缓存文件和可以安全删除的不需要的程序文件，用户根据需要可以使用磁盘清理程序删除部分或全部文件。磁盘清理的操作步骤如下。

① 选择执行"开始"→"所有程序"→"附件"→"系统工具"→"磁盘清理"命令，打开"选择驱动器"对话框，选择要进行磁盘清理的驱动器，单击"确定"按钮。

② 在弹出的"磁盘清理"对话框中，选择"磁盘清理"选项卡。

③ 在"要删除的文件"列表框中，列出了可删除文件的类型及所占磁盘空间的大小。选中要删除文件前的复选框，在进行清理时即可将这类文件删除。在"获取的磁盘空间总数"栏目中显示了删除所有选中的文件后可得到的磁盘空间大小。

5.3.3　系统资源管理

1．控制面板管理

控制面板可用来进行系统环境的自定义设置，如任务栏、开始菜单、时间的显示与设置、声音设置、用户设置、程序的更改与卸载、添加硬件等一系列系统环境的设置。

打开方式：单击"开始"→"控制面板"即可打开"控制面板"对话框，如图 5-12 所示。

图 5-12　控制面板

初学者可试着对控制面板的各个部分进行设置并观察系统环境的变化。

2．虚拟内存设置

Windows 7 操作系统支持运行多个应用程序，当运行程序所需的内存空间不能满足时，可以借助操作系统提供的虚拟内存设置功能，扩大内存空间。虚拟内存的设置包括内存大小和分页位置 2 项。内存大小就是设置虚拟内存的最小值和最大值；分页位置则是设置虚拟内存应使用哪个分区中的硬盘空间。

更改虚拟内存的操作步骤如下。

① 右击"计算机"→"属性"。

② 在"高级系统设置"对话框中的"高级"选项卡的"性能"下，单击"设置"按钮，将会弹出"性能选项"对话框。

③ 在"性能选项"对话框中"高级"选项卡的"虚拟内存"下，单击"更改"按钮，将会弹出"虚拟内存"对话框。

④ 在"虚拟内存"的"驱动器[卷标]"列表中，选择要更改的驱动器，在"所选驱动器的页

面文件大小"下，选择"自定义大小"，在"初始大小（MB）"或"最大值（MB）"框中以兆字节（MB）为单位键入新的页面文件大小，然后单击"设置"按钮，完成更改操作。

3. 添加与删除程序、组件

在 Windows 环境中添加/删除应用程序或组件是经常性的操作。操作步骤如下。

① 选择"开始"→"控制面板"命令，打开"控制面板"窗口。

② 在"控制面板"窗口中单击"程序和功能"图标，将会弹出"卸载或更改应用程序"窗口，如图 5-13 所示。

图 5-13　卸载或更改应用程序

③ 在"当前安装的程序"列表中列出了计算机中已安装的程序清单。

④ 用户可分 3 种情况执行相应的操作。

- 删除或更改已安装的程序。单击"更改或删除程序"图标，然后在"当前安装的程序"列表中选择要更改或删除的程序，随后单击"更改/删除"按钮，系统将自动完成程序的更改/删除操作。

- 添加新的程序。单击"添加新程序"图标，有两种安装方式："从 CD-ROM 或软盘安装程序"和"从 Microsoft 添加程序"。若单击"CD 或软盘"按钮，则选择的是"从 CD-ROM 或软盘安装程序"；若单击"Windows Update"按钮，则选择的是"从 Microsoft 添加程序"。按安装系统向导的提示可完成添加程序操作。

- 添加或删除"Windows 组件"。单击"添加/删除 Windows 组件"图标，出现"Windows"组件向导对话框。如果要添加（删除）整个类别中的组件，则在"组件"选项组中选中（撤选）相应组件的复选框。选择完毕后，单击"下一步"按钮，系统进行安装（或删除），在安装过程中如果系统提示要插入 Windows 光盘，则将光盘插入，然后单击"确定"按钮，完成组件的安装（删除）操作。

5.3.4 文件及文件夹操作

5-5 Windows7
操作演示

1. 文件分类

在计算机中，任何信息都是以文件的形式存放的，包括程序、数据、文字、图形、图像、声音以及视频等。操作系统的文件管理是以"按名操作"的方式实现的，为了便于管理和操作，根据不同格式、不同应用要求，要对文件进行分类，体现在文件名机制中就是使用了"文件扩展名"的概念，如查找 C 盘根目录下的所有 .exe 文件。常见的文件扩展名及其含义如表 5-1 所示。

表 5-1　　　　　　　　　　　　常见的文件扩展名及含义

扩展名	含义	扩展名	含义
bat	可执行的批处理文件	bin	二进制程序文件
com	可执行的命令文件	doc	文档资料文件
exe	可执行的程序文件	txt	文本文件
c、ccp	C、C++源程序文件	xls	表格数据文件
gif	动画压缩图像文件	bmp	位图图像文件
jpg	JPEG 格式图像文件	tif	TIFF 压缩图像文件
mp3	MP3 压缩音频文件	wav	音频格式文件
midi	MIDI 格式音频文件	ra	流媒体压缩音频文件
avi	视频文件	mpg	MPEG 格式视频文件
rm	流媒体压缩视频文件	html	Web 格式网页文件
lib	程序库文件	dll	动态链接库文件

在"按名操作"的文件管理机制中，"文件名"的标准格式是"文件路径名/文件名.文件扩展名"。对文件进行操作时，必须输入正确的文件名。

2. 文件及文件夹操作

文件操作包括文件查找、删除、重命名、复制、设置快捷方式、浏览文件目录结构及文件列表等。Windows 7 环境下的文件操作可以通过"资源管理器""计算机"来实现。

（1）文件命名

文件是命名的信息集合，是用户存储、查询和管理信息的方式；不同文件系统对文件的命名方式有所不同，但大体上都遵循"文件名.文件扩展名"的规则。文件名由字母、数字、下画线等组成，文件扩展名由一些特定的字符组成，具有特定的含义，一般表示文件类型。

（2）查看文件属性

文件属性窗口用来显示所选文件详细的属性信息，通过查看文件属性，用户可以查看该文件的名称、位置、大小等。

Windows 7 的文件属性窗口增加了自定义标签，目的是为所选择文件填写相应属性，以便用户对文件进行分类。

（3）文件夹的建立

在所选窗口中，打开"文件"菜单，选择"新建"→"文件夹"命令，浏览窗口内会出现一个新的文件夹，文件夹名被高亮显示，输入新文件夹的名字并按<Enter>键，新文件夹创建完毕。

在窗口的任意位置单击鼠标右键，在弹出的快捷菜单中选择"新建"→"文件夹"命令，也可以创建文件夹。

（4）删除文件或文件夹

选中要删除的文件或文件夹，然后按<Del>键；或选择"文件"→"删除"命令；或通过右键快捷菜单选择"删除"命令；或用鼠标拖动选中的文件或文件夹到回收站中。删除文件或文件夹时，系统将弹出确认框，单击"是"按钮将执行删除操作，单击"否"按钮取消删除操作。

（5）复制文件或文件夹

复制文件或文件夹是指对某文件或文件夹及其所包含的文件和子文件产生副本，放到新的位置上，原位置上的文件或文件夹仍然保留。

选中要复制的文件或文件夹，选择"编辑"→"复制"命令，打开目标文件夹窗口，选择"编辑"→"粘贴"命令，也可以通过快捷键<Ctrl+C>以及<Ctrl+V>完成。

（6）移动文件或文件夹

移动文件或文件夹是指移动某一文件或文件夹及其所包含的文件和子文件夹到新的位置。移动文件或文件夹的方法与复制文件或文件夹的方法类似，所不同的是把"复制"命令改为"剪切"命令。移动操作与复制操作的不同点是，移动后原位置上的文件或文件夹不存在了。也可以通过快捷键<Ctrl+X>以及<Ctrl+V>完成。

5.4 操作系统应用案例

5.4.1 操作系统安装与运行

操作系统的更新速度很快，在一台计算机硬件的生命周期中更换操作系统是常有的事情。因此，学习并掌握一些操作系统的操作常识，特别是关于操作系统安装（包括重新安装）的技巧，对于大多数计算机使用者不无裨益。

1. 操作系统的安装过程

若要在计算机上安装 Windows 7 操作系统，需要使用 Windows 7 安装光盘或带有安装包的 U 盘启动、引导计算机（安装 Windows 8、Windows 10 步骤类似）。

① 插入 Windows7 安装光盘。

② 重启计算机。

③ 收到提示时按任意键，然后按照系统所给的提示操作。

④ 按照系统提示选择所使用的语言，并阅读许可条款，无异议后选择"我接受许可条款"。

⑤ 在"你想进行何种类型的安装？"页面上单击"自定义"来选择安装分区，如图 5-14 所示。

⑥ 按照说明完成安装后，为计算机命名并设置初始用户账户。

2. 操作系统的打开与关闭

安装完系统，接下来通过计算机来启动操作系统。打开计算机电源，若是计算机上安装了多个系统，则用"↑"键与"↓"键来选择 Windows 7，系统进入 Windows 7 后自动打开欢迎界面，如图 5-15 所示。

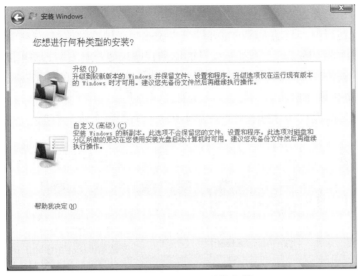

图 5-14　Windows 系统安装

图 5-15　Windows 7 欢迎界面

单击欢迎界面上的用户图标，如果有密码则输入对应的密码，随后即进入 Windows 7 的工作界面，完成启动。

为了不对计算机中的数据造成意料之外的损坏，关闭操作系统时应按照正确的方式进行操作。

① 打开开始菜单。

② 选取菜单右下角的的关机选项，单击。

③ 等待至计算机关闭，即成功关闭操作系统。

5.4.2　驱动程序与驱动故障的解决

驱动程序是我们使用相关硬件的基础，没有它，我们听不到声音，看不清图片，上不了网。一般而言，操作系统会自动更新和修复系统运行所必需的驱动程序，但是有的时候驱动程序损坏或者不兼容，而操作系统又没能及时修正，此时就需要用户自己手动完成驱动程序的更新与修复。

1. 什么是驱动程序

驱动程序（Device Driver）全称为"设备驱动程序"，是一种可以使计算机和设备通信的特殊底层程序，一般由系统开发方或硬件生产厂家提供。

在操作系统的运行中，驱动程序的重要性可以说相当于硬件的接口，操作系统只有通过这个接口，才能控制硬件设备的工作，假如某设备的驱动程序未能正确安装，便不能正常工作。因此，驱动程序被誉为"硬件的灵魂""硬件的主宰"和"硬件和系统之间的桥梁"。

2. 驱动程序的检测与修复

如果计算机发生故障，如开机无显示、显示花屏、看不清字迹、系统不稳定等，怀疑驱动程序损坏，应执行以下操作以确认。

右键单击"计算机"图标→"管理"→"设备管理器"，如图 5-16 所示。

图 5-16　设备管理器

① 设备的名称前出现红色叉号，说明该设备已被停用，其原因是长时间没有使用这个设备，为了节省系统资源自动停用。

解决办法：右键单击该设备，从快捷菜单中选择"启用"命令。

② 设备的名称前出现黄色问号或者黄色感叹号，前者表示该硬件未能被操作系统识别，后者表示该硬件未安装驱动程序或驱动程序安装不正确。

解决办法：右键单击该设备，选择"卸载"命令，然后重新启动系统，此时系统会自动重新安装此驱动程序。如果驱动程序依然无法正常工作，可以登录所使用计算机的官方网站下载最新的驱动程序，并按照系统的提示进行安装，也可以下载专门的驱动检测与安装软件，对发生故障的驱动程序进行重装与修复。

5.4.3　计算机资源优化

随着计算机使用时间的增加，系统中所堆积的程序碎片与无效的文件也在逐渐增多，从而导致计算机的运行速度大幅度降低，而定时对计算机进行正确、合理的优化是解决这种问题最好的办法。

1. 配置启动任务

在系统的启动过程中，有很多没有必要随着操作系统一起启动的程序大大拖慢了计算机的启动速度，禁止不必要的程序随系统启动可以大幅度地加快计算机的启动速度。

　　配置启动任务可以通过 Windows 7 的系统配置窗口完成，也可以通过一些杀毒软件来完成，如图 5-17 所示。

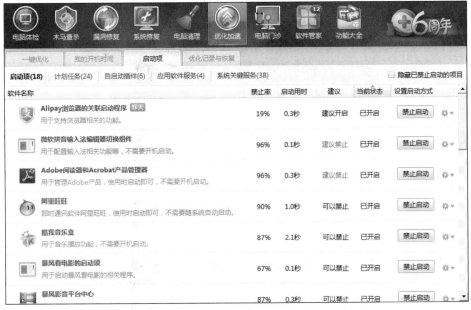

图 5-17　系统启动项

2. 清理注册表

　　在计算机的使用过程中，很多软件删除过后在计算机注册表中依然保存有安装信息，时间久了这类垃圾便会越积越多，影响计算机的性能。下面是一种清理注册表垃圾的方法（清理之前注意备份）。

　　单击"开始"菜单，单击"运行"，输入"regedit"，打开"注册表编辑器"窗口，依次打开 HKEY_LOCAL_MACHINE\Software\Micosoft\Windows\CurrentVersion\SharedDlls 分支。在对话框的右侧，键值数据后面的括号中都有一个数字，如果数字为 0，说明该 DLL 文件已成为垃圾，可将其删除，如图 5-18 所示。

图 5-18　"注册表编辑器"窗口

3. 系统空间优化

操作系统在运行、登录网页的时候，或多或少会产生一些临时文件，系统将这些临时文件存放起来，时间长了便会影响运行速度，因此，为了保证计算机的顺畅运行，我们需要定时清理这些文件。

系统临时文件通常放在一个专用文件夹内，打开"我的电脑"，在地址栏中输入"%temp%"，将其中的所有文件删除即可，如图 5-19 所示。

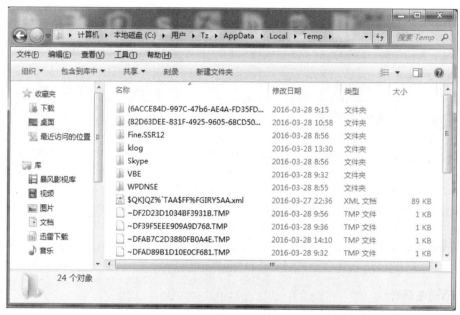

图 5-19　Windows 系统临时文件夹

5.4.4　Windows 8 和 Windows 10 简介

1. Windows 8 简介

Windows 8 由微软公司于 2012 年 10 月 26 日正式推出，是具有革命性变化的操作系统。系统独特的开始界面和触控式交互系统，旨在让人们的日常操作更加简单和快捷，为人们提供高效的工作环境。Windows 8 支持来自 Intel、AMD 和 ARM 的芯片架构，是微软公司开发出的顺应时代发展的新型操作系统，被应用于个人计算机和平板电脑。该系统具有更好的续航能力，且启动速度更快、占用内存更少，并兼容 Windows 7 所支持的软件和硬件。

该系统具有以下特性。

① 采用 Metro UI。在 Windows 8 桌面上只需轻松一点，即可开启各种应用，一键即可在 Metro 界面和桌面之间进行切换。

② 兼容 Windows 7 应用程序。Windows 7 的所有程序都可以在 Windows 8 上运行。

③ 启动更快，硬件配置要求更低。

④ 支持智能手机和平板电脑。

⑤ 支持触控、键盘和鼠标 3 种输入方式。

⑥ 支持 ARM 和 X86 架构。

⑦ 内置 Windows 应用商店。

⑧ 采用 IE 10 浏览器。

⑨ 分屏多任务处理界面。

⑩ 结合云服务和社交网络。

安装该版本操作系统的计算机最低配置如下。

CPU：1 GHz（支持 PAE、NX 和 SSE2）。

内存：1 GB RAM（32 位）或 2 GB RAM（64 位）。

硬盘：16 GB（32 位）或 20 GB（64 位）。

显卡：带有 WDDM 驱动程序的 DirectX 9 图形设备。

分辨率：若要访问 Windows 应用商店并下载和运行程序，需要有效的 Internet 连接及至少 1024 像素×768 像素的屏幕分辨率；若要拖曳程序，需要至少 1366 像素×768 像素的屏幕分辨率。

其他：若要使用触控，需要支持多点触控的平板电脑或显示器。

一般推荐配置如下。

CPU：1GHz 及以上的 32 位或 64 位处理器。Windows 8 包括 32 位及 64 位两种版本，如果希望安装 64 位版本，则需要支持 64 位运算的 CPU。

内存：1GB（32 位）/2GB（64 位），最低 1GB。

硬盘：20GB 以上可用空间，不要低于 16GB。

显卡：有 WDDM 1.0 驱动的、支持 DirectX 10 以上级别的独立显卡。

2. Windows 10 简介

Windows 10 是微软公司所研发的新一代跨平台及设备的操作系统。在正式版本发布后的一年内，所有符合条件的 Windows 7、Windows 8.1 以及 Windows Phone 8.1 用户都可以免费升级到 Windows 10。所有升级到 Windows 10 的设备，微软都将提供永久生命周期支持。

Windows 10 可能是微软发布的最后一个 Windows 版本，下一代 Windows 将以 Update 形式出现。Windows 10 将发布 7 个发行版本，分别面向不同用户和设备。

不同于微软此前的预发行操作系统，Windows 10 大幅减少了开发阶段。自 2014 年 10 月 1 日开始公测，Windows 10 经历了 Technical Preview（技术预览版）以及 Insider Preview（内测者预览版）两个开发阶段。除了按照微软官方计划进行新特性的开发以外，微软还不断地根据参与公测的会员所反映的问题进行修复与改进，这种开发方式在 Windows 的历史上尚属首次。

安装该版本操作系统的计算机配置要求如下。

CPU：1GHz 以上。

屏幕：800 像素×600 像素以上分辨率（消费者版大于等于 8 英寸，专业版大于等于 7 英寸）。

固件：UEFI2.3.1，支持安全启动。

内存：2GB（64 位）；1GB（32 位）。

硬盘：大于等于 16GB（32 位）；大于等于 20GB（64 位）。

显卡：支持 DirectX 9。

本章小结

操作系统是计算机系统的管控中心，它管理计算机系统的所有资源，用户通过操作系统间接对计算机进行操作。操作系统是计算机和用户及其他程序之间的接口，负责对计算机的所有资源进行管理。

操作系统的五大功能包括进程管理（也称为处理机管理）、内存管理、设备管理、文件管理

（也称为文件系统）以及用户接口。

文件是计算机中信息管理的基本单位。计算机中所有信息（包括操作系统本身）都是以文件的形式存在的。对计算机的操作实际上是对文件的操作。

Windows 是在微机系统中最常用的操作系统，它是基于图形界面的面向对象的多任务系统，各个应用程序共享 Windows 系统提供的所有资源。掌握 Windows 系统的操作和应用是非常重要的。

习 题

一、选择题

1. 进程和程序的本质区别是_____。
   A. 存储在内存和外存　　　　　　　B. 顺序和非顺序执行机器指令
   C. 分时使用和独占使用计算机资源　D. 动态和静态特征
2. 下列进程状态的转换中，不正确的是_____。
   A. 就绪→运行　　B. 运行→就绪　　C. 就绪→阻塞　　D. 阻塞→就绪
3. 下列特性中，_____不是进程的特性。
   A. 异步性　　　　B. 并发性　　　　C. 静态性　　　　D. 动态性
4. 某一进程在运行时因某种原因暂停，发生状态转换，则进入_____。
   A. 自由状态　　　B. 停止状态　　　C. 阻塞状态　　　D. 就绪状态
5. 作业调度的关键在于_____。
   A. 选择恰当的进程管理程序　　　　B. 选择恰当的作业调度算法
   C. 用户作业准备充分　　　　　　　D. 有一个较好的操作环境
6. 进程是程序的执行过程，可以处于不同的状态，这种性质称作进程的_____。
   A. 动态性　　　　B. 并发性　　　　C. 调度性　　　　D. 异步性
7. 下列软件中不属于应用软件的是_____。
   A. 人事管理系统　B. 工资管理系统　C. 物资管理系统　D. 编译程序
8. 代表网页文件的扩展名是_____。
   A. html　　　　　B. txt　　　　　　C. doc　　　　　　D. ppt

二、填空题

1. 通常把外部设备与内存之间的数据传输操作称为_____。
2. 面向硬件具体操作的计算机语言是_____。
3. 可以运行自己特有的程序，独立对 CPU 进行 I/O 处理的设备叫作_____。
4. 操作系统的主要功能包括进程管理、内存管理、设备管理、_____和用户接口。
5. 系统软件通常由_____、_____、数据库管理系统和服务程序等组成。
6. 可执行文件的扩展名为_____，文本文件的扩展名为_____。

三、判断题（正确用√标记，错误用×标记）

1. 磁盘既可作为输入设备又可作为输出设备。（　　　）
2. 系统调用即是 API。（　　　）
3. 进程执行的相对速度不能由进程自己来控制。（　　　）
4. 进程执行的次序是事先可以确定的。（　　　）
5. 若无进程处于运行状态，则就绪队列和等待队列均为空。（　　　）

6. 进程状态的转换是由操作系统完成的，对用户是透明的。(　　)
7. 当条件满足时，进程可以由阻塞状态直接转换为运行状态。(　　)

四、简答题

1. 操作系统是什么？有哪些主要功能？
2. 进程有哪些基本状态？引起状态转换的原因有哪些？
3. 简述操作系统如何实现内存的扩充。
4. 列举 2～3 个你熟悉的操作系统，谈谈它们的特点。

第6章 计算机网络

教学目标

➢ 了解计算机网络的概念、发展、功能及分类。

➢ 对常见网络设备功能有较深入的了解。

➢ 了解网络协议，理解 OSI 参考模型与 TCP/IP 结构及各层功能。

➢ 了解 Internet 工作模式，掌握信息搜索、信息发布等 Internet 应用。

➢ 了解网页制作相关知识、基本概念、相关工具。

➢ 了解在计算机网络使用过程中的言行注意事项。

知识要点

本章首先讲解计算机网络、网络协议等基本概念，计算机网络的 4 个发展阶段及网络的功能与分类；然后介绍支撑互联网运行的两个理论模型；接着简述 Internet 工作模式及几种新兴的 Internet 服务；最后对网页制作相关内容进行简单介绍。

课前引思

● 假如你生活在一个没有网络的世界。

如果没有计算机网络，你的计算机世界会是什么样的？你在计算机面前会做些什么？那会不会是一个移动存储介质泛滥的时代？

● 现在你是否还会给父母写信？

20 世纪的我们会经常给父母、朋友写信、邮寄，然后期盼着数日后的回复，现在你还会偶尔给父母写信吗？你了解你的信自从离开你的手之后是怎么样到达你父母手上的吗？

● 你想象未来的计算机网络中会出现什么样的新应用？

如今在计算机网络上我们可以发电子邮件、可以查找想要的资源、可以进行视频通话、可以在网上买卖东西、可以发微博或微信，但你能想象未来的计算机网络会出现什么样的新应用吗？只有想不到，没有做不到！

● 有没有想过自己亲手制作一个网站并发布，让你的亲朋好友来访问？这是一件多么值得骄傲的事情！

经典的作品不用多，一个足矣！但这需要你坚实的网页制作基础与独一无二的创新创造力。

● 计算机网络世界是一个虚拟的世界，你在计算机网络中畅游的时候，是否可以随心所欲无所顾忌？在网络中做出任何言行之前，是否会有些许思量？

如果你认真思考过上述问题，则说明你已做好充分的准备去学习计算机网络的知识了！

6.1 计算机网络基础

随着信息技术的飞速发展，人们的日常生活和工作已经越来越离不开计算机，而对 21 世纪的计算机用户来说，计算机网络十分重要，已经成为人们工作和生活不可分割的一部分。

6.1.1 概述

为什么需要计算机网络？这是计算机产生之后一个很重要的课题。试想：当一台计算机用户要想获取不同地理位置的另一台计算机上的数据资源时，当两位计算机用户需要交流时，当一台计算机承受不住大量用户的访问而急需另一台计算机分担部分访问压力时，计算机网络都必不可少。

1. 计算机网络定义

目前得到广泛认同的计算机网络定义：分布在不同地理位置的、具有独立功能的多台计算机及外部设备，通过通信线路连接起来，在网络操作系统、网络管理软件及网络通信协议的管理和协调下，实现资源共享和信息交换的计算机系统。

从定义可以看出，计算机网络涉及以下几个方面的问题。

① 计算机网络需要两台或两台以上计算机互连，这些计算机不在同一个地理位置，却要达到资源共享和信息交换的目的，这是计算机网络的功能问题。

② 要把这些计算机互连起来，需要一些网络设备和通信线路，这是信息传输的问题。

③ 计算机之间在传输信息时，需要遵守某些规定或规则，以便双方都能理解对方说的"话"，这是通信协议的问题。

2. 计算机网络的发展阶段

任何一门技术并不是无缘无故产生的，它一般都是缘于强烈的社会需求和快速发展的技术驱动。计算机网络也不例外，它是计算机技术和通信技术相结合的产物，是人们为了方便、快捷、有效地进行信息交流和资源共享而提出的一种技术。任何技术的发展都不是一蹴而就的，都需要有一个过程，就像人从类人猿进化到现在的人类一样，也要经历一个漫长的过程。计算机网络的形成和发展经过了如下几个阶段。

（1）终端与主机的互连

第一代计算机网络产生在 20 世纪 50 年代，此阶段的计算机价格昂贵，数量少，远程用户只能通过价格相对便宜的终端与远程计算机互连，向主机提交作业，主机将处理的结果通过通信线路输出到用户终端上。其特点是多个用户可以同时共享同一台计算机系统的资源。

（2）主机与主机的互连

第二代计算机网络产生在 20 世纪 60 年代，它在第一代计算机网络的基础上，将更多的主机进行了互连，扩大了网络的覆盖范围，每台主机都有自己的终端，主机和主机之间的互连采用专门负责通信功能的设备，分担了主机的通信任务，可以更好地实现资源共享和数据处理。此类计算机网络由两部分构成：通信子网和资源子网，它们分别承担数据传输的通信任务和资源共享与获取的服务功能。

（3）网络与网络的互连

当计算机网络发展到一定程度时，为了解决因设备的不同而造成的网络不能互通的问题，国际标准化组织（International Organization for Standardization，ISO）于 1977 年设立专门机构，提出了开放系统互连参考模型（Open System Interconnection/Recommended Model，OSI/RM），它将网络划分为 7 层，每层都有自己的功能，从此计算机网络进入了标准化时代，为网络中计算机的相互连接提供了参考模型和标准框架。

（4）多网融合

计算机网络的发展进入 20 世纪 90 年代后，随着多媒体技术和数字通信的出现，网上传输的信息不仅有文字、数字等文本信息，还有越来越多的声音、图像、视频等多媒体信息，同时，电子商务、电子政务、视频点播、电视直播等得到了广泛应用，这样的网络称为综合业务数字网（Integrated Service Digital Network，ISDN）。电信部门提供的"一线通"采用以普通电话线作为传输介质的非对称数字用户环路（Asymmetrical Digital Subscriber Loop，ADSL）技术和以有线电视信号作为传输源的线缆调制解调器（Cable Modem）实现数/模、模/数转换，极大地推动了网络的应用。另一方面，在宽带环境下，可以将传统电信网、广播电视网和计算机网络等 3 种采用不同信道实现不同功能的网络整合到一个信息平台，以提供文字、声音、图像、视频等全媒体的宽带服务业务。

3. 计算机网络功能

有了人们的社会需求，以及满足这种需求的必要技术，新事物才得以产生。计算机网络满足人们社会需求的就是它的功能。

（1）资源共享

向用户提供资源是计算机网络最基本的功能之一。这里所说的资源包括硬件资源、软件资源和数据信息。例如，打印机、硬盘等常见硬件都是可以在网络内共享的，这样可以提高硬件设备的利用率。软件资源共享是用户通过网络登录到远程计算机上，下载或使用各种功能完善的软件。数据信息资源是指存放在计算机的数据库中、可以通过网络查询和使用的信息。

（2）信息交换

信息交换也指通信，这是计算机网络最基本的功能之一。通信双方通过计算机网络方便地传送数据信息，如电子邮件的收、发等，大大方便了人们的工作和生活。

（3）分布式信息处理

当网络中的某台计算机负载过重时，网络可以将部分任务分给空闲计算机来完成，这样即可以均衡计算机的负载，又可以提高处理问题的实时性。充分利用网络资源，可以提高网络内各计算机处理问题的能力和工作效率。

4. 计算机网络分类

从不同的角度，可以将计算机网络分成不同的种类。一般有以下几种常见的分类方式。

（1）按网络覆盖范围分类

计算机网络按覆盖范围及规模大小可以分为局域网（Local Area Network，LAN）、城域网（Metropolitan Area Network，MAN）、广域网（Wide Area Network，WAN）和互联网。

① 局域网。局域网是指距离较近的多台计算机、外部设备通过通信设备和传输介质连接起来的网络系统，一般为一个单位、企业内部所使用，所有设备都由使用单位提供和维护。它的覆盖范围较小，一般从几米到十几公里，但却是应用最广的一种网络。局域网在计算机数量上没有太多的限制，可以是几台、几百台甚至上千台。

局域网特点：覆盖范围小，配置较容易，网络传输速率高，误码率较低，是目前计算机网络中使用最广泛的一种网络。

② 城域网。城域网将一个城市内的公共部门的计算机连接起来，覆盖范围一般在几十到上百公里。通常情况下，各政府部门、公共事业部门如医院等都建有自己的 LAN，MAN 可以将这

些 LAN 连接起来，以光纤作为连接介质，使各 LAN 的高速互联成为可能。

③ 广域网。广域网指由相距较远的计算机通过公共通信线路互连而成的网络，覆盖范围在几百公里以上，甚至可达几千、上万公里。因广域网覆盖范围太广，连接的计算机太多，所以需要租用电信部门的公共通信线路，网内任何两台计算机的通信速率比较低，且有更长的延时。

④ 互联网。互联网也称因特网（Internet），是把世界连接起来的最大的网络，但它不属于任何一种单一的网络，而是由许许多多的广域网、城域网和局域网互联起来的集合。任何计算机只要遵守 Internet 网络协议，都可以接入互联网。

（2）按拓扑结构分类

计算机网络拓扑结构是指网上的计算机或设备与传输介质形成的节点与线的物理构成模式。常见拓扑结构包括总线型、星形、树形、环形和网状等。

① 总线型结构。总线型结构是由一条高速公用主干电缆即总线连接若干个节点构成的网络。网络中所有的节点都必须通过总线进行信息的传输。这种结构的特点是简单灵活，建网容易，使用方便，性能好。其缺点是总线对网络起决定性作用，总线故障将影响整个网络。这是使用最普遍的一种网络。

② 星形结构。星形结构由中央节点集线器与各个节点连接组成。这种网络任何两个节点的通信都必须经过中央节点转发。星形结构的特点是结构简单、建网容易，便于控制和管理。其缺点是中央节点负担较重，容易形成系统的瓶颈，线路的利用率也不高。

③ 树形结构。树形结构是一种分层结构。在树形结构的网络中，任意两个节点之间不产生回路，每条通路都支持双向传输。这种结构的特点是扩充方便、灵活，成本低，易推广，适合于分主次或分等级的层次型管理系统。

④ 环形结构。环形结构由各节点首尾相连形成一个闭合环形线路。环形网络中的信息传送是单向的，即沿一个方向从一个节点传到另一个节点，每个节点需安装中继器，以接收、放大、发送信号。这种结构的特点是结构简单，建网容易，便于管理。其缺点是当节点过多时，将影响传输效率，不利于扩充。

⑤ 网状结构。网状结构主要用于广域网，由于节点之间有多条线路相连，即两台计算机之间有多条网络线路，所以网络的可靠性较高。由于结构比较复杂，建设成本较高。

（3）按机器地位分类

按照网络中计算机所处的地位可以把网络分为对等网和主从网。

① 对等网。对等网是指网络中各台计算机有相同功能，无主从之分，任一台计算机都可作为服务器，将共享资源提供给网络中其他计算机使用，又可作为工作站，访问其他机器上的共享资源。如计算机 A 和计算机 B 在同一局域网中，在某个时刻，如果 A 要访问 B 上的资源，则此时 A 就是工作站，B 为服务器，反之，若 B 要访问 A 上的资源，则 A 为服务器，B 是工作站。在对等网中，没有专用的工作站，也没有专用的服务器。

② 主从网。主从网中由若干专用的主机做服务器，其他获取服务器资源的工作计算机称为工作站，它们之间存在着主从关系，硬件、软件的资源共享都必须通过服务器的相应软件来控制。

6.1.2　常见网络设备

要构建计算机网络，首先需要将计算机及其附属硬件设备通过传输介质和网络设备连接起来。

6-1　常见网络设备

1. 计算机设备

网络中的计算机一般分为两类：服务器和工作站。

（1）服务器

在计算机网络中，承担一定数据处理任务和提供资源的计算机称为服务器，是网络运行、管理和提供服务的中枢，直接影响着网络的整体性能，通常分为文件服务器、数据库服务器和应用程序服务器。一般在大型网络中采用大型机、中型或小型机作为服务器。

（2）工作站

连接在计算机网络中向服务器发出请求或访问共享资源的计算机称为工作站。工作站要按照服务器赋予的权限在参与网络活动前连接并登录服务器。通常情况下，工作站退出网络后就是一台具有独立功能的个人计算机。

2. 传输介质

传输介质简称为网线，是为两台计算机通信提供的一条物理通道，以传输数据信号，一般分为有线介质和无线介质两类。有线介质一般包括双绞线、同轴电缆和光纤等，无线介质一般包括无线电波、微波、红外线、蓝牙等。

（1）双绞线

双绞线是计算机网络中最常见的传输介质，它价格便宜，易弯曲、易安装，重量轻，具有良好的性价比，目前被广泛应用。现在常见的有五类线、超五类线和六类线，线径越来越粗，传输速率越来越高，从 100MB/s 到 1000MB/s。缺点是传输距离和速度都受到一定限制，且易受外界信号干扰。

双绞线一般由 4 对相互绝缘并两两缠绕在一起的铜线组成，如图 6-1 所示。

双绞线一般分为屏蔽型（Shielded Twisted-Pair，STP）和非屏蔽型（Unshielded Twisted-Pair，UTP），STP 在双绞线和外层绝缘套之间包有一层金属屏蔽层，以屏蔽外界干扰信号，所以在抗干扰能力方面要优于 UTP，但价格也要贵些。

双绞线两端都必须安装 RJ-45 连接器（俗称水晶头），以便和网卡、交换机等网络设备相连，图 6-2 所示就是常见的水晶头。双绞线 4 对铜线的排序不同，连接的设备也不同。一般分两种线序标准：T568A 和 T568B。T568B 标准的线序为白橙、橙、白绿、蓝、白蓝、绿、白棕、棕。若双绞线两端同为 T568B 标准，称为直通线（又称正线），一般用于将计算机和设备互连；若双绞线两端分别采用 T568A 和 T568B 标准，称为交叉线（又称反线），一般用于将两台计算机直接互连。正线是用得最多的一种双绞线。

图 6-1　双绞线

图 6-2　水晶头

（2）同轴电缆

同轴电缆以硬铜线为芯，外面包上一层绝缘材料，再套上密织的网状导体以屏蔽外界干扰，最外面包一层保护性材料，如图 6-3 所示。

同轴电缆比双绞线抗干扰能力强，可以进行远距离传输，根据其直径大小可以分为粗同轴电缆（粗缆）和细同

图 6-3　同轴电缆

轴电缆（细缆）。粗缆直径为 10mm，适用于较大型的局部网络，标准传输距离长，可靠性高，但安装难度大；细缆直径为 5mm，安装简单，价格低廉，但连接时须切断电缆，两头安装同轴电缆插接件（Bayonet Nut Connector，BNC），所以容易松动产生不良隐患。现在同轴电缆一般用于有线电视的信号传输。

（3）光纤

光纤即光导纤维，是由纤芯外加包层组成的双层圆柱体，利用光的全反向原理进行光信号传输，如图 6-4 所示。纤芯是光导纤维，由透明度很高的石英玻璃拉制而成，用来传导光波。包层具有较低的折射率，当光线从高折射率介质射向低折射率介质时，其折射角度大于入射角度。当入射角度足够大时，就会发生全反射。

图 6-4 光纤

根据传输模式不同，光纤可分为单模光纤和多模光纤。单模光纤直径非常小，在工作波长中，只有一个传输模式，在有线电视和光通信中应用最广泛；多模光纤是在给定的工作波长上能以多个模式同时传输的光纤，在传输性能上略差于单模光纤。二者的工作原理分别如图 6-5 和图 6-6 所示。

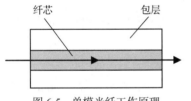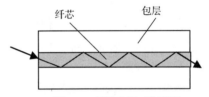

图 6-5 单模光纤工作原理　　　　　　　　　图 6-6 多模光纤工作原理

（4）无线介质

无线传输介质是指使用无线电波作为传输介质，一般用于移动通信或有线介质铺设不便的特殊地理环境。无线传输中多使用微波通信。

微波通信具体分为两种：地面微波接力通信和卫星通信。地面微波接力通信之所以要接力，是因为微波沿直线传播，而地球表面为曲面，微波沿地球表面传输距离为 50km，为了实现远距离通信，必须在地球上建立若干个中继站，这些中继站接收其他站发来的信号，然后放大再转发给下一站。这种方式频带宽、通信容量大、传输质量高，但相邻中继站中间不能有障碍物，且隐蔽性和保密性较差。卫星通信利用人造地球同步卫星作为中继站，实现对信号的放大与转发，卫星覆盖面广，频带宽，通信容量大，但因为卫星距离地面太远，所以通信会有延迟。

此外，无线通信还可以通过红外线、蓝牙等方式，但因为它们频率高，波长相对较短，不能穿越固体，仅适于室内或近距离通信。现在一般的笔记本电脑、平板电脑及手机等电子设备上都配有蓝牙，使用起来也非常方便，只要配对成功，就可进行数据传输。

3. 网络互联设备

在计算机网络中，计算机之间通信除了需要传输介质外，还需要网络互联设备，如计算机中处理的数字信号和传输介质中传播的模拟信号或光信号之间的信号转换设备、远距离传输时因信号的衰减所需的信号放大及转发设备等。

（1）网络适配器

网络适配器（Network Adapter）又称为网络接口卡（Network Interface Card，NIC），简称网卡，是将计算机连接到网络上的通信接口装置，它可以集成在计算机内部主板上，也可以作为独立的接口卡插入计算机主板的 PCI 插槽。在计算机接收传输介质传送的数据时，网卡把接收的信号按照计算机可以处理的格式进行转换；在主机向网络发送数据时，网卡又把要发送的信息转换为网络传输介质可以传播的格式。此外，网卡还提供数据缓存的功能。根据网卡使用的介质不同，可以将网卡分为有线网卡和无线网卡。有线网卡一般插在计算机的主板插槽内，无线网卡一般通过 USB 接口接在计算机上。网卡如图 6-7 所示。

（a）有线网卡　　　　　　　　　　（b）无线网卡

图 6-7　网卡

在计算机网络中，计算机要传输数据时，网卡要向网络通报自己的地址，也就是网卡地址，又称为 MAC（Media Access Control）地址，也叫物理地址。为了保证网络中数据传输的正确性，要求每个设备的 MAC 地址唯一。IEEE（Institute of Electrical and Electronics Engineers，美国电气电子工程师学会）为每个网络中的设备都规定了一个 48 位的地址，用 12 位的十六进制数表示，如 44-37-E6-8F-D3-9C。其中高 24 位由 IEEE 统一分配，为厂商标识，低 24 位由每个厂商自己分配。网卡的物理地址通常由网卡生产厂商烧入网卡的 ROM。

（2）调制解调器

调制解调器（Modem）是调制器和解调器的简称，俗称"猫"，在发送端，Modem 把计算机的数字信号转换成可沿普通电话线传送的模拟信号，在接收端，Modem 又把模拟信号还原成计算机可识别和处理的的数字信号，从而实现计算机间的通信。调制是把数字信号转换成模拟信号，解调是把模拟信号转换成数字信号。调制解调器是以电话线作为传输介质，承担传输介质和计算机之间的数/模、模/数转换功能，实现计算机连网的设备。

Modem 按形态和安装方式一般分为 4 类：外置式、内置式、PCMCIA 插卡式和机架式，如图 6-8 所示。

（a）外置式 Modem

（b）内置式 Modem

（c）PCMCIA 插卡式 Modem

（d）机架式 Modem

图 6-8　貔劍訛貔雕

（3）集线器

当两台计算机距离较远时，若因传输介质的信号衰减或受到干扰导致信息不能正确传送，就需要在中间添加一种设备，这就是集线器。

集线器（Hub）的主要功能是对接收到的信号进行再生、整形、放大，以扩大网络的传输距离，同时把所有节点集中在以它为中心的节点上。它提供多端口的服务，每个端口通过传输介质连接一台计算机。集线器的工作方式非常简单，对所有接收到的数据，发送时没有针对性，而且采用广播的方式，对所有与之相连的节点都进行转发，如图6-9所示。

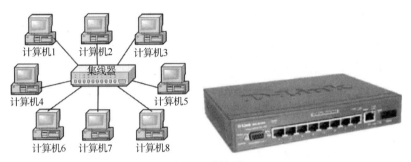

图6-9　集线器

这种广播式传输数据的方式有以下缺点。

① 数据向所有节点传送，可能会导致数据通信不安全。

② 所有数据是向所有节点传送的，所以各端口是共享带宽的，即如果一个 100Mb/s 集线器下面连接四台计算机，则每台计算机只分到25Mb/s，大大降低了网络传输效率。

③ 非双工传输模式，网络通信效率低，因为集线器同一时刻所有端口只能进行单方向通信。集线器实际上是一种时分多路共享通信设备。

为了弥补以上缺陷和不足，就需要用到交换机。

（4）交换机

交换机（Switch）是一种用于信号转发的网络设备，可以实现先存储、后定向转发的功能，如图6-10所示。因为交换机能根据数据帧的源 MAC 地址，知道该地址的机器连接在哪个端口上，并记住它，以后发往该地址的数据都只转发到这个端口上，所以它可以为交换机中任意两个端口之间提供独享的信号传输服务，也就是说多个端口对之间可以同时进行通信而不会冲突。每个端口都是一个独立的网段，连接在该端口上的计算机独享全部带宽，无须和其他端口分享，真正可以高速、高效地进行数据交换。

图6-10　交换机

（5）路由器

路由器（Router）是一种连接多个逻辑上分开的网络或网段的设备，它对不同网络或网段之间的数据信息进行"翻译"，以便它们能够互相"读"懂对方的数据，从而构成一个更大的网络。

路由器是互联网中非常重要的网络节点设备，它的主要功能就是路由选择。当两台不在同一子网的计算机相互通信时，可能需要许多个路由器进行数据转发。每个路由器都是从上一站接收数据包，然后根据数据包的目的地决定要转发给哪台路由器，这就是路由选择。可以把路由器的功能形象地描述为在两台计算机之间选择一条最适合的路径，即用代价最小、最省时的线路传输数据。现在路由器已经构成了 Internet 的主体脉络，它的处理速度是网络通信的主要瓶颈之一，它的可靠性直接影响网络的质量。因此，在整个互联网中，路由器始终处于核心地位。

（6）网关

网关（Gateway）又称网间连接器、协议转换器是最复杂的网络互联设备，用于连接两个网络系统并可实现不同网络之间的协议转换。网关既可以实现广域网的互联，也可以实现局域网的互联。网关到底是什么？我们可以举例说明。

假如你住在一个大院里，周围有很多小伙伴，父母是你的网关。你想跟院里某个小伙伴玩时，就在院里大喊一声他的名字，他听到后就回应你，并跑出来和你玩。可惜的是父母不允许你走出院门，你想找另外一个很远的大院里的同学小王时，就必须由父母（网关）帮你电话联系。如果你不知道小王的电话号码，但你知道你的班主任有你们全班同学的电话号码，此时你可以向你父母申请查询一下小王的号码，你父母通过班主任查到小王的电话号码后，就可以给小王家打电话。接电话的是小王的父母（小王的网关），然后他们把电话转给小王。此时，你们可以通信了。

6.2 网络协议与体系结构

事实上，两台计算机要想通信，只具备上述硬件还远远不够，试想：两个人想电话联系，有了电话机，有了对方电话号码，但双方都听不懂对方的语言，这怎么能对话呢？所以还需要计算机网络中的软件支持，这就是网络协议。本节主要简述网络协议及网络中采用的体系结构和现实体系标准。

6-2　网络协议

6.2.1 网络协议

俗话说，没有规矩不成方圆。网络通信也需要规矩，这就是网络协议。网络协议是指计算机网络中通信双方都必须遵守的标准、规则或约定的集合。具体说就是在通信内容、怎么通信以及何时通信等方面，双方都要共同遵从、可以接受的一组约定和规则。其作用是控制并指导通信双方的对话过程，发现对话过程中出现的差错并确定处理策略。

一般说来，协议由语法、语义和时序等 3 个要素组成。

① 语法（Syntax）用来规定数据和控制信息的结构或格式。

② 语义（Semantics）指需要发出何种控制信息、完成何种动作及做出何种应答。

③ 时序（Timing）用来说明事件发生的先后顺序及速度匹配。

由于计算机网络是一个庞大、复杂的系统，网络通信规则及约定不是一个协议可以描述清楚的，所以在计算机网络中存在多种协议，每种协议都有自己的设计目的和需要解决的问题，并且任何协议都可能存在优缺点。网络中常用的协议有 TCP/IP、NetBEUI 和 IPX/SPX 等。

6.2.2 网络体系结构

正是因为计算机网络系统的复杂性，计算机之间的通信面临诸多问题，为了解决这些问题，人们采用了化繁为简、各个击破的方法，把大问题分成若干个小问题，通过解决各个小问题来解决整个大问题，这就是分层设计方法。其实在现实生活中，我们遇到一个复杂问题的时候，也一般会把它分解成几个小问题，然后采用逐个击破的方式来解决。

例如，好多企业的车间里面生产的产品，一般都要经过设计、加工等几个环节，即使在生产流水线上也要分好几个环节，不同的环节做不同的事情。某环节只要在上个环节的基础上进行自己环节的处理，然后把任务交给下个环节就可以了，根本不需要了解其他环节。这就好比网络通信中的分层设计的思想。

所谓分层设计就是按照信息的流动过程将网络的整体功能分解为一个个的功能层、不同计算机上的同等功能层采用相同的协议，同一计算机的相邻功能层之间通过接口进行信息的转换与传递。

计算机网络采用分层设计的优越性如下。

① 各层之间相互独立。高层并不需要知道低层如何实现的，而只需知道该层通过层间接口所提供的服务。

② 灵活性好。当任何一层发生变化时，只要接口关系保持不变，则在这层以上或以下的各层不受影响。另外，当某层提供的服务不再需要时，甚至可以将该层去掉。

③ 各层可以采用不同的技术来实现，而各层实现技术的改变不影响其他层。

④ 易于实现和维护。整个系统被分解为若干个易于处理的部分，使得一个庞大而复杂系统的实现和维护变得简单。

⑤ 有利于促进标准化。因为每层的功能和所提供的服务都有了准确界定和明确说明，所以标准化变得较为容易。

但如何划分计算机网络的层次？迄今为止最著名的有 OSI 参考模型和被广泛应用于 Internet 的现实标准 TCP/IP。

1. OSI 参考模型

在计算机网络理论研究界和应用界的努力下，1978 年国际标准化组织制定出了一个开放协议标准：开放系统互连参考模型（Open System Interconnection Reference Model，OSI/RM），简称 OSI 参考模型。

OSI 参考模型将整个网络通信体系分为 7 层，自上而下分别为应用层、表示层、会话层、传输层、网络层、数据链路层和物理层，如图 6-11 所示。

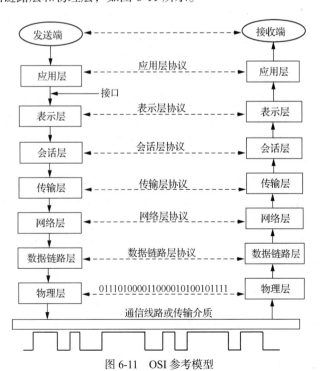

图 6-11　OSI 参考模型

此参考模型中，每台计算机的某一层只与另一台计算机的同层通信，图 6-11 中用双向虚箭头表示，因为真正的数据信号只能通过最底层的传输介质来传输，所以上面的所有层之间的通信都是虚通信。

对于该参考模型的每层功能，可以以一个国际会议来比喻。

应用层：会议的议题。

表示层：大会语言翻译。

会话层：交流各方的身份识别、发言顺序，议题的开始和结束。

传输层：如何到达举办会议的地点。

网络层：如何到达举办会议的国家。

数据链路层：每段路程的交通。

物理层：公路、铁路、航空等交通方式。

假如你正在和你的好友在网上通信，通信方式有很多：E-mail、QQ 等都可以。首先你要通过 IP 地址找到对方，这就是网络层的功能，找到以后要把你的信息在对方的计算机上显示出来，比如你的 E-mail 信息不可能在对方的 QQ 上显示出来，这就是传输层要做的事情。所以说每层都有自己的独立的功能。OSI 参考模型中每层的功能具体如下。

（1）物理层

数据通信最终要以通信信号在传输介质上的传输来实现。计算机中存储或处理的是二进制数据，即信息。该层传输的数据格式为信息，即二进制数据流。但通信介质上所传输的为信号（电信号或光信号）。所以要把信息变为信号。传输介质种类繁多，如果没有统一的标准和规范，就很难通过传输介质来进行通信。显然，为了达到信息交换的目的，就要对各种通信设备之间以及通信设备和传输介质之间的电气和机械接口进行约定，以使各种通信设备都能方便、规范地通过传输介质连接起来并进行信息交换，这就是物理层（Physical Layer）的功能。

（2）数据链路层

数据链路层（Data Link Layer）位于物理层的上一层，它所处理的数据单元称为帧（Frame）。在发送数据时，它接收来自上层的数据，加上自己的帧头和帧尾，形成数据帧后送到物理层；接收数据时，它接收来自下层即物理层的数据，去掉帧头和帧尾后取出数据部分传输给上一层。此外，该层还具有更为重要的流量控制和差错控制等功能。

① 流量控制。流量控制的功能是避免发送端发送数据的速率超过接收端的最大接收能力而导致数据丢失，保证双方能协调一致地交换数据。在网络通信中一般采用通过接收端来控制发送端的发送速率来实现，即接收端将自己的接收能力告诉发送端，发送端以此确定发送数据的速率。例如，最常见的停等协议就是要求发送端每发送一个数据帧后就停下来等待接收端的回答，接收端正确收到数据后就发送一个确认信息给发送端，发送端在接收到确认信息后知道所发数据帧已被正确接收，然后再发送下一个数据帧。但发送端在长时间等不到对方的确认时会进行超时重传，以避免双方相互等待的情况发生。

② 差错控制。网络通信要求很低的差错率，如果发生数据传输错误，要通过编码技术来实现纠错。这就需要接收端具有差错检测的功能，也就是通过编码方式使接收端能检测出接收的数据帧是否有错，如果有错，采取简单丢弃或要求对方重传等。

（3）网络层

网络层（Network Layer）在各种不同类型、不同规模的计算机网络之间提供点到点的服务，这就需要按照一定的算法在各个网络之间选择最佳路径。但最佳路径上也可能会有多个点，每个点收到数据包之后转发给哪个节点，这就是路由选择问题。该层的数据传输单位是分组（Packet，或称为包）。

（4）传输层

网络层可以实现点到点的传输，也就是两个计算机之间通过 IP 地址由路由器实现通信，但是计算机中的应用程序或是进程有很多，怎么实现两台计算机之间的 QQ 通信或是 E-mail 通信？因为每个进程对应的端口号都是不同的，所以传输层（Transport　Layer）的功能主要是实现端到端的传输。通过物理层、数据链路层和网络层已经实现了两台计算机之间的通信，所以其他层的主要功能就不是解决信息传输的问题了，而是解决信息在计算机内部的表示和处理问题。

（5）会话层

会话层（Session　Layer）提供的服务是建立、维持应用之间的会话，并使会话同步。该层用于建立、管理和中止不同计算机上的应用程序之间的会话。会话是指为完成一项任务而进行的一系列相关的信息交换。

（6）表示层

表示层（Presentation Layer）为高层的应用层解决被传送数据的表示问题，即提供信息的语法和语义。如有必要，使用一种通用的数据表示格式实现多种数据表示格式之间的转换，使采用不同表示方法的各开放系统之间能互相通信。该层还负责数据的加密、压缩和恢复等。例如，IBM主机使用 EBCDIC 码，而大部分 PC 使用的是 ASCII 码，此时，便需要表示层来完成这种转换。

（7）应用层

应用层（Application Layer）直接面向用户，为用户使用应用程序提供通信服务，在实现多个系统应用进程相互通信的同时，提供一系列业务处理所需的服务。它处于 OSI 参考模型的最高层，包含的协议最多，也是最复杂的一层。

2. 现实标准

虽然 OSI 参考模型在理论上比较完整，并且是国际公认的标准，但它却没有市场化，现今互联网中使用的网络协议几乎没有完全符合 OSI 参考模型的。在互联网中，人们普遍使用的是传输控制协议/因特网协议（Transmission Control Protocol/Internet Protocol，TCP/IP）。这就是所谓的理想很丰满，现实很骨感，并不是所有的理想都能成为现实。

TCP/IP 实际上是一个网络协议族，共分为 4 层：网络接口层、网际层、传输层和应用层。具体划分以及与OSI 参考模型的对应关系如图 6-12 所示，TCP 和 IP 是其中最为重要的两个协议，虽非 OSI 参考模型中的标准协议，但事实证明它们工作得很好，已被公认为现今网络中的现实标准。

（1）应用层

TCP/IP 的最高层，它负责接收并响应用户的各种请求，为用户提供各种服务，对应 OSI 参考模型的上 3 层。主要服务协议如下。

图 6-12　TCP/IP 与 OSI 参考模型的对应关系

① 文件传输协议（File Transfer Protocol，FTP）：用于交互式文件传输，可以在不同计算机间传输文件。

② 超文本传输协议（Hypertext Transfer Protocol，HTTP）：提供 WWW 服务，使用该协议可以访问网络上丰富的文本或超文本信息。

③ 简单邮件传输协议（Simple Message Transfer Protocol，SMTP）：主要负责网络上电子邮件的传输，该协议为发送电子邮件所用，接收电子邮件一般用 POP3 或 IMAP 等。

④ 域名服务系统（Domain Name System，DNS）：负责域名与 IP 地址之间的转换。

此外还有常用的远程登录协议 Telnet（Teletype network）、网络新闻组传输协议 NNTP（Network News Transport Protocol）、简单网络管理协议 SNMP（Simple Network Management Protocol）等。随着计算机网络技术的发展，还不断有新的应用层协议加入。

（2）传输层

传输层提供端点到端点之间的可靠通信，具有差错控制、数据包的分段与重组、数据包的顺序控制等功能。该层包括面向连接的 TCP 和面向无连接的 UDP（User Datagram Protocol，用户数据报协议），这两个协议分别用于传输不同性质的数据。

（3）网际层

网际层提供无连接的传输服务，主要功能是寻找一条能够把数据送到目的地的路径。它对应 OSI 参考模型的网络层，通过 IP 将不同的物理网络连接起来，以实现数据通信和资源共享。

（4）网络接口层

网络接口层为 TCP/IP 的最底层，对应 OSI 参考模型的物理层和数据链路层。其主要负责从网际层接收报文数据并通过物理网络发送出去，或是从物理网络接收信号中提取报文数据并交给网际层。

3. 几个概念

（1）IP 地址

为了区分或识别连入计算机网络的计算机，使它们之间能够正常通信，每台计算机都必须由授权组织分配一个区分于其他计算机的唯一地址，就是 IP 地址，它是由软件产生的逻辑地址，并具有如下特点：IP 地址是唯一的；每台连入互联网的计算机都依靠此地址互相区分、互相联系；网络设备根据 IP 地址帮用户寻找目的端；IP 地址由统一的组织分配，任何个人都不能随便使用。

① IP 地址组成。IP 地址由 32 位（bit）二进制数组成，即 IP 地址占 4 字节。为书写方便，把它们分为 4 组，每组 8 位二进制数，并用十进制数表示，每组数的范围为 0～255，每两组之间用 "." 隔开，例如，211.70.151.162 就是一个普通的 IP 地址。

② IP 地址分类。IP 地址分为 A、B、C、D、E 等 5 类，其中 A、B、C 3 类为主类地址，也是现在常用的 IP 地址，D 类地址为组播地址，E 类地址尚未使用。一般 IP 地址由两个部分组成：网络号和主机号。网络号标识网络类型，主机号标识某个网络内的主机。

A 类 IP 地址：

0	网络号（7 位）	主机号（24 位）

所以 A 类 IP 地址第一组数的范围为 0～127。例如，58.242.13.9 就是一个 A 类 IP 地址。

B 类 IP 地址：

10	网络号（14 位）	主机号（16 位）

可以看出 B 类 IP 地址第一组数的范围为 128～191。

C 类 IP 地址：

110	网络号（21 位）	主机号（8 位）

C 类 IP 地址第一组数的范围为 192～223。

D 类 IP 地址：

1110	组播地址（28 位）

E 类 IP 地址：

11110	尚未分配

（2）域名

在计算机网络中，IP 地址可以代表某台计算机，通过 IP 地址就可以访问网络中对应计算机的资源。但毕竟 IP 地址只是枯燥的数字，难以记忆。所以为了便于记忆，常采用形象、直观的字符串作为网络上各个节点的地址，如新浪的服务器网址为 www.sina.com.cn。这种唯一标识网络节点地址的符号称为域名（Domain Name）。域名是一个逻辑概念，与主机所在地理位置没有必然联系，它由专门的组织进行管理和分配，用户使用域名需要向该组织申请和注册。

为了便于对域名进行管理、记忆和查找，一般采用树形的层次结构来组织域名，如图 6-13 所示。

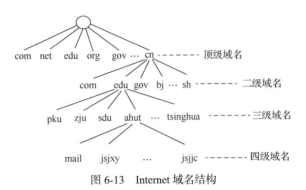

图 6-13   Internet 域名结构

一般域名的书写形式为：…. 三级域名. 二级域名. 顶级域名。

例如，新浪体育的域名为 sports.sina.com.cn。

顶级域名一般分为两类。

① 国家或地区顶级域名，例如，cn 表示中国，jp 表示日本。

② 组织顶级域名，表示公司、政府部门、教育机构等。

常见域名如表 6-1 所示。

表 6-1   常见域名

序号	域名	含义	序号	域名	含义
1	com	公司企业	7	coop	合作团体
2	net	网络机构	8	info	网络信息组织
3	org	非赢利组织	9	name	个人
4	gov	政府部门			
5	mil	军事部门			
6	edu	教育部门			

（3）IPv6

IPv4 是目前广泛部署的互联网协议，到现在已有 20 多年的历史。它协议简单、易于实现、互操作性好，IPv4 网络规模也从最初的单个网络扩展为全球范围的众多网络。然而，随着互联网的迅猛发展，IPv4 的设计也暴露出明显的不足，主要表现为 IP 地址空间不足又分配不均、骨干路由器维护的路由表表项数量过大、不易进行自动配置和重新编址、存在日益突出的安全问题等。例如，IPv4 采用 32 位标识，理论上最多能提供的地址数为 43 亿左右，但采用 A、B、C 3 类编址方式后，可用地址数目就大打折扣，其中又包含部分内部地址，且分配方式又极为不均衡，美国约占总数的一半左右，欧洲就相对匮乏。由于发展中国家的计算机网络普及较晚，所以分配到的 IP 地址非常少，我国分配到的 IP 地址甚至不如美国某个大学分配到的 IP 地址多。所以 IPv6 被提出，现在已广泛被使用，并在不久的将来将取代 IPv4。

相对于 IPv4，IPv6 具有以下优势。

① 具有更大的地址空间。

② 具有更高的安全性。

③ 灵活的 IP 报文头部格式，加快了报文处理速度。

④ 支持更多的服务类型。

⑤ 支持扩充，以适应未来技术的发展。

IPv6 采用了 128 位标识，地址空间比 IPv4 增大了 2^{96} 倍。它的地址格式采用了 8 组 4 位十六进制的书写形式，例如，CDCD:910A:2222:5498:8475:1111:3900:2020 就是一个合法的 IPv6 地址。地址中的每位数字都是十六进制，4 位一组，每两组之间用 ":" 分隔。

如果说 IPv4 实现的只是人机对话，IPv6 则可实现任意事物之间的对话，将来家中众多的硬件设备，如家电、汽车、照相机等都会分配到一个 IPv6 地址，进而实现设备之间的通信。

6.3   Internet 应用

6.3.1   Internet 基础

Internet 是由世界上许许多多的广域网、城域网、局域网等互联起来形成的巨型计算机网络。它包含了非常庞大的信息资源，并向全世界提供信息服务。现今 Internet 已经成为获取信息的一种非常方便、快捷而有效的手段。

6-3   Internet 基础

1969 年美国国防部高级研究计划署开发建立了 ARPANET 网络，目的是建立分布式、存活力强的网络指挥系统。该系统早期只连接了加州大学洛杉矶分校、加州大学圣芭芭拉分校、斯坦福大学和犹他州州立大学等 4 台主机。1972 年，连接到 ARPANET 上的主机达到 40 多台，这些主机之间可以发送电子邮件、进行文件传输，还可以把一台主机模拟成另一台远程主机的终端，从而使用远程主机上的资源。这便是最早的 Internet 应用，也是现今 Internet 上最主要的应用之一。

6.3.2   Internet 工作方式

Internet 提供的服务有很多，包括电子邮件、文件传输、WWW 服务、远程登录等，它们大多采用客户机/服务器模式，随着其他网络服务的涌现，又出现了浏览器/服务器模式、P2P 模式等。

1.   客户机/服务器模式

采用客户机/服务器（Client/Server，C/S）模式的网络一般由几台服务器和大量客户机组成，服务器性能高、资源丰富，并安装专用服务器端软件，给其他计算机提供资源；客户机性能稍弱，也需安装客户端专用软件，用户通过客户端和服务器进行交互。

2.   浏览器/服务器模式

浏览器/服务器（Browser/Server，B/S）模式是对 C/S 模式的一种改进。在此模式下，客户端只需要安装 WWW 浏览器，用户通过浏览器和服务器进行交互，该模式的主要工作一般在服务器端实现。该模式使用简单方便，界面统一，所以越来越多的服务采用 B/S 模式。

3.   P2P 模式

P2P 模式也称对等网络模型，是 Peer To Peer 的简称，也称对等网技术。在 P2P 模式中，每个节点的地位都是平等的，没有服务器和客户机之分。因此，每台计算机既可作为客户机也可作为服务器来工作。网络中每个节点都可以共享资源，这些共享的资源可以被网络中其他对等节点直接访问而无须其他实体介入。

6.3.3　信息搜索

Internet 发展初期，因网站及其服务内容都相对较少，信息查找较简单。随着 Internet 的迅猛发展，各种信息在网络中呈现爆炸式增长，普通用户要在信息海洋中查找想要的信息如同大海捞针。为满足广大用户快速查找信息的需求，出现了搜索引擎。搜索引擎是对 Internet 上的信息资源进行搜索整理并对用户提供查询功能的系统，它包括了信息搜集、信息整理和用户查询等 3 部分。现在搜索引擎已经成为 Internet 的核心服务。

现在著名的搜索引擎有百度、谷歌、搜狗等。这些搜索引擎的工作方式基本相同，一般都是定期通过某种"爬虫"程序对指定 IP 地址范围内的网站进行检索，如果发现新的网页，就把该网页内容和网址等关键信息添加到数据库并进行分类整理。经过一定时间的搜索，数据库中就保存了 Internet 上大部分的网页信息以供用户检索。

当用户在搜索引擎提供的界面中输入关键词查找信息时，搜索引擎会在数据库中进行查找，如果找到与用户要求相符的网页，则采用某种算法计算出网页信息与关键词之间的关联程度，然后根据关联程度的高低进行排序，最后把这些排好序的网页链接返回到用户查询页面。

6.3.4　信息发布

1．博客

博客也称网络日志，最初叫 Weblog，由 Web 和 Log 两个单词组成，按字面意思理解为网络日记，后来简化成了 Blog。简单说来，Blog 是以网络为载体，简易、快捷地发布自己的心得，及时、有效、轻松地与他人进行交流的平台，它是继 E-mail、BBS、ICQ 之后出现的网络交流方式，并受到许多用户的欢迎。

Blog 其实就是一个网页，一般由简短并且经常更新的帖子构成，帖子内容可能五花八门，既可能有对时事新闻、国家大事的看法，也可能是对影视、文章的评论。这些帖子一般按日期倒序排列，还可以进行分类，可以根据自己的意愿设置允不允许其他用户评论等。

2．播客

播客（Podcast）和博客的意义基本相同，都是个人通过互联网发布的信息，不同的是博客多为文字或图片，而播客则多为音频或视频。

3．微博

微博是微博客（MicroBlog）的简称，是一种通过关注机制分享简短实时信息的广播式的社交网络平台，也是一个基于用户关系进行信息分享、传播及获取的平台。用户可以通过 Web、WAP等各种客户端组建个人社区，以 140 字左右的文字更新信息，并实现即时分享。

虽然通过微博发布一些信息非常简单方便，但要时刻牢记不是任何信息都可以公开发布的，发布前必须要对待发信息进行仔细核查，以防给自己带来不必要的麻烦。

4．远程协助

远程协助是在网络上由一台计算机远距离地去控制另一台计算机，以帮助对方完成想要完成的操作。只要获取对方的 IP 地址或域名和用户名与密码等信息，就可以进行远程协助。远程操作对方的计算机，就像直接操作本地计算机一样方便。一般的远程控制软件使用 NetBEUI、NetBIOS、IPX/SPX、TCP/IP 等协议来实现，常见的有 DOS 环境下的 Telnet 服务和 Windows 环境下的远程桌面连接。

 与其他 Internet 信息服务一样，Telnet 采用 C/S 模式。在用户登录的远程系统上必须运行着 Telnet 服务程序，在用户的本地计算机上需要安装 Telnet 客户程序，本地用户只能通过 Telnet 客户程序进行远程访问。

 Telnet 远程访问非常简单，只需在操作系统提示符下输入"Telnet"和要访问的主机名即可，例如，用户要访问主机 jsjjc.ahut.edu.cn，只需输入 Telnet jsjjc.ahut.edu.cn，然后按提示进行登录即可。

 远程桌面连接功能从 Windows 2000 Server 开始由微软公司提供，在 Windows 2000 Server 中也不是默认安装，但该功能一经推出便受到了很多用户的喜爱，所以 Windows XP 和 Windows 2003 对该组件的启用方法进行了改革，通过简单勾选即可完成在 Windows XP 和 Windows 2003 环境下远程桌面连接功能的开启。某台计算机开启了远程桌面连接功能后，其他机器就可以在网络的另一端远程连接这台计算机了。开启远程桌面连接功能的操作非常简单，右键单击"我的电脑"，选择"属性"，单击"远程"选项卡，如图 6-14 所示，选中"允许用户远程连接到这台计算机"的复选框即可。

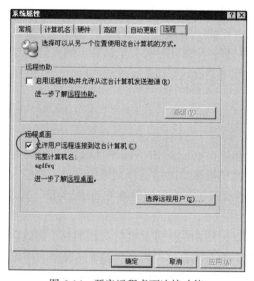

图 6-14　开启远程桌面连接功能

 如果只允许部分用户远程连接该计算机，可以在图 6-14 所示的对话框中，单击"选择远程用户"按钮，如图 6-15 所示。

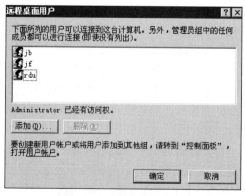

图 6-15　选择远程用户

 连接方法如下。

首先，通过任务栏的"开始"→"程序"→"附件"→"通讯"→"远程桌面连接"来启动程序，如图 6-16 所示，启动窗口如图 6-17 所示。

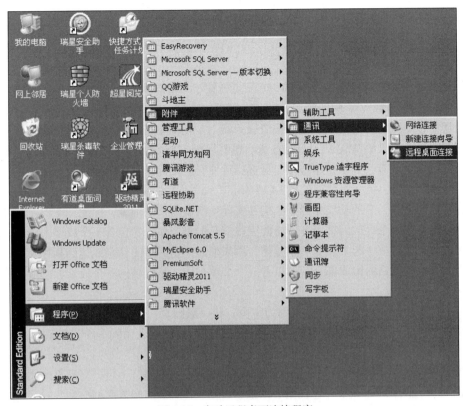

图 6-16 启动远程桌面连接程序

然后，在图 6-17 所示的"远程桌面连接"窗口中输入对方的 IP 地址，单击"连接"按钮，如图 6-18 所示。

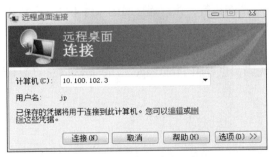

图 6-17 "远程桌面连接"窗口

图 6-18 远程桌面连接登录

最后，在图 6-18 所示窗口中输入允许远程连接的用户名和密码，单击"确定"按钮，即可登录该计算机进行操作。

6.4　网页制作概述

6.4.1　几个相关概念

超链接：网页是使用 HTML 编写的，其特点就在于"超链接"。超链接（Hyper Link）是特殊的文字标识，它指向 WWW 中的资源，如一个网页、声音、文件、网页的一个段落或 WWW 中的其他资源等，这些资源均可放在任意一个服务器上。鼠标单击超链接时，就会跳转到超链接所指向的资源，继而可以从 WWW 上下载信息。想要判断一个网页的某个部分是否是超链接，就把鼠标指针放到这个地方，如果是超链接，鼠标指针便会改变为一只手的形状。

统一资源定位器：统一资源定位器（Uniform Resource Locator，URL）用于描述 Internet 上资源的位置和访问方式，它的功能相当于我们在实际生活中写信时的地址，因此把 URL 称为网址。

网站：网站是一个存放网络服务器上的完整信息的集合体。它包含一个或多个网页，这些网页以一定的方式连接在一起，成为一个整体，用来描述一组完整的信息或达到某种期望的效果。

网页：网页是网站的组成部分，可以看成一个单一体，是网站的一个元素，一般分静态网页和动态网页。

首页：首页（Home Page）也可以称为主页，和一般网页一样，可以存放各种信息，同时又是一个特殊的网页，作为整个网站的起始点和汇总点，是浏览者访问一个网站时打开的第一个网页。

HTML：HTML（Hypertext Markup Language，超文本标记语言）是编写网页的主要工具。使用 HTML 可以在网页中加入文本、图形、图像、表格、视频、声音等多种信息，通过超链接提供各种检索以及多种应用。

脚本语言：脚本语言是用于客户端和服务器端 Internet 应用程序的开发语言，常用的有由 Netscape 公司开发的 JavaScript 和由微软公司开发的 VBScript。这些语言可直接嵌入 HTML 页面，不需要通过编译。使用这些语言可在网页中添加特效、动态或交互功能。

静态网页：静态网页是标准的 HTML 文件，文件扩展名为 htm 或 html，其内容在开发人员编辑好之后不会自行改动，页面内容不会因为用户的操作而改变。

动态网页：动态网页含有程序代码，并会被服务器端执行，执行程序时的条件不同，网页执行的结果也可能会不同。这种网页因制作技术的不同扩展名也有所不同，例如，用 ASP.NET 技术开发的网页扩展名为 asp。目前主要采用的技术有 JSP、ASP.NET 和 PHP。

本节侧重介绍静态网页，可以直接写 HTML 代码，也可用 FrontPage、Dreamweaver 等设计工具制作。

6.4.2　网站建立与网页发布流程

建立网站要在本地机上构建本地站点，创建合理的站点结构，编辑制作网页，用合理的组织形式来管理站点中的文档，并对站点进行必要的测试。一切就序后，再将站点上传到 Internet 服务器，供其他人浏览。

网站建立与网页发布基本流程如下。

① 站点规划与设计：对网站的需求与建站的目的进行分析，收集站点的关键信息，包括站点的目标读者、要发布的内容、预期达到的效益等，根据网站需求，对整个网站的主题、结构、

内容、风格等进行规划与设计。

② 素材准备：收集建立网站所需要的各种资料、包括文字、图形、图像、动画、声音、视频、各种数据等。

③ 建立网站与网页制作：在本地机上建立站点，利用各种网页技术及网页制作工具软件制作和编辑网页。

④ 网站测试：对所有网页的链接、网页程序的运行、网站功能等进行测试与修补。

⑤ 网站发布：将网站与网页传送到远程站点，可以是所申请的网站空间、租借的虚拟主机或本单位的 Web 服务器，在 Internet 上发布网站，以供浏览访问。

⑥ 维护更新：完成网站后，需要对网站进行日常的维护，以保证网站的正常运转；需要定期更新网页内容，不断在网站上增加新的功能、新的服务，以吸引访客。

6.4.3 HTML 简介

1. 基本结构

HTML 是一种描述文件格式的语言，它将显式的命令置于文件中，由浏览器解释和执行。显式的命令叫作标记，HTML 以标记标识及排列各对象，不区分大小写。而标记本身则以"<"和">"号标识，例如，<P>是段落标记。标记内的内容称为元素。可以利用 HTML 所定义的标记及其属性来直接编写网页，用最简单的文本文件格式保存，并用 htm 或 html 作为文件的扩展名。

用 HTML 直接编写网页，以<HTML>标记开头，以</HTML>标记结尾，中间包括两部分内容：头部和主体。HTML 文件基本架构如下。

```
<html>
<head>文件头
<tltle>标题</title>
</head>
<body>主体</body>
</html>
```

① 头部：<head>……</head>是 HTML 文档的头部。在浏览器窗口中，头部信息是不被显示在正文中的，在此标记中可以插入用以说明文件的标题和一些公共属性的信息。<title>……</title>之间写上网页标题。另外，可以在头部文件中使用<META>标记，用于描述不包含在标准 HTML 里的一些文档信息，如开发工具、作者、网页关键字、网页描述等。这些内容并不在网页中显示，但是一些搜索引擎可以检索到这些信息，浏览者可以根据这些关键字或描述查找到该网页。

② 主体：在标记<body>……</body>中放置的是页面中所有的内容，如图片、文字、表格、表单、超链接等。

2. 基本语法

① 标记语法：HTML 用于描述功能的符号称为"标记"。<html><head><body>等都是标记。标记通常分为单标记和双标记两种类型。单标记：仅单独使用就可以表达完整的意思，如
表示换行。双标记：由首标记和尾标记两部分构成，必须成对使用，如和之间的文本应以粗体显示。

② 属性语法：基本格式为<标记名称 属性 1="属性值" 属性 2="属性值">。

③ 注释：基本语法为<! ——注释内容——>。

3. 编写 HTML 语句的注意事项

① <和>是任何标记的开始和结束。

② 标记可以嵌套使用，但不能交叉嵌套标记。

③ 在源代码中不区分大小写，<head><Head><HEAD>都是对的。

④ 任何回车和空格都不起作用，为了代码清晰，建议不同标记独占一行。

⑤ 标记中可以放置各种属性，属性值用""括起来。

⑥ 编写代码一般应该用缩进风格，以便更好地理解页面的结构，便于阅读和维护。

⑦ 文件的扩展名为 htm 或 html，网站的首页文件名一般是 index.html 或 default.html。

4. 简单 HTML 网页实例

【例 6-1】文字与段落应用。

① 打开记事本，输入图 6-19 所示内容，保存为实例 1.html。

图 6-19　文字与段落应用实例

② 直接双击该文件，即可在浏览器中看到效果，如图 6-20 所示。

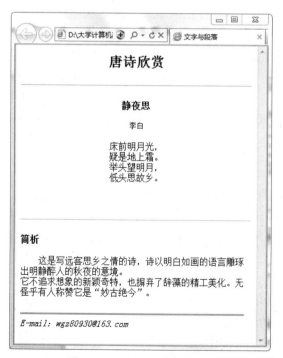

图 6-20　文字与段落浏览效果

【例6-2】图片与超链接应用。

① 打开记事本，输入图6-21所示内容，保存为"实例2.html"。

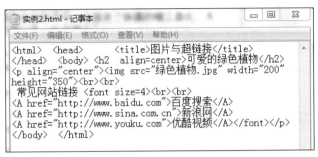

图6-21　图片与超链接应用实例

② 直接双击该文件，即可在浏览器中看到效果，如图6-22所示。

图6-22　图片与超链接浏览效果

语法说明如下。

① <h#　align="left | center | right">标题文字<h#>：标题级别及对齐方式。

② <font　face=" "　size=" "　color=" ">……</font>：定义网页文字的字体、字号、颜色。

③ ……：粗体。

④ <i>……</i>：斜体。

⑤ <u>……</u>：下画线。

⑥ ：表示输入一个空格。

⑦
：添加一空行。

⑧ <P>……</P>：段落标记。

⑨ <img src="绿色植物.jpg" width="200" height="350">：插入一幅指定高度与宽度的图片。

⑩ <A href="http://www.baidu.com">百度搜索</A>：插入一个超链接。

6.4.4　Dreamweaver 简介

Dreamweaver 是美国 Macromedia 公司开发的集网页制作和网站管理于一身的所见即所得的网页编辑器，与 Flash、Fireworks 并称为"网页制作三剑客"。

Dreamweaver 具有两个主要功能：网站建立与维护；网页制作。

Dreamweaver 集成操作界面按功能分为 4 大部分：页面编辑器、面板组、属性面板、站点管理器，如图 6-23 所示。

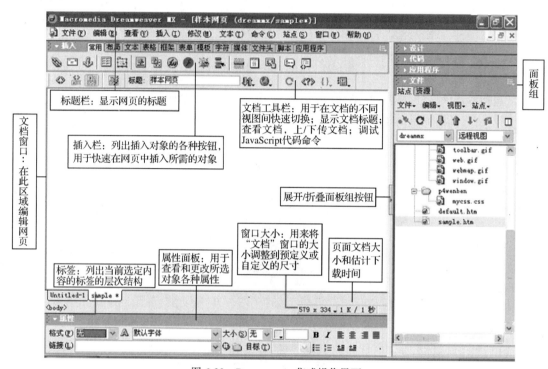

图 6-23　Dreamwaver 集成操作界面

1．工作界面

（1）标题栏

标题栏显示页面标题，并在括号中显示文件的路径和文件名。如果做了更改但仍未保存，则在文件名后显示一个星号。

（2）插入栏

插入栏如图 6-24 所示。

图 6-24　插入栏

插入栏包含用于创建和插入对象的各种按钮。这些按钮被组织到选项卡中。

① 显示或隐藏插入栏：选择菜单"窗口"→"插入"。

② 展开或折叠插入栏：单击插入栏左上角处的展开箭头。

插入对象方法：在插入栏中选择适当的选项卡，单击一个对象按钮或将该按钮的图标拖到文档窗口中。

（3）文档工具栏

文档工具栏如图 6-25 所示。

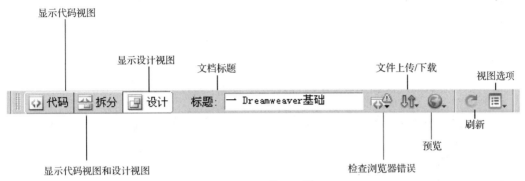

图 6-25　文档工具栏

① 若要显示或隐藏工具条，选择"查看"→"工具条"→"文档"。

② 若要在文档窗口中只显示代码，单击"显示代码视图"按钮。

③ 若要显示包括代码和设计的视图，单击"显示代码视图和设计视图"按钮。

④ 若要只显示"设计"视图，单击"显示设计视图"按钮。

⑤ 若要为文档输入一个标题，使用"标题"文本框。如果文档已经有了标题，它将出现在该文本框中。

（4）状态栏

状态栏如图 6-26 所示。

图 6-26　状态栏

状态栏提供正在创建的文档的一些其他信息。

① 标签选择器：显示选定文本或对象的 HTML 父标签。单击其中的一个标签就可以在文档窗口中高亮显示其内容。例如，单击<body>就可以选择该文档的整个主体部分。

② 窗口大小弹出式菜单：用于将文档窗口调整到预先定义的大小或自定义的尺寸。

③ 估计文档大小和该页面的下载时间：该大小包括所有相关文件，如图像和其他媒体文件。

2. 属性面板

属性面板主要用于测试和编辑当前所选页面元素的属性。属性面板如图 6-27 所示。

图 6-27　属性面板

① 显示或隐藏属性面板方法：选择菜单"窗口"→"属性"。

② 单击属性面板左上角的箭头按钮可以展开或折叠面板。

③ 单击属性面板右下角的箭头按钮可以将面板展开为全高或折叠为半高。

3. 面板组

① 展开或折叠一个面板：单击面板标题条左侧的展开箭头。

② 在展开的面板组中选择一个面板：单击该面板的选项卡。

③ 最大化面板组：从面板组标题条中的"选项"菜单中选择"最大化面板组"。

④ 关闭面板组：从面板组标题条中的"选项"菜单中选择"关闭面板组"。

⑤ 打开屏幕上不可见的面板组：从"窗口"菜单中选择一个面板的名称。

⑥ 将一个面板停靠到其他面板：打开该面板；右键单击该面板名后选择"将资源组合在"。

4. 站点管理器

站点管理器如图 6-28 所示。在该窗口内可以完成各种标准的站点维护操作：创建新的 HTML 文档；查看、打开、移动、删除文件；创建、移动、删除文件夹；在本地和远程站点间传输文件；使用站点地图来布置站点导航；检查站点文件的链接。

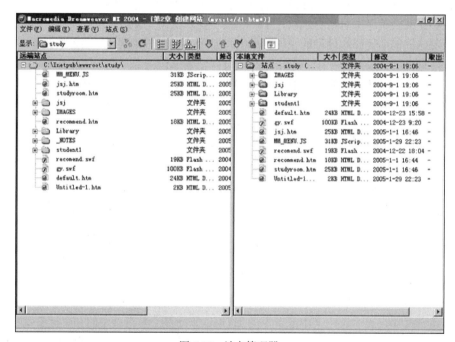

图 6-28　站点管理器

在站点管理器中进行各种文件操作时，Dreamweaver 会自动更新链接。

① 打开或关闭站点管理器：选择"窗口"→"站点"。

② 展开或折叠站点管理器：单击工具栏上的"展开/折叠"按钮。

③ 站点弹出式菜单：列出已定义的站点。若要切换站点，从该列表中选择另一个站点；若要添加站点或编辑现有站点的信息，选择"编辑站点"。

④ 连接/断开：连接到远程站点或从远程站点断开。默认情况下（仅适用于 FTP），停止使用

超过 30 分钟时 Dreamweaver 将从远程站点断开连接。

⑤ 刷新：刷新本地和远程文件夹列表。

⑥ 获取文件：将远程站点中所选定的文件复制到本地站点（如果该文件已存在则覆盖现存本地文件）。

⑦ 上传文件：将选定文件从本地站点复制到远程站点。

⑧ 取出文件：用于将文件的副本从远程服务器传输到本地站点（如果存在该文件的现有本地副本，则将其覆盖），并将该文件标记为在服务器上取出。

⑨ 存回文件：用于将本地文件的副本传输到远程服务器，并且使该文件可供他人编辑，本地文件变为只读。

本章小结

本章从宏观上介绍了计算机网络的基本概念、发展阶段、基本组成要素及计算机网络的几种分类方式，对各种常见网络设备的功能及其工作原理进行了简明扼要的说明；然后较为详细地介绍了 OSI/RM 及 TCP/IP 两种网络协议，对于 TCP/IP 来说，应重点理解它各层上的应用；接着结合实际介绍了几种现在 Internet 上较流行的应用；最后对网页制作相关内容进行了简要介绍。读者应充分利用校园网优势，合理合法地使用 Internet 上的各种应用。

习　题

一、选择题

1. 将计算机连接到网络需要_____。
   A. 收发信机　　　B. 网络接口卡　　　C. 多站连接单元　D. 集线器

2. 在一个大的政府机构安装网络，该机构希望减少电子窃听的可能性，比较合适的线缆是_____。
   A. UTP　　　　　B. STP　　　　　　C. 同轴电缆　　　D. 光缆

3. _____确定了分组从发送方到接收方所采用的路径。
   A. 应用层　　　　B. 物理层　　　　　C. 网络层　　　　D. 数据链路层

4. 称一个网络为局域网是按_____分类的。
   A. 协议　　　　　B. 拓扑　　　　　　C. 介质　　　　　D. 范围

5. 用于电子邮件的协议是_____。
   A. IP　　　　　　B. SMTP　　　　　C. SNMP　　　　　D. TCP

6. 网络层的互联设备是_____。
   A. 网桥　　　　　B. 交换机　　　　　C. 路由器　　　　D. 网关

7. 一个 IP 地址为 202.144.70.68，相应的网络号为_____。
   A. 202.144.70　　B. 68　　　　　　C. 202　　　　　　D. 144.70.68

8. DNS 的作用是_____。
   A. 为主机分配 IP 地址　　　　　　　　B. 将域名解释为 IP 地址
   C. 远程文件访问　　　　　　　　　　　D. 传输层协议

9. _____的顶级域名是 edu。

    A. 公司   B. 教育   C. 政府   D. 军事

10. 下列正确的邮件地址是_____。

    A. ftp.pku.edu.cn   B. www.pku.edu.cn

    C. mail.pku.edu.net   D. mail@pku.edu.cn

二、填空题

1. 计算机网络中通信双方都必须遵守的标准、规则或约定的集合，称为_____。

2. 计算机网络有线传输介质主要有_____、_____、_____。

3. 双绞线有 STP 和_____两类。

4. OSI 参考模型将网络通信体系划分为_____层。

5. 制作双绞线时，一端执行 T568A，另一端执行 T568B，这种连接线称为_____。

6. 当数据通过 OSI 参考模型传输时，_____层传输数据格式为帧。

7. Windows 7 默认安装的网络协议是_____。

三、简答题

1. 以局域网为例，简述计算机网络的组成要素及主要功能。

2. 简述计算机网络的各种分类。

3. 简述网络协议的 3 要素及其主要功能。

4. 简述 OSI 参考模型与 TCP/IP 的层次对应关系。

第7章 人工智能基础

教学目标

➢ 了解人工智能的概念和发展历程。

➢ 熟悉传统人工智能与计算智能。

➢ 熟悉人工智能与机器学习。

➢ 了解人工智能与大数据。

➢ 了解人工智能的典型应用。

知识要点

本章首先介绍人工智能的基本概念，在此基础上介绍了传统人工智能及以进化计算和群体计算为代表的计算智能，然后重点介绍了传统机器学习方法和深度学习方法，最后介绍了人工智能与大数据的关系及人工智能的典型应用。

课前引思

● 2016年3月至2017年5月，谷歌公司研制的人工智能围棋程序"阿尔法围棋"（AlphaGo）先后以4:1和3:0的比分战胜了职业围棋九段棋手李世石和世界排名第一的柯洁，并在2017年年底宣布其自学习版本AlphaGo Zero在围棋、日本将棋、国际象棋对决中均战胜此前最强的棋类程序。这种基于深度学习技术研究开发的智能棋类程序，在攻占了人类智力游戏最后一块高地的同时，更是掀起了人工智能研究的又一次热潮。

● 2018年2月15日，百度Apollo无人车亮相2018年中央电视台春节联欢晚会广东珠海分会场。在直播中，百余辆Apollo无人车跨越港珠澳大桥。2019年9月26日，百度在长沙宣布，自动驾驶出租车队Robotaxi试运营正式开启。无人驾驶技术的逐步成熟正是人工智能发展的重要标志。

● 今天，你拿出手机，无论是扫一扫还是语音翻译，各种机器翻译软件应有尽有，让你出国不用带翻译。尽管机译的质量离终极目标仍有距离，但机器翻译已带给专业译员至少30%的效率提升。随着产业界和学术界的不断研究攻关，机器翻译必定会将人工智能的语言识别能力提升到更高层次。

上述案例的出现，正是人工智能技术一步步发展的成果，随着计算机相关技术的进一步提高，人工智能将会推动经济社会的各个领域向智能化方向发展。本章将帮你了解人工智能技术的相关知识和典型应用。

7.1　人工智能的概念与发展

人工智能（Artificial Intelligence，AI）是当前最为热门的话题，频繁出现在各种纸质和电子媒体上，也是社交网络上的热议主题。那么，什么是人工智能？人工智能与人类智能相比已达到什么水平？

7-1　人工智能概念与发展

7.1.1　人工智能的概念

我们要讨论的人工智能，又称机器智能或计算机智能，无论它取哪个名字，都表明它所包含的"智能"是人为制造的或由机器和计算机表现出来的，有别于自然智能，特别是人类智能。由此可见，人工智能本质上有别于自然智能，是一种以人工手段模仿的人造智能。

像许多新兴学科一样，人工智能至今尚无统一的定义。不同科学或学科背景的学者对人工智能有不同的理解，常见的观点主要基于计算机科学和智能科学。计算机科学研究者认为：人工智能是计算机科学中涉及研究、设计和应用智能机器的一个分支，它的主要目标在于研究用机器来模仿和执行人脑的某些智力功能，并开发相关理论和技术。智能科学研究者认为：人工智能是智能科学中涉及研究、设计及应用智能机器和智能系统的一个分支，而智能科学是一门与计算机科学并行的学科。

7.1.2　人工智能的发展

了解人工智能向何处去，首先要知道人工智能从何处来。1956 年夏，麦卡锡（John McCarthy）、明斯基（Marvin Lee Minsky）等科学家在美国达特茅斯学院开会研讨"如何用机器模拟人的智能"，会上首次提出"人工智能"这一概念，标志着人工智能学科的诞生。人工智能充满未知的探索道路曲折起伏，如何描述人工智能自 1956 年以来的发展历程，学术界可谓仁者见仁、智者见智。我们将人工智能的发展历程划分为以下 6 个阶段。

① 起步发展期：1956 年—20 世纪 60 年代初。人工智能概念提出后，相继出现了一批令人瞩目的研究成果，如图灵测试、机器定理证明、跳棋程序等，掀起人工智能发展的第一个高潮。

② 反思发展期：20 世纪 60 年代—70 年代初。人工智能发展初期的突破性进展大大提升了人们对人工智能的期望，人们开始尝试更具挑战性的任务，并提出了一些不切实际的研发目标。然而，接二连三的失败和预期目标的落空（例如，无法用机器证明两个连续函数之和还是连续函数，机器翻译闹出笑话），导致对人工智能的批评声越来越多，公众的热情与投资都出现大幅度的消退，使人工智能的发展走入低谷。

③ 应用发展期：20 世纪 70 年代初—80 年代中。20 世纪 70 年代出现的专家系统模拟人类专家用知识和经验解决特定领域的问题，实现了人工智能从理论研究走向实际应用、从一般推理策略探讨转向运用专门知识的重大突破。专家系统在医疗、化学、地质等领域取得成功，推动人工智能走入应用发展的新高潮。

④ 低迷发展期：20 世纪 80 年代中—90 年代中。随着人工智能的应用规模不断扩大，专家系统存在的应用领域狭窄、缺乏常识性知识、知识获取困难、推理方法单一、缺乏分布式功能、难以与现有数据库兼容、开发和维护成本高昂、商业价值有限等问题逐渐暴露出来，人工智能的发展再次步入寒冬。

⑤ 稳步发展期：20 世纪 90 年代中—2010 年。网络技术特别是互联网技术的发展，加速了

人工智能的创新研究，促使人工智能技术进一步走向实用化。1997 年国际商业机器（International Business Machines，IBM）公司的"深蓝"超级计算机战胜了国际象棋世界冠军卡斯帕罗夫，2008 年 IBM 公司提出"智慧地球"的概念。以上是这一时期的一些标志性事件。

⑥ 蓬勃发展期：2011 年至今。随着大数据、云计算、互联网、物联网等信息技术的发展，特别是计算机芯片的运算能力得到飞速的提升，泛在感知数据和图形处理器等推动以深度神经网络为代表的人工智能技术飞速发展，跨越了科学与应用之间的"技术鸿沟"，图像分类、语音识别、知识问答、人机对弈、无人驾驶等人工智能技术实现了从"不能用、不好用"到"可以用"的技术突破，迎来爆发式增长的新高潮。2016 年，Google 旗下 DeepMind 开发的人工智能围棋程序 AlphaGo 通过人工神经网络深度学习训练，在一场举世瞩目的人机大战中 4:1 战胜了围棋世界冠军李世石。这次成功点燃了社会对新时代人工智能的巨大热情，人们开始意识到人工智能在很多领域的能力已经超过人类。而 DeepMind 团队在 2017 年年末推出的增强版人工智能程序 Alpha Go Zero，只以棋类的基本规则作为训练基础，不参考任何人类棋谱，采用了更为通用的算法，在短时间（34 小时内）训练后，成功击败了围棋、日本将棋和国际象棋领域的当时最强的 AI 程序，这一成果让人们更清晰地认识到了机器自我学习的潜力，并对人工智能具备更强的通用性充满期待。

7.2　人工智能与计算智能

7.2.1　专家系统

1. 专家系统的概念

7-2　人工智能与计算智能

专家系统是一个智能计算机程序系统，含有大量的某个领域专家水平的知识与经验，能够利用人类专家的知识和解决问题的方法来处理该领域问题。也就是说，专家系统是一个具有大量的专门知识与经验的程序系统，它应用人工智能技术和计算机技术，根据某领域一个或多个专家提供的知识和经验，进行推理和判断，模拟人类专家的决策过程，解决那些需要人类专家处理的复杂问题。简而言之，专家系统是一种模拟人类专家解决领域问题的计算机程序系统。

专家系统的目标是模拟人类专家在某些领域的决策能力，通常分为两个子系统：知识库和推理引擎，如图 7-1 所示。知识库是一种用来存储结构化信息的技术手段，用于保存专家系统中的事实和规则。推理引擎是一种自动引擎，用于评估知识库的当前状态，并应用相关规则进行逻辑推理，然后将新结论添加到知识库中。推理引擎通常还拥有解释能力，可以向用户解释得出特定结论所使用的规则和知识。

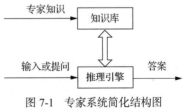

图 7-1　专家系统简化结构图

2. 专家系统的发展历程

专家系统在 20 世纪 60 年代由爱德华·费根鲍姆（Edward Feigenbaum）领导的斯坦福启发式编程项目引入。他们首先将专家系统应用在知识密集型和高度复杂的领域，如诊断传染病和鉴定未知分子等。尽管早期专家系统的研究重点倾向于规则，但费根鲍姆认为：专家系统的能力来源于丰富的知识库，而不是具体的逻辑规则和推理方案。于是人们开始意识到：要充分使用专家系统拥有的智能，必须向它提供大量的有关领域的高质量的专业知识。自那以后，关于专家系统的研究方向开始转向通用问题解决系统的开发。到了 20 世纪 80 年代，专家系统已经广泛应用于医学、地质勘探、石油资源评价、企业管理、工业控制以及数学、物理学、化学等自然科学。大部分高校提供关于专家系统的课程。约三分之二的财富 500 强公司利用专家系统对客户开展业务服务。然而，专家系统的发展并没有跟上信息技术产业发展的步伐。20 世纪 80 年代中期，个人计算机的普及和客户机—服务器架构的兴起对专家系统的市场造成了巨大冲击。IT 部门更愿意将客户和专家通过个人计算机直接连接起来，而不是进行复杂的专家系统开发。客户机—服务器架构提供了将客户和专家通过个人计算机直接连接起来的平台，相比专家系统，它不需要收集大量的专门知识并定义庞杂的推理方案，开发成本更低，运作更加高效。专家系统丧失了其独有的优势。尽管如此，专家系统依然是首批真正成功的商用人工智能应用。

3. 专家系统的特点

（1）优点

① 提高了决策质量。

② 节省了咨询专家的费用。

③ 为狭窄领域的专业问题提供了快速有效的解决方案。

④ 可以收集稀缺的专业知识并有效地利用。

⑤ 为重复性问题提供一致性的答案。

⑥ 帮助用户快速获得准确的答案。

⑦ 能对决策做正确解释。

⑧ 能够解决复杂且具有挑战性的问题。

⑨ 可以稳定地工作，而不会情绪化、紧张或疲劳。

（2）缺点

① 在特殊情况下无法做出创造性的回应。

② 知识库中的错误可能导致错误的决策。

③ 维护成本太高。

④ 相对于人类专家的解决方案而言，不具有创造性。

4. 专家系统的典型应用

① 信息管理。

② 医院和医疗设施管理。

③ 员工绩效评估。

④ 贷款分析。

⑤ 病毒检测。

⑥ 仓库优化。

⑦ 项目规划。

⑧ 企业生产配置。

⑨ 财务决策知识发布。

⑩ 生产过程监控。

7.2.2 模糊系统

1. 模糊逻辑

我们习惯上将符号主义学派早期所使用的数理逻辑称为精确逻辑，因为其可以用精确的规则对命题进行划分。例如，对于人的年龄，可以认定大于 18 周岁者均属于"成年人"集合，而小于 18 周岁者则被排除在"成年人"集合之外。这种划分是精确而严格的：一个人按照年龄被划分为"成年人"或"未成年人"后，只能从属于两个集合之一，这是精确逻辑的特点。然而随着计算智能的发展，人们发现实际问题中存在大量精确逻辑无法有效处理的集合。例如，还是关于人的年龄，"年轻人"集合就很难精确依照年龄进行划分：35 岁的人在 70 岁的人眼里年轻力壮，理应划分在"年轻人"范畴；而在一个 15 岁的学生眼中，35 岁的人似乎又应该被划分在"中年人"范畴。用精确逻辑很难处理类似"年轻人"的集合。诸如此类的现象很多,它们涉及的是与"精确逻辑"相对应的"模糊逻辑"。

2. 模糊集合与隶属度

模糊理论是在美国加州大学伯克利分校电气工程系的扎德(L.A.zadeh)教授于 1965 年创立的模糊集合理论的数学基础上发展起来的,主要包括模糊集合理论、模糊逻辑、模糊推理和模糊控制等方面的内容。模糊逻辑借鉴了大量集合论的方法和观点,对数理逻辑进行了推广和改善。在集合论中,任一元素相对于某一集合,均只存在"属于"(取值为 1)或者"不属于"(取值为 0)两种状态。模糊逻辑从集合概念出发,将只取 0 和 1 二值的普通集合概念推广为[0,1]上取无穷多值的模糊集合概念,并由此定义了"隶属度"的概念。与数理逻辑的集合概念不同,在模糊逻辑中,元素可以属于多个不同的集合,元素和不同集合的关联性强弱由隶属度决定。例如,35 岁的人对于"年轻人"和"中年人"集合的隶属度可以分别是 0.6 和 0.4,而一个 45 岁的人对于以上两个集合的隶属度则可能分别是 0.1 和 0.9。精确变量"年龄"在"年轻人"或"中年人"的单独集合中是难以比较的,但是经由隶属函数(用于计算隶属度的函数)处理,"年龄"变量和两个集合的关系强弱得到了确定,具备了在某个集合上相对可比的性质。隶属度用于表示不确定性的强弱,但是又不同于简单的概率随机性,后者只涉及信息量的概念,而隶属度则在此基础上加入了信息的意义和定性,可以说隶属度是一种比概率随机性更加深刻的不确定性质。

隶属度函数可以确定输入数值与隶属度的关系,常见的隶属度函数有三角形隶属度函数(见图 7-2)、梯形隶属度函数(见图 7-3)、高斯型隶属度函数(见图 7-4)、S 形隶属度函数(见图 7-5)等。

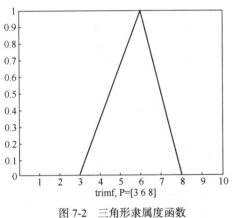

图 7-2 三角形隶属度函数

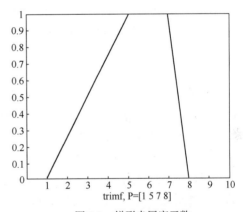

图 7-3 梯形隶属度函数

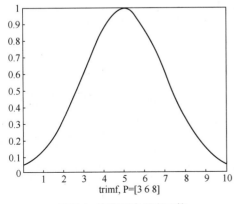

图 7-4 高斯型隶属度函数

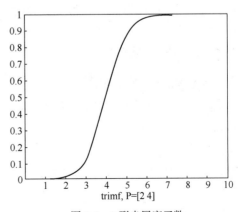

图 7-5 S 形隶属度函数

3. 模糊系统

模糊系统从宏观出发，抓住了人脑思维的模糊性特点，在描述高层知识方面有其长处，可以模仿人的综合推断来处理常规数学方法难以解决的模糊信息处理问题，使计算机应用得以扩大到人文、社会科学及复杂系统等领域。它能够较好地解决非线性问题，现已广泛应用于自动控制、模式识别（Pattern Recognitioy）、决策分析（Decesion Analysis）、时序信号处理，以及人机对话系统、经济信息系统、医疗诊断系统、地震预测系统、天气预报系统等。模糊系统的基本架构如图 7-6 所示，其中主要的功能块包括模糊化机构、模糊规则库、模糊推理引擎及去模糊化机构。

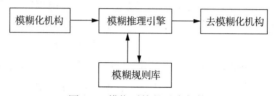

图 7-6　模糊系统的基本架构

（1）模糊化机构

模糊化机构的功能是将明确的外界输入数据转换成适当的语言式模糊信息，也就是将明确数据模糊化成模糊信息。

（2）模糊规则库

① 语言式模糊规则（Mamdani 模糊规则）：

$$R^{(j)}: if\ x_1\ is\ A_1^j\ and\cdots and\ x_n\ is\ A_n^j\ then\ y\ is\ B^j$$

② 函数式模糊规则：

$$R^{(j)}: if\ x_1\ is\ A_1^j\ and\cdots and\ x_n\ is\ A_n^j\ then\ y^j\ is\ f_j(x_1,\cdots,x_n)$$

（3）模糊推理引擎

模糊推理引擎是模糊系统的核心，它可以借由近似推理或模糊推理的进行，来仿真人类的思考决策模式，以达到解决问题的目的。

（4）去模糊化机构

将经过模糊推理之后产生的结论转换为一明确数值的过程，我们称之为"去模糊化"。由于不同的模糊规则所采用的后件会有所不同，因此，经过模糊推理后所得到的结论，有的是以模糊集合来表示（如语言式模糊规则），有的是以明确数值来表示。

对于推理后是模糊集合的，常用的去模糊化方法有重心法、最大平均法、修正型最大平均法、中心平均法和修正型重心法等。对于推理后是明确数值的，权重式平均法是最为广泛使用的去模糊化方法。

7.2.3　人工神经网络

1. 神经元

神经网络是一种模拟人脑的神经网络（生物神经网络）以期实现类人工智能的技术。生物神经网络由数量庞大的神经元和突触连接组成，其中突触起到了在神经元之间进行信息传递的作用。生物神经元结构如图 7-7 所示。1943 年，心理学家沃伦·麦卡洛克（Warren McCulloch）和数学家沃尔特·皮茨（Walter Pitts）建立了著名的阈值加权和模型，简称 M-P 模型：一个神经元接收的信号可以是起刺激作用的，也可以是起抑制作用的，其累加效果决定该神经元的状态，同时神经元的突触信号的输出是"全或无"的，即仅当神经元接受的信号强度超过某个阈值时，才会由突触进行信号输出。1949 年，心理学家唐纳德•赫布（Donald Olding Hebb）提出神经元之间的突触联系是可变的假说，他认为神经元之间的连接强度决定其传递信号的强弱，而此连接强度是可以随学习而改变的。

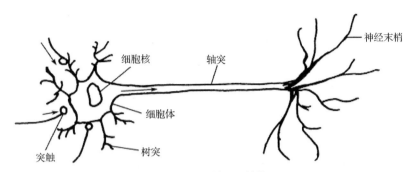

图 7-7　生物神经元结构

基于以上认知科学的发现，以马文•明斯基（Marvin Lee Minsky）、弗兰克•罗森布拉特（Frank Rosenblatt）、伯纳德•威德罗（Bernard Widrow）为代表的学者，在 20 世纪五六十年代掀起了感知器的研究热潮。

2. 感知器

图 7-8 所示为感知器工作原理示意图。感知器是对生物神经网络的简单模拟。从数学角度看，它模拟了生物神经元的特性。首先，它可以接收来自多个不同感知器的输出或外部输入信号作为输入，图 7-8 中 $x_1,x_2,\cdots,x_n$ 表示感知器的输入；感知器拥有自己的局部内存来模拟神经元记忆状态，图 7-8 中 $w_1,w_2,\cdots,w_n$ 代表感知器内部保存的参数值。感知器模拟了生物神经元的一阶特性：其输出仅依赖于所有输入信号值和存储在处理单元局部内存中的参数值相互作用后的累计值。其次，为了模拟生物神经元的"全或无"输出模式，感知器的输出通常会用"激活函数"进行处理。感知器输入和输出之间的映射关系可以用如下公式表示：

$$net = XW = x_1w_1 + x_2w_2 + \cdots + x_nw_n$$
$$O = f(net)，f 为激活函数$$

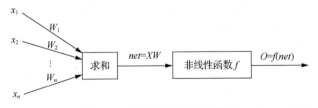

图 7-8　感知器工作原理示意图

感知器通常取非线性函数作为激活函数，如 S 形函数：$S(x)=\dfrac{1}{1+e^{-x}}$。其图形如图 7-9 所示。

当感知器的输入和输出都为多维时，可以将多个感知器组合起来形成感知器网络，其结构如图 7-10 所示。

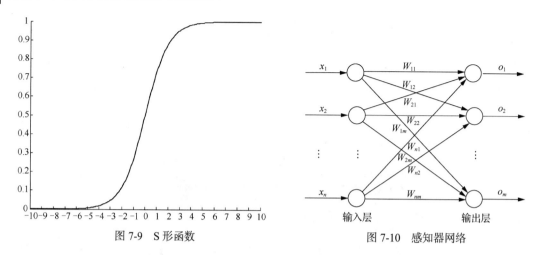

图 7-9 S 形函数　　　　　　　　　　图 7-10 感知器网络

感知器的学习过程即调整其中存储的参数值的过程，从数据角度看，感知器的学习一般分为无监督学习和有监督学习两类。无监督学习是指学习过程中数据中有输入样本的信息，但不知道输入与输出之间的关系，感知器通过学习抽取输入样本的特征或统计规律，代表算法有 Hebb 算法等。有监督学习是指学习过程中数据是成对出现的，除了感知器输入外，与输入对应的输出是已知的，学习过程中，根据输出结果和理想输出之间的差别来调整感知器中存储的参数值，从而使感知器的输出逐渐接近理想输出，代表算法有罗森布拉特提出的 Delta 法则。

3. 人工神经网络

感知器的提出使人们乐观地认为几乎已经找到了实现人工智能的关键，许多部门开始加大此项研究的投入力度，希望尽快取得突破。然而，受限于当时的理论水平、硬件能力和认知科学研究水平，感知器的热潮注定难以持续。1969 年，感知器模型的研究遭遇重大挫折：明斯基等人证明感知器无法学习线性不可分，即"异或"分类问题，使人们对感知器的看法陷入悲观，感知器的研究热潮也随之冷却，进入长达十年的反思期。1982 年，约翰·霍普菲尔德（John Hopfield）利用非线性动力学的方法来研究人工神经网络，设计研制了后来被人们称为 Hopfield 网的神经网络，较好地解决了著名的旅行商问题，找到了最优解的近似解。1985 年，杰弗里·辛顿（Geoffrey Hinton）在 Hopfield 网中引入随机机制，提出所谓玻尔兹曼机。1986 年，大卫·鲁姆哈特（David Rumelhart）等研究者重新独立提出多层网络的学习算法——反向传播（Back Propagation，BP）算法，较好地解决了多层网络的学习问题。至此，人工神经网络的理论基础才被真正建立起来，并直接影响到后来火热的深度学习方法。

（1）人工神经网络的结构

人工神经网络是对生物神经网络的模仿，是一个由人工神经元连接而成的并行、分布处理结构。图 7-11 是一个典型的多层神经网络结构。

人工神经网络具有明显的层次划分。人工神经网络的"层"由多个人工神经元组成。典型的多层神经网络由输入层、隐藏层和输出层组成。其中输入层负责接收来自网络外部的信号输入；输出层是网络的最后一层，负责输出网络的计算结果；除了输入层和输出层之外的其他各层均被称为隐藏层。隐藏层负责对输入信息进行变换和学习，也是人工神经网络强大学习和表达能力的来源。由于每层神经元的状态只影响下一层神经元的状态，从数学角度，可以将神经网络的第 i 层理解为接收多维输入 $X = (x_1, x_2, \cdots, x_n)$ 的函数 f_i，多层神经网络输入和输出之间的关系可用复合函数表示：

$$O = f_n(\cdots f_2(f_1(X, W_1); \cdots; W_n))$$

其中，$O = (o_1, o_2, \cdots, o_m)$ 代表网络的输出，W_i 代表第 i 层网络中的参数值。

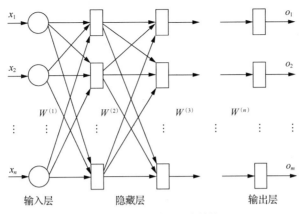

图 7-11 多层神经网络结构

（2）人工神经网络的特点

人工神经网络中，信息是分布式存储和表示的。每个人工神经元中保存的参数值被神经网络长时记忆，因此信息被分布存放在几乎整个网络中。人工神经网络的学习过程就是调整每个神经元中保存的参数值的过程。

人工神经网络的运算过程具有全局并行和局部操作的性质。人工神经元的输出仅与其输入连接及其本身保存的参数值有关，因此每个神经元的输入—输出特性具有局部性。鉴于人工神经网络具有明显的层次结构，信息在不同层级间流动时，多个神经元可以进行并行计算而互不影响。正是全局并行的性质，使得人工神经网络能高速并行地处理大量数据。

（3）反向传播算法

1962 年，罗森布拉特给出了人工神经网络著名的学习定理：人工神经网络可以学会它可以表达的东西。同时，当人工神经网络的隐藏层神经元足够多时，它被证明可以表达任意复杂的函数。鲁姆哈特等人于 1986 年阐述了反向传播算法。反向传播算法的学习过程由前向传播和反向传播两部分组成。

在前向传播过程中，输入 $X = (x_1, x_2, \cdots, x_n)$，从输入层经隐藏层逐层处理后，传到输出层。一般情况下，网络的输出 O 和理想输出 Y 之间存在偏差，通常用损失函数 $L(O, Y)$ 来计算实际输出和理想输出之间的误差，网络的训练目标就是最小化损失函数。

在反向传播阶段中，先利用损失函数计算实际输出和理想输出之间的误差，并用此误差计算输出层的直接前导层的误差，再用输出层前导层的误差估计更前一层的误差。如此重复获得所有其他各层的误差估计。由于人工神经网络各层相对独立，在误差向前传播的过程中，可以通过最小化每层的误差来修改每层的参数值，从而达到学习的目的。

反向传播算法反复执行前向和反向传播过程，不断更新网络的参数值，直到达到一定的迭代次数或损失函数不再减小为止。这种通过最小化每层误差来更新参数值的方法在数学上称为梯度下降法。反向传播过程可以用复合函数求导的链式法则进行解释，有兴趣的读者可自行查阅相关推导过程。

7.2.4 进化计算

1. 遗传算法

遗传算法（Genetic Algorithm，GA）起源于对生物系统所进行的计算机模拟研究。它是模仿自然界生物进化机制发展起来的随机全局搜索和优化方法，借鉴了达尔文的进化论和孟德尔的遗传学说。其本质是一种高效、并行、全局搜索的方法，能在搜索过程中自动获取和积累有关搜索空间的知识，并自适应地控制搜索过程以求得最佳解。

（1）相关术语

基因型：性状染色体的内部表现。

表现型：染色体决定的性状的外部表现，或者说，根据基因型形成的个体的外部表现。

进化：种群逐渐适应生存环境，品质不断得到改良。生物的进化是以种群的形式进行的。

适应度：度量某个物种对生存环境的适应程度。

选择：以一定的概率从种群中选择若干个个体。一般而言，选择过程是一种基于适应度的优胜劣汰过程。

复制：细胞分裂时，遗传物质 DNA 通过复制而转移到新产生的细胞中，新细胞就继承了旧细胞的基因。

交叉：两个染色体的某一相同位置处 DNA 被切断，前后两串分别交叉组合形成两个新的染色体，也称基因重组或杂交。

变异：复制时可能（很小的概率）产生某些复制差错，变异产生新的染色体，表现出新的性状。

编码：DNA 中遗传信息在一个长链上按一定的模式排列。

解码：基因型到表现型的映射。

个体：指染色体带有特征的实体。

种群：个体的集合，该集合内个体数称为种群的大小。

（2）遗传算法的实现过程

遗传算法的实现过程实际上就像自然界的进化过程那样。首先寻找一种对问题潜在解进行"数字化"编码的方案；然后用随机数初始化一个种群，种群里面的个体就是这些数字化的编码；接下来，通过适当的解码过程，用适应性函数对每一个基因个体做一次适应度评估，再用选择函数按照某种规定择优选择，让个体基因变异。遗传算法并不保证能获得问题的最优解，使用遗传算法的最大优点在于你不必去了解和操心如何去"找"最优解，而只要简单地"否定"一些表现不好的个体。

遗传算法流程图如图 7-12 所示。

2. 人工免疫算法

（1）人工免疫系统概述

20 世纪 80 年代，法默（Farmer）等人率先基于免疫网络学说给出了免疫系统的动态模型，并探讨了免疫系统与其他人工智能方法的联系，开始了对人工免疫系统的研究。1996 年 12 月，基于免疫性系统的国际专题讨论会在日本举行，首次提出了"人工免疫系统"（Artificial Immune System，AIS）的概念。随后，人工免疫系统进入了兴盛发展时期，达斯古塔（D. Dasgupta）和焦李成等认为人工免疫系统已经成为人工智能领域的理论和应用研究热点，相关论文和研究成果正在逐年增加。1997 年和 1998 年 IEEE 国际会议还组织了相关专题讨论，并成立了"人工免疫系统及应用分会"。D. Dasgupta 系统分析了人工免疫系统和人工神经网络的异同，认为它们在组成单元及数目、交互作用、模式识别、任务执行、记忆学习、系统强壮性等方面是相似的，而在系统分布、组成单元间的通信、系统控制等方面是

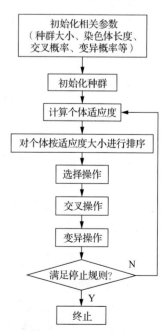

图 7-12 遗传算法流程图

不同的，并指出自然免疫系统是人工智能方法灵感的重要源泉。贾斯帕（Gasper）等人认为多样性是自适应动态的基本特征，而 AIS 是比 GA 更好地维护这种多样性的优化方法。

免疫系统是哺乳动物抵御外来病毒侵害的防御系统，动物在生命过程中会遇到各种伤害，免疫系统为其正常的活动起着重要的支持作用。免疫系统的一大特点就是用有限的资源有效地应对了数量庞大且种类多变的病毒入侵。免疫算法基于生物的体液免疫过程。

（2）生物免疫的机理

① 抗原识别：免疫系统能够识别出抗原并根据不同抗原的特性生成不同的浆细胞来产生抗体。

② 根据亲和力来选择浆细胞：若产生的抗体与抗原的亲和度高则保留，否则筛掉。

③ 存在记忆细胞：B 细胞分化为浆细胞和记忆细胞，记忆细胞保存亲和度高的抗体信息。

④ 促进和抑制抗体的产生：能产生亲和度高抗体的浆细胞被促进，反之则被抑制。

⑤ 通过交叉变异产生下一代抗体。

生物免疫系统和免疫算法概念之间的对应关系如表 7-1 所示。

表 7-1　　　　　　　　生物免疫系统和免疫算法概念之间的对应关系

生物免疫系统	免疫算法
抗原	优化问题
抗体	优化问题的可行解
亲和度	可行解的质量
细胞活化	免疫选择
细胞分化	个体克隆
亲和度成熟	变异
克隆抑制	优秀个体选择
动态稳态维持	种群刷新

（3）免疫算法的步骤

应用免疫算法解决实际问题时，常以抗原和抗体之间的亲和度对应优化问题的目标函数、优化解、解与目标函数的匹配程度。免疫算法流程图如图 7-13 所示，算法步骤如下。

① 抗原的识别阶段：输入目标函数和各种约束作为免疫算法的抗原，并选择亲和度函数。

② 初始抗体的产生阶段：在解空间中用随机方法产生抗体。

③ 亲和度的计算：分别计算抗原和抗体之间的亲和度并排序。

④ 记忆单元的活化：将与抗原亲和度高的抗体加入记忆单元，并执行免疫操作。

⑤ 抗体的产生：通过交叉、变异和种群刷新产生进入下一代的抗体。

⑥ 终止记忆细胞的迭代：在达到指定阈值的时候终止记忆细胞的生成和选取。

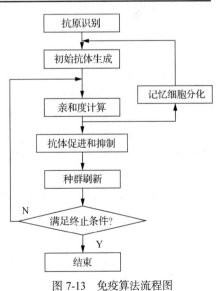

图 7-13　免疫算法流程图

7.2.5　群体智能

1. 蚁群算法

（1）蚁群算法简介

蚁群算法（Ant System，AG）是一种模拟蚂蚁觅食行为的模拟优化算法，由意大利学者多里戈（Dorigo M）等人于 1991 年首先提出，并首先使用在解决旅行商问题（Traveling Salesman Problem，TSP）上。之后，多里戈又系统研究了蚁群算法的基本原理和数学模型。

（2）蚁群算法原理

① 蚂蚁在路径上释放信息素。

② 碰到还没走过的路口，就随机挑选一条路走。同时，释放与路径长度有关的信息素。

③ 信息素浓度与路径长度成反比。后来的蚂蚁再次碰到该路口时，就选择信息素浓度较高路径。

④ 最优路径上的信息素浓度越来越大。

⑤ 最终蚁群找到最优寻食路径。

（3）蚁群算法流程

以蚁群算法解决 TSP 为例。将 m 只蚂蚁随机地放在多个城市，让这些蚂蚁从所在的城市出发，n 步（一只蚂蚁从一个城市到另一个城市为 1 步）之后返回出发城市。如果 m 只蚂蚁所走出的 m 条路经中最短者不是 TSP 的最短路程，则重复这一过程，直至寻找到满意的 TSP 最短路径为止。蚁群算法流程图如图 7-14 所示。

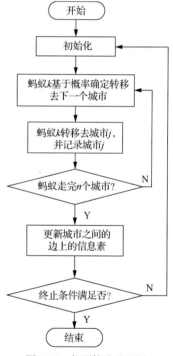

图 7-14　蚁群算法流程图

2. 粒子群算法

（1）粒子群算法简介

粒子群（Particle Swarm Optimization，PSO）算法最早由埃伯哈特（Eberhart）和肯尼迪（Kennedy）于 1995 年提出，它的基本概念源于对鸟群觅食行为的研究。设想这样一个场景：一群鸟在随机搜寻食物，这个区域里只有一块食物，所有的鸟都不知道食物在哪里，但是它们知道当前的位置离食物还有多远。最简单有效的策略是让鸟群中离食物最近的个体来进行搜索。PSO 算法从这种生物种群行为中得到启发并用于解决优化问题。

（2）粒子群算法原理

鸟被抽象为没有质量和体积的微粒，并分布到 N 维空间，粒子 i 在 N 维空间的位置表示为向量 $X_i=(x_1,x_2,\cdots,x_n)$，飞行速度表示为向量 $V_i=(v_1,v_2,\cdots,v_n)$。每个粒子都有一个由目标函数决定的适应值，并且知道自己目前为止发现的局部最优位置（pbest）和现在的位置 X_i。这个可以看作粒子的经验。除此之外，每个粒子还知道到目前为止整个群体中所有粒子发现的全局最优位置（gbest，所有 pbest 中的最佳值）。这个可以看作粒子同伴的经验。粒子通过自己的经验和同伴中的最好经验来决定下一步运动。

PSO 算法在一群随机粒子（随机解）中通过迭代找到最优解。每一次迭代中，粒子通过跟踪两个"极值"（pbest、gbest）来更新自己。在找到这两个值后，粒子通过下面的公式来更新自己的速度和位置。

$$v_i = v_i + c_1 \times rand() \times (pbest_i - x_i) + c_2 \times rand() \times (gbest_i - x_i)$$ 　　　　（公式 1）

$$x_i = x_i + v_i \qquad\qquad (\text{公式 } 2)$$

公式 1 和公式 2 中，$i = 1, 2, \cdots, N$，N 是此群中粒子的总数，v_i 是粒子的速度，$rand()$ 是介于 0 和 1 之间的随机数，x_i 是粒子的当前位置，c_1 和 c_2 是学习因子常数。公式 1 的第一部分称为"记忆项"，表示上次的速度大小和方向；公式 1 的第二部分称为"自身认知项"，是从当前点指向粒子自身经验最好点的一个向量；公式 1 的第三部分称为"群体认知项"，是从当前点指向种群经验最好点的一个向量。

（3）粒子群算法流程

粒子群算法的流程如下。

① 种群初始化：可以进行随机初始化或者根据问题设计特定的初始化方法，然后计算个体的适应值，从而选择出个体的局部最优位置向量和种群的全局最优位置向量。

② 迭代设置：设置最大迭代次数，并令当前迭代次数为 1。

③ 速度更新：更新每个个体的速度向量。

④ 位置更新：更新每个个体的位置向量。

⑤ 局部位置和全局位置向量更新：更新每个个体的局部最优位置和种群的全局最优位置。

⑥ 终止条件判断：判断迭代次数是否达到最大迭代次数，如果满足，输出全局最位置，否则继续进行迭代，跳转至③。

7.3 人工智能与机器学习

机器学习是当今人工智能发展的一个重要领域，本节主要介绍机器学习与人工智能的关系、传统机器学习算法和深度学习。

7-3 人工智能与机器学习

7.3.1 传统机器学习

机器学习研究如何使计算机具备人类的学习功能，从大量数据中发现规律、提取知识，并在实践中不断完善和增强自我。通俗地讲，机器学习就是让机器（主要指计算机）能够像人一样具备从周围的事物中学习并利用学到的知识进行推理和联想的能力。如果我们想让计算机像人一样，能正确区分不同的对象（如动物），我们首先需要以某种形式表征每一个对象，这种表征形式称为"特征向量"，通常被编码成一串计算机能识别的数字串，然后告诉计算机具有某种形式的数字串是对象 1，另一种数字串表示对象 2。以动物为例，世界上的动物有各种各样的品种，为了让计算机具备正确区分它们的能力，我们首先需要收集足够多的动物样本，以尽可能覆盖各种不同的动物品种；其次就是要选择合适的机器学习方法，使得计算机能够从现有的以不同特征向量表示的动物样本（称为"训练样本"）中，学习到每种动物的特征。如果计算机能够学习到一种区分能力最强的分类标准（这个标准在机器学习里称为"分类器"），能够将没有在训练样本中出现的动物也正确分类，我们就认为计算机具备了区分不同动物的能力，这个能力在机器学习中被称为"泛化能力"。所以机器学习就是一种让计算机从大量已知的以特征向量表示的训练样本中，学习得到一个泛化能力强的分类器的方法。

机器学习是一个多学科交叉的研究领域，涉及计算机应用技术、概率与统计、矩阵论、信息论、心理学、神经生物学和控制论等。近些年机器学习发展迅猛，是人工智能领域中起到决定性作用的重要分支。下面着重介绍几种经典的、常用的机器学习算法。

1. 线性回归

线性回归是利用数理统计中的回归分析来确定两种或两种以上变量间相互依赖的定量关系的一种统计分析方法，运用十分广泛。其表达形式为 $y = w'x + e$，e 为误差服从均值为 0 的正态分布。回归分析中若只包括一个自变量和一个因变量，且二者的关系可用一条直线近似表示，则称之为一元线性回归分析。如果回归分析中包括两个或两个以上的自变量，且因变量和自变量之间是线性关系，则称之为多元线性回归分析。

线性回归的任务是找到一个从特征空间 X 到输出空间 Y 的最优的线性映射函数，线性回归模型经常用最小二乘逼近来拟合。线性回归的用途一般分为以下两类。

① 如果目标是预测或者映射，线性回归可以利用观测数据集拟合出一个预测模型。完成这样一个模型以后，对于一个新增的 x 值，在没有给定与它相配对的 y 的情况下，可以用这个拟合过的模型预测出一个 y 值。

② 给定一个变量 y 和一些变量 $x_1, \cdots, x_p$，变量 x_j 有可能与 y 相关，线性回归分析可以用来量化 y 与 x_j 之间相关性的强度，评估出与 y 不相关的 x_j，并识别出哪些 x_j 的子集包含了关于 y 的冗余信息。

2. 朴素贝叶斯分类

朴素贝叶斯分类是以贝叶斯原理为基础，使用概率统计的知识对样本数据集进行分类。对于给出的待分类样本，求出此样本出现的条件下各个类别出现的概率，哪个最大，就认为此待分类样本属于哪个类别。贝叶斯公式为：$P(A|B) = P(B|A) \times P(A)/P(B)$，其中 $P(A|B)$ 表示后验概率，$P(B|A)$ 是似然值，$P(A)$ 是类别的先验概率，$P(B)$ 代表预测器的先验概率。

朴素贝叶斯分类的优点是在数据较少的情况下仍然有效，可以处理多类别问题；不足是对输入数据的准备方式较为敏感。朴素贝叶斯分类常应用于文本分类、人脸识别、欺诈检测等领域。

3. 决策树算法

决策是根据信息和评价准则，用科学方法寻找或选取最优处理方案的过程或技术。每个事件或决策都可能引出两个或多个事件，导致不同的结果或结论。由于决策分支画成图形很像一棵树的枝干，故称之为决策树（Decision Tree）。在机器学习中，决策树是一个预测模型，代表的是对象属性与对象值之间的一种映射关系。决策树的每个内部节点表示一个属性上的判断，每个分支代表一个判断结果的输出，最后每个叶节点代表一种分类结果。图 7-15 所示为决策树示例。

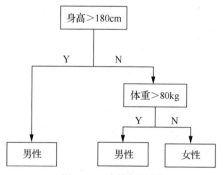

图 7-15　决策树示例

决策树是由上而下形成的，在决策树的每个节点处都有一个属性被测试，测试结果用来划分对象集。反复进行这一过程直至某一子树中的集合根据分类标准不可再分，这个集合就是叶节点。在每个节点，被测试的属性是根据寻找最大的信息增益和最小熵的标准来选择的。简单说，就是计算每个属性的平均熵，选择平均熵最小的属性作为根节点，用同样方法选择其他节点直至形成整棵决策树。决策树算法的优点是易于理解和解释，可以进行可视化分析，容易提取出规则，能够处理不相关的特征；不足是对缺失数据的处理比较困难。决策树的典型算法有 ID3 算法、C4.5 算法和 CART 算法和 CHAID 算法等，常用于各种有监督学习的场合。

4. 支持向量机算法

在分类问题中，一般情况下我们只要根据训练样本所构建的分类线或分类面将训练样本区分开即可，对分类线（面）的位置没有要求。在机器学习算法中，支持向量机算法不仅考虑将训练样本正确区分开，而且考虑分类线（面）的位置，目的是将各类样本尽可能分隔得足够远，这会显著提高分类器的泛化能力，面对没有出现过的样本，分类准确性会更高。如图 7-16 所示，图中 a、b、c 3 条分类线都可以将圆形和方形两种样本准确分开，但是支持向量机算法学习得到的分类线为图中的 c 分类线，它距离两类样本都最远。图 7-16 中没有标号的两条穿过样本的虚线被称为支持向量，它们距离 c 分类线最近，并且距离相等。

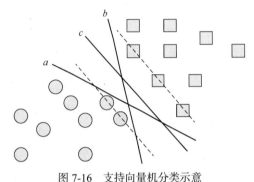

图 7-16 支持向量机分类示意

显然，支持向量机算法的核心问题是求最大间隔超平面 c。设任意超平面的线性方程为 $w^{\mathrm{T}}x+b=0$，扩展到 n 维空间后，点 $x=(x_1,x_1,\cdots,x_n)$ 到超平面的距离为：$\dfrac{w^{\mathrm{T}}x+b}{\|w\|}$，其中，

$\|w\|=\sqrt{w_1^2+w_2^2+\cdots+w_n^2}$。

根据支持向量的定义我们知道，设支持向量（虚线）到超平面的距离为 d，其他点到超平面的距离大于 d，于是，两个类别的分类情况（类别标志为 1 和-1）可描述如下：

$$\begin{cases} \dfrac{w^{\mathrm{T}}x+b}{\|w\|}\geqslant d, & y=1 \\[2mm] \dfrac{w^{\mathrm{T}}x+b}{\|w\|}\leqslant -d, & y=-1 \end{cases}$$

支持向量机算法的显著优势在于可以很好地应对线性不可分问题，许多在低维空间不可分的样本，通过投影（核函数映射）到更高维的空间就变成线性可分了，而且不会增加额外的时空复杂度。图 7-17 所示为低维向高维投影后的支持向量机分类示意。

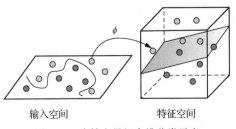

输入空间　　　　　　特征空间

图 7-17 支持向量机高维分类示意

在深度神经网络兴起前，支持向量机算法因为理论完善、模型思想直观、泛化能力强，被广泛应用于文本分类、图像识别和手写字体识别等领域。

5. *K*-近邻算法

在机器学习中，不同样本类内相似度高、类间相似度低的事实被应用于 *K*-近邻算法和 *K*-均值算法。其中，*K*-近邻算法的思路是，在特征空间中，如果一个样本附近的 *K* 个最近（即特征空间中最邻近）样本的大多数属于某一个类别，则该样本也属于这个类别。如图 7-18 所示，当 *K*=3 时，因为待分类样本（圆形）周围的 3 个样本中有 2 个属于三角形，所以这个圆形就可以划分为三角形类别。当 *K*=1 时，*K*-近邻算法就退化为最近邻算法，每次都只根据距离未知样本最近的那个实例来确定它的类别标签。

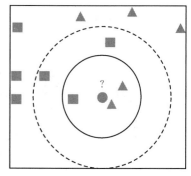

图 7-18　*K*-近邻分类示意

K-近邻算法的关键问题是如何确定 *K* 值，一个较好的 *K* 值可以通过各种启发式的方法来获取。该算法的不足是，每次都要计算未知样本和所有已知类别标签的样本的距离，当数据量比较大时，这个算法的时间开销较大。

6. 聚类算法

俗话说，"物以类聚，人以群分"。聚类算法是一种典型的无监督机器学习算法，其典型形式是 *K*-均值算法。其基本步骤是，预先将数据分为 *K* 组，随机选取 *K* 个样本作为初始聚类中心，然后计算每个样本与各个聚类中心的距离，把每个样本分配给距离它最近的聚类中心。聚类中心以及分配给它们的样本就代表一个聚类。每分配一个样本，聚类中心会根据聚类中现有的样本被重新计算。这个过程将不断重复，直到满足某个终止条件。终止条件可以是没有（或最小数目）样本被重新分配给不同的聚类，或没有（或最小数目）聚类中心再发生变化，或误差平方和局部最小。

K-均值算法无法指出应该使用多少个类别。在同一数据集中，选择不同的类别得到的结果是不一样的，其中一些甚至是不合理的。几个常见改进方案：①多进行几次聚类，每次初始化的聚类中心不一样，最后选择方差最小的那个结果；②首先将类别设置为 1，然后提高类别数（到达某个上限），一般情况下，总方差会快速下降直到到达某个拐点，这意味着再加一个新的聚类中心也不会显著减小总体方差，保存此时的类别数；③样本数据先进行归一化，以避免不同维度数据间的相互影响。

除此之外，聚类算法还有一些典型形式，如基于层次的聚类（BIRCH 算法、CURE 算法、CHAMELEON 算法等）、基于密度的聚类（DBSCAN 算法、OPTICS 算法、DENCLUE 算法等）、基于网格的聚类（STING 算法、CLIQUE 算法、WAVE-CLUSTER 算法等），有兴趣的读者可自行学习。

7.3.2　深度学习

深度学习是机器学习研究的一个新方向，源于人工神经网络的进一步研究，通常采用包含多个隐藏层的深度神经网络结构。

1. 深度学习的概念

人工神经网络始于 20 世纪 40 年代，早期的浅层神经网络很难刻画出数据之间的复杂关系，20 世纪 80 年代兴起的深度神经网络又由于各种原因一直无法对数据进行有效训练。直到 2006 年，辛顿（Geottrey Hinton）等人给出了训练深度神经网络的新思路，之后的短短几年时间，深度学习颠覆了语音识别、图像识别、文本识别等众多领域的算法设计思路。再加上训练神经网络的芯片性能显著提高，以及互联网时代爆炸的数据量，才有了深度神经网络在训练效果上的极大提升，深度学习技术才有了如今被大规模商业化的可能。

如图 7-19 所示，传统机器学习是先把数据预处理成各种特征，然后对特征进行分类，分类的效果高度取决于特征选取的好坏，因此大部分时间花在寻找合适的特征上。而深度学习是把大量数据输入一个非常复杂的模型，让模型自己探索有意义的中间表达。深度学习的优势在于让神经网络自己学习如何抓取特征，因此可以看作一个特征学习器。值得注意的是，深度学习需要海量的数据喂养，如果训练数据少，深度学习的性能不一定比传统的机器学习好。

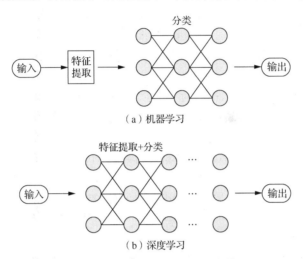

图 7-19　机器学习与深度学习的区别

2. 深度学习的典型结构

深度神经网络有卷积神经网络（Convolutional Neural Networks，CNN）和循环神经网络（Recurrent Neural Networks，RNN）两种典型结构。

（1）卷积神经网络

卷积神经网络是一类包含卷积计算且具有深度结构的前馈神经网络，卷积神经网络算法是深度学习的代表算法之一。下面以图像分类为例介绍卷积神经网络的结构。如图 7-20 所示，卷积神经网络一般由输入层、卷积层、池化层、全连接层和 Softmax 层组成。

① 输入层。输入层是整个神经网络的输入，在处理图像的卷积神经网络中，它一般是一张图片的像素矩阵。

② 卷积层。卷积层是一个卷积神经网络中最重要的部分。和传统全连接层不同，卷积层中的每一个节点的输入只是上一层神经网络中的一小块，这个小块的大小为 3×3 或 5×5 等。卷积层试图对神经网络中的每一个小块进行更加深入的分析以得到抽象程度更高的特征。一般来说，通过卷积层处理的节点矩阵会变得更深。

③ 池化层。池化层神经网络不会改变三维矩阵（图像作为输入）的深度，但是它可以缩小矩阵的大小。池化操作可以认为是将一张分辨率较高的图片转化为分辨率较低的图片。通过池化层，可以进一步缩减最后全连接层中节点的个数，对语义相似的特征进行合并，从而达到减少整个神经网络中的参数的目的。

④ 全连接层。卷积神经网络最后一般会由 1 到 2 个全连接层来给出最后的分类结果。经过多轮卷积层和池化层处理之后，可以认为图像中的信息已被抽象成了信息含量更高的特征。我们

可以将卷积层和池化层看成图像特征自动提取的过程。在特征提取完成之后，仍然需要使用全连接层来完成分类任务。

⑤ Softmax 层。Softmax 层主要用于分类问题。经过 Softmax 层，可以得到当前样本属于不同种类的概率分布情况。

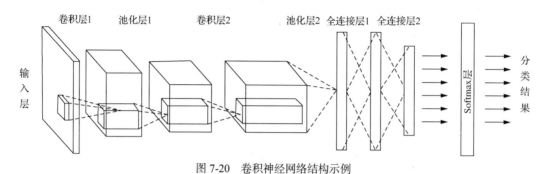

图 7-20　卷积神经网络结构示例

早在 20 世纪 90 年代初，卷积神经网络已被广泛应用，最早用在语音识别和文本阅读上，被称为延时神经网络。文本阅读系统使用了受过训练的延时神经网络以及一个实现了语言约束的概率模型。到 20 世纪 90 年代末，该系统能够读取美国超过十分之一的支票。随后，微软公司发明了基于卷积神经网络的光学字符识别和手写识别系统。到了 21 世纪，卷积神经网络被大量用于检测、分割、物体识别等领域，相关应用都使用了大量有标签的数据，如交通信号识别、生物信息分割、面部探测等。

（2）循环神经网络

循环神经网络的出现是为了刻画一个序列当前的输出与先前信息的关系。循环神经网络会记忆先前的信息，并利用先前的信息影响后面节点的输出。也就是说，循环神经网络的隐藏层之间是有节点连接的，隐藏层的输入不仅包括输入层的输出，还包括上一时刻隐藏层的输出。循环神经网络结构如图 7-21 所示。

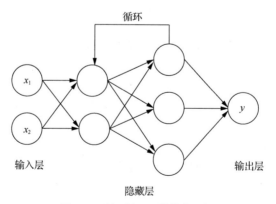

图 7-21　循环神经网络结构示例

用 RNN 算法解决需要考虑时间先后顺序的问题效果都很不错，如自然语言处理、语音识别、机器翻译、图像描述生成、文本相似度处理等。

RNN 与 CNN 的不同点如下。

① 前一个输入与下一个输入是否有关联。

CNN：前一个输入和下一个输入之间没有任何关联，因此所有的输出都是独立的。

RNN：前一个输入和下一个输入之间有关联，共同决定新的输出。

② 前馈或反馈网络。

CNN：属于前馈神经网络。

RNN：属于反馈神经网络。

3. 深度学习的常见框架

对于一般用户来说，从头开始构建深度学习模型不是一个明智的选择，难度会非常大。但若使用易于上手的开源深度学习框架，我们可以立即实现如卷积神经网络这样的复杂模型。下面介绍深度学习的常见框架。

（1）TensorFlow

TensorFlow 是一个使用数据流程图进行数值计算的开源软件，支持在 CPU 或 GPU 上进行计算，无论是客户机、服务器，还是移动设备。TensorFlow 的优点是简单易学，可视化效果好。

（2）Caffe

Caffe 是一个强大的深度学习框架，它对于深度学习的研究而言，是非常快速和有效的。使用 Caffe 可以轻易地构建一个用于图像分类的卷积神经网络。它在 CPU 上运行良好，速度非常快。它的优点是可以与 Python 和 MATLAB 绑定使用，高性能，无须编写代码即可训练模型；缺点是对递归网络的支持不佳。

（3）Keras

Keras 是一个用 Python 编写的开源神经网络库。和 TensorFlow、CNTK 这种端到端的机器学习框架不同，它是一个接口，提供了高层次的抽象，使神经网络的配置变得更加简单，不必考虑所在的框架。Keras 的优点是对用户友好，易于上手，高度拓展，可以在 CPU 或 GPU 上无缝运行，完美兼容 Theano 和 TensorFlow；缺点是不能有效地作为一个独立的框架使用。

（4）CNTK

微软公司的 CNTK（计算网络工具包）是一个用来增强模块化和保持计算网络分离的库，提供学习算法和模型描述。在需要大量服务器进行计算的情况下，CNTK 可以同时利用多台服务器。CNTK 的优点是高度灵活，允许分布式训练，支持 C++、C#、Java 和 Python；缺点是需要由一种新的语言——NDL（网络描述语言）实现，缺乏可视化。

（5）PyTorch

2017 年 1 月，Facebook 人工智能研究院在 GitHub 上开源了 PyTorch，并迅速占领 GitHub 热度榜榜首。PyTorch 使用了不是很大众的 Lua 语言作为接口。它不是简单地封装 Lua Torch 提供 Python 接口，而是对 Tensor（张量）之上的所有模块进行了重构，并新增了最先进的自动求导系统，成为当下最流行的动态图框架。PyTorch 的优点是简洁、速度快、支持动态计算图、内存使用高效；缺点是可视化需要第三方、生产部署需要 API 服务器。

7.3.3 强化学习

强化学习（Reinforcement Learning，RL），又称再励学习、评价学习或增强学习，是机器学习的范式和方法论之一，用于描述和解决智能体（Agent）在与环境的交互过程中通过学习策略达成回报最大化或实现特定目标。

强化学习的常见模型是标准的马尔可夫决策过程。按给定条件，强化学习可分为基于模式的强化学习和无模式强化学习，以及主动强化学习和被动强化学习。强化学习的变体包括逆向强化学习、阶层强化学习和部分可观测系统的强化学习。强化学习问题求解所使用的算法可分为策略搜索算法和值函数（Value Function）算法两类。深度学习模型可以在强化学习中得到使用，形成深度强化学习。

强化学习的本质是解决"决策制定"问题，即学会根据自身所处环境自动做出相应决策。它在对所处环境没有任何先验知识的条件下，通过先尝试一些动作，得到一个回报或结果，并根据回报的多少或结果的好坏来判断这些动作是对还是错，然后调整动作。通过不断试错和调整，算法能够学习到在什么样的情况下选择什么样的行为可以得到最好的回报或者结果。

与有监督学习相比，强化学习不需要数据标识的支持。强化学习的结果反馈有延时，而有监督学习在做了比较坏的选择后会立刻得到反馈。强化学习面对的输入总是在变化，不像在监督学习是独立同分布的，算法每做出一个行为，都会影响下一次决策的输入。

7.4　人工智能与大数据

7-4　人工智能与
大数据

7.4.1　大数据技术

大数据包括结构化数据和非结构化数据。结构化数据简单来说就是数据库；非结构化数据越来越成为数据的主要部分。非结构化数据本质上是结构化数据之外的一切数据，它不符合任何预定义的模型，因此它存储在非关系数据库中，并使用 NoSQL 进行查询。它可能是文本的或非文本的，可能是人为的或机器生成的。简单来说，非结构化数据就是字段可变的数据。互联网数据中心的调查报告显示：企业中 80% 的数据是非结构化数据，这些数据每年都按指数增长 60%。

大数据需要特殊的技术，以在可容忍的时间内处理大量的数据。适用于大数据的技术包括大规模并行处理数据库、数据挖掘、分布式文件系统、分布式数据库、云计算平台、互联网和可扩展的存储系统。最显著的大数据处理方法是 Google 的 MapReduce 框架，而 Hadoop 是 MapReduce 的开源版本，Hadoop 实现了一个分布式文件系统（Hadoop Distributed File System，HDFS）。Hadoop 能够以一种可靠、高效、可伸缩的方式对大量数据进行分布式处理。

7.4.2　人工智能对大数据的贡献

人工智能研究者长期以来对构建分析非结构化数据的应用程序很感兴趣，并尝试以某种方式分析或构造这些数据，使结果信息可以直接用于理解过程或与其他应用程序连接。例如，当前世界上超过一半的股票交易是使用人工智能系统完成的。此外，人工智能通过促进基于计算机的快速决策来提高数据产生和处理的速度，并刺激其他决策的产生。

大数据和人工智能虽然关注点不同，却有密切的联系。一方面，人工智能需要大量的数据作为"思考"和"决策"的基础；另一方面，大数据也需要人工智能技术来进行数据价值化操作，例如，机器学习就是数据分析的常用方式。大数据应用的主要渠道之一就是智能体（人工智能产品），为智能体提供的数据量越大，智能体运行的效果就会越好。

7.5　人工智能的典型应用

7-5　人工智能典型
应用

7.5.1　模式识别

模式识别是人类的一项基本智能，我们日常的每一项活动几乎都离不开对外界事物的分类与识别。模式识别是对表征事物或现象的各种形式的信息进行处理和分析,以对事物或现象进行描述、辩认、分类和解释的过程,是信息科学和人工智能的重要的组成部分。在模式识别问题中,研究对象的个体称为样本,若干样本的集合构成样本集。特征用于表征对样本的观测,通常是数值型的量化特征,多个特征可组成特征向量。已知样本指的是类别已知的样本,未知样本指类别未知但特征已知的样本。模式识别就是用计算的方法根据样本的特征将样本划分到一定的类别中去。

人脸识别和语音识别是模式识别技术最为成功的两个应用。人脸识别利用人的面部特征信息来进行身份识别,有基于可见光图像和基于红外图像等具体技术。人脸识别系统一般由 4 部分构成:人脸图像采集与检测、图像预处理、图像特征提取、特征匹配与识别。语音识别的目标是利用计算机将人类的语音内容转换成相应的文字。语音识别的本质是基于语音特征参数的模式识别,即通过学习,系统能够把输入的语音按一定模式进行分类,进而依据判定准则找出最佳匹配结果。语音识别包括预处理、特征提取、模式匹配等基本模块。其中预处理包括分帧、加窗、预加重等。常用的特征参数包括基音周期、共振峰、短时平均能量或幅度、线性预测系数、感知加权预测系数、短时平均过零率、线性预测倒谱系数、自相关函数、梅尔倒谱系数和小波变换系数、经验模态分解系数、伽马通滤波器系数等。在进行实际识别时,要对测试语音按训练过程生成模板,最后根据失真判定准则进行识别。图 7-22 所示为语音识别原理图。

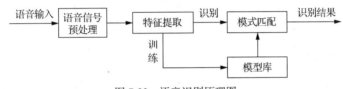

图 7-22　语音识别原理图

7.5.2　自然语言理解

自然语言理解是用计算机模拟人的语言交际过程,使计算机能理解和运用人类社会的自然语言如汉语、英语等,实现人机之间的自然语言通信,以代替人的部分脑力劳动,包括查询资料、解答问题、摘录文献、汇编资料以及一切有关自然语言信息的加工处理。

机器翻译是自然语言理解的成功应用之一。机器翻译是借由计算机程序将文本或语音从一种自然语言翻译成另一种自然语言,它是计算语言学的一个分支,是人工智能的终极目标之一,具有重要的科学研究价值。机器翻译系统从工作原理上主要分为 3 种:一是基于由词典与规则库构成的知识库的机器翻译;二是基于有标记的语料库的机器翻译;三是基于神经网络和深度学习的机器翻译。

7.5.3　计算机博弈

1997 年 5 月 11 日,一台名叫"深蓝"(IBM 研制)的计算机战胜了世界冠军卡斯帕罗夫,震惊了国际象棋界。2016 年 3 月,AlphaGo(Google 旗下 DeepMind 研制)以 4:1 的比分战胜了世界围棋冠军李世石,次年 5 月,又以 3:0 的比分战胜了世界排名第一的棋手柯洁。这两个案例宣告了棋牌游戏程序对人类的绝对优势。

如同人工智能的许多研究领域,计算机博弈问题的求解过程也可以抽象为一个搜索过程。为了进行搜索,首先要建立问题的形式化定义,状态空间表示法就是用来表示问题及其搜索过程的一种方法。状态空间表示法用"状态"和"算子"来表示问题,状态用来描述问题求解过程中不同时刻的状况，算子则表示对状态的操作，算子的使用会使问题由一种状态转移为另一种状态，当到达目标状态时，由初始状态到目标状态所用算子的序列就是问题的一个解。常用的状态空间搜索技术是使用显式的搜索树。

7.5.4　机器视觉

机器视觉是人工智能正在快速发展的一个分支。简单来说，机器视觉就是用机器代替人眼来做测量和判断。机器视觉系统是通过机器视觉产品（即图像摄取装置，分 CMOS 和 CCD 两种）将被摄目标的形态信息转换成图像信号，传送给专用的图像处理系统；图像处理系统对这些信号进行各种运算来抽取目标的特征，进而根据判别的结果来控制现场的设备动作。

一个典型的机器视觉系统包括图像捕捉、光源系统、图像数字化模块、数字图像处理模块、智能判断决策模块和机械控制执行模块。机器视觉系统最基本的特点就是能提高生产的灵活性和自动化程度。在一些不适于人工作业的危险工作环境或者人眼视觉难以满足要求的场合，常用机器视觉来替代人眼视觉。同时，在大批量重复性工业生产中，用机器视觉检测方法可以大大提高生产的效率和自动化程度。

如今，中国正成为世界上机器视觉发展最活跃的国家之一，应用范围涵盖了工业、农业、医药、军事、航天、气象、天文、公安、交通、安全、科研等国民经济的各个行业。其重要原因是中国已经成为全球制造业的加工中心，高标准的零部件加工能力及相应的先进生产线，使许多处于国际先进水平的机器视觉系统和应用经验进入了中国。

7.5.5　自动驾驶

自动驾驶汽车又称无人驾驶汽车或轮式移动机器人，是一种通过计算机系统实现无人驾驶的智能汽车。自动驾驶从 20 世纪开始已有数十年的研究历史，21 世纪初呈现出实用化的趋势。

自动驾驶汽车依靠人工智能、视觉计算、雷达、监控装置和全球定位系统协同合作，让计算机可以在没有任何人类操作的情况下，自动安全地操作机动车辆。自动驾驶技术通过视频摄像头、雷达传感器以及激光测距器来了解周围的交通状况，并通过一个详尽的地图（真人驾驶汽车采集的地图）进行导航。这一切都通过强大的数据中心来实现，数据中心能处理汽车收集的有关周围地形的大量信息。就这点而言，自动驾驶汽车相当于数据中心的遥控汽车或者智能汽车。自动驾驶技术是物联网技术的一部分。

沃尔沃（Volvo）公司根据自动化水平的高低把自动驾驶分为 4 个阶段：驾驶辅助、部分自动化、高度自动化和完全自动化。4 个阶段对应的自动驾驶系统如下。

① 驾驶辅助系统：目的是为驾驶者提供协助，包括提供重要或有益的驾驶相关信息，以及在形势开始变得危急的时候发出明确而简洁的警告，如车道偏离警告（Lane Departure Warning，LDW）系统等。

② 部分自动化系统：在驾驶者收到警告却未能及时采取相应行动时能够自动进行干预，如自动紧急制动（Autonomous Emergency Braking，AEB）系统和应急车道辅助（Emergency Lane Assistant，ELA）系统等。

③ 高度自动化系统：能够在或长或短的时间段内代替驾驶者承担操控车辆的职责，但是仍需驾驶者对驾驶活动进行监控。

④ 完全自动化系统：可无人驾驶车辆，允许车内所有乘员从事其他活动而无须进行监控。

7.5.6 智能家居

智能家居是以住宅为平台，利用综合布线技术、网络通信技术、安全防范技术、自动控制技术、音视频技术将与家居生活有关的设施集成，构建高效的住宅设施与家庭日程事务的管理系统，提升家居安全性、便利性、舒适性、艺术性，并实现环保节能的居住环境。

智能家居通过物联网技术将家中的各种设备（如音视频设备、照明系统、窗帘、空调、安防系统、数字影院系统等）连接到一起，提供家电控制、照明控制、电话远程控制、防盗报警、环境监测、暖通控制、红外转发以及可编程定时控制等多种功能和手段。与普通家居相比，智能家居不仅具有传统的居住功能，还提供全方位的信息交互功能，甚至能节省能源费用。

7.5.7 智能医疗

智能医疗是通过打造健康档案区域医疗信息平台，利用最先进的物联网技术，实现患者与医务人员、医疗机构、医疗设备之间的互动。

现代社会人们需要更好的医疗系统，远程医疗、电子医疗需求量激增。借助于物联网、云计算、人工智能的专家系统、嵌入式系统的智能化设备，可以构建起完善的智能网医疗体系，使全民平等享受医疗服务。

智能医疗的发展分为 7 个层次：一是业务管理系统，包括医院收费和药品管理系统；二是电子病历系统，包括病人信息、影像信息；三是临床应用系统，包括医嘱录入系统（Computerized Provider Order Entry，CPOE）等；四是慢性疾病管理系统；五是区域医疗信息交换系统；六是临床支持决策系统；七是公共健康卫生系统。总体来说，中国正处在从第一、二层次向第三层次发展的阶段，还没有建立真正意义上的 CPOE，主要原因是缺乏有效数据，数据标准不统一，加上供应商欠缺临床背景，转向实际应用时缺乏标准指引。

在远程医疗方面，国内发展比较快，比较先进的医院在移动信息化应用方面其实已经走到了前面。例如，可实现病历信息的实时记录、传输与处理利用，医院内部和医院之间可通过联网实时地、有效地共享相关信息，这一点对于实现远程医疗、专家会诊、医院转诊等可以起到很好的支撑作用。这主要源于政策层面的推进和技术层的支持。

7.5.8 智能教育

在技术层面，人工智能应用于教育领域隐藏着 3 个基本要素：数据、算法、服务。底层的"数据层"是人工智能的基础，任务是采集、清洗、整理存储的各类海量教育数据；顶层的"服务层"是人工智能的表层应用，接收数据处理结果，为不同教育场景中的师生提供所需的教育服务；中间层的"算法层"是人工智能的核心，体现了计算机解决问题的方法和思想，表征为一系列预先编制的、确定性的指令或程序。智能教育以算法为核心，通过数据、算法与表层服务将教育不确定性转化为确定性：将教学内容与过程（如师生的交流等情感行为）表征为碎片化的、无生命的数据，通过算法将教学内容与过程预先设定为若干种固定的、线性的路径，通过交互界面为师生提供程式化、确定性的教育服务。

7.5.9 智能营销

智能营销是通过人的创意智慧，将先进的计算机、移动互联网、物联网等科学技术，融合应用于当代品牌营销领域的新思维、新理念、新方法和新工具的创新营销概念。

智能营销的内涵是知与行的和谐统一，将人脑与计算机、创意与技术、企业文化与商业利益、感性与理性结合，创造以人为中心、网络技术为基础、营销为目的、内容为依托的个性化营销，实现品牌与实效的完美结合，最终实现数字化商业创新、精准化营销传播、高效化市场交易。

7.6　我国人工智能领域的发展

中国在历史上痛失了前三次工业革命。以人工智能为鲜明特征的第四次工业革命席卷而来，中华民族第一次置身于浪潮之中，我们必须抢抓机遇，力争成为世界人工智能创新中心，推动产业转型、智能经济、智能社会与军民融合的加速发展，以实现中华民族伟大复兴。

2015 年 7 月，《国务院关于积极推进"互联网+"行动的指导意见》明确人工智能为新产业模式的 11 个重点发展领域之一，将发展人工智能提升到国家战略层面。为促进中国的人工智能发展，2017 年 7 月，国务院正式印发《新一代人工智能发展规划》，既着眼于现实的大数据人工智能应用与产业发展，又瞄准认知智能、人机混合智能、群体智能、类脑智能计算和量子智能计算等未来前瞻性探索，对抢抓世界范围内新一轮人工智能发展的重大战略机遇，加快建设创新型国家和世界科技强国，具有里程碑式的重大意义。2020—2030 年中国人工智能核心产业规模规划如图 7-23 所示。

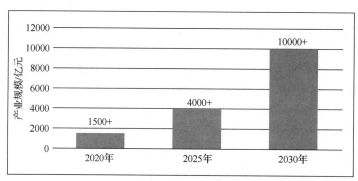

图 7-23　2020—2030 年中国人工智能核心产业规模规划

中国人工智能技术起步较晚，但是发展迅速，目前在专利数量以及企业数量等指标上已经处于世界领先地位。2013—2018 年，全球人工智能领域的论文文献产出共 30.5 万篇，其中，中国发表 7.4 万篇，美国发表 5.2 万篇。截至 2017 年 12 月 31 日，中国人工智能专利申请数达 46284 件。随着国家大力提倡、研发投入逐渐增加，人工智能运用到越来越多的行业领域，人工智能技术产业化发展前景向好。

2019 年是中国的 5G 商用元年。作为具备高带宽、低时延、广连接特性的新一代通信技术，5G 正在成为产业变革、万物互联的新基础设施。首先，5G 可以支撑大量设备实时在线和海量数据的传输，使企业可获得的数据量、数据实时性大幅提升，为更多人工智能应用提供可能。其次，随着 5G 部署范围的拓展，基于 5G 的超高清视频等应用将迎来增长，人工智能在其中大有用武之地。例如，大量的工业生产现场不具备建设高带宽有线网络的条件，传统的 Wi-Fi 等无线网络也不满足带宽要求，无法通过高清视频实现对产线故障、人员违规操作、安全风险等的实时监控和识别预警，而 5G 网络提供了新的解决方案。基于 5G 网络，还可以结合 AR/NR 技术对设备故障进行远程专家诊断。此外，边缘计算也是 5G 时代的重要特征。边缘侧大量智能终端设备的出现，使得传统的以云端为核心的集中式数据处理方式无法满足需求，随着数据更多地在终端进行处理和应用，人工智能将广泛落地在边缘侧，边缘智能（Edge Itelligence）将崛起。

本章小结

人工智能是当下的热门话题。人工智能是计算机科学的一个分支，它企图了解智能的实质，并生产出能以与人类智能相似的方式做出反应的智能机器，该领域的研究包括机器人、语音识别、图像识别、自然语言处理和专家系统等。

本章介绍了人工智能的基本概念与发展历程、传统人工智能与计算智能、人工智能与机器学习、人工智能与大数据和人工智能的典型应用。目的是让读者对人工智能的理论基础与应用前景有基本的了解，为今后人工智能在本专业方向上的应用奠定良好的基础。

习　　题

一、选择题

1. 人工智能的目的是让机器能够_____，以实现某些脑力劳动的机械化。
   - A. 具有完全的智能
   - B. 和人脑一样考虑问题
   - C. 完全代替人
   - D. 模拟、延伸和扩展人的智能

2. 自然语言理解是人工智能的重要应用领域，下列哪一项不是它要实现的目标_____。
   - A. 理解别人的讲话
   - B. 对自然语言表示的信息进行分析、概括或编辑
   - C. 欣赏音乐
   - D. 机器翻译

3. 专家系统是一个复杂的智能软件，它处理的对象是用符号表示的知识，处理的过程是_____的过程。
   - A. 思考
   - B. 回溯
   - C. 推理
   - D. 递归

4. 遗传算法的基本操作不包含_____。
   - A. 选择
   - B. 交叉
   - C. 变异
   - D. 克隆

5. 人工智能的英文是_____。
   - A. Automatic Intelligence
   - B. Artifical Intelligence
   - C. Automatic Information
   - D. Artifical Information

6. 人工智能应用最广泛的两个领域是_____。
   - A. 专家系统和自动规划
   - B. 专家系统和机器学习
   - C. 机器学习和智能控制
   - D. 机器学习和自然语言理解

7. _____是一种处理时序数据的神经网络，常用于语音识别、机器翻译等领域。
   - A. 前馈神经网络
   - B. 卷积神经网络
   - C. 循环神经网络
   - D. 对抗神经网络

8. _____是人工智能的核心，是使计算机具有智能的主要方法，其应用遍及人工智能的各个领域。
   - A. 深度学习
   - B. 机器学习
   - C. 人机交互
   - D. 智能芯片

9. _____不是大数据的特征。

    A. 价值密度低　　　B. 数据类型多　　　C. 访问时间短　　　D. 处理速度快

10. _____不是深度学习框架。

    A. TensorFlow　　　B. PyTorch　　　C. Caffe　　　D. ModelArts

11. 人工智能从某种意义上来说就是"人工+智能"，以下需要人工来做的是_____。

    A. 数据采集　　　B. 数据清洗　　　C. 做标签　　　D. 以上都对

12. 目前人工智能的发展处于哪个阶段_____。

    A. 弱人工智能　　　B. 通用人工智能　　　C. 强人工智能　　　D. 超人工智能

13. _____是普遍推广机器学习的第一人。

    A. 冯·诺依曼　　　B. 约翰·麦卡锡　　　C. 唐纳德·赫布　　　D. 亚瑟·塞缪尔

14. _____是一种基于树结构进行决策的算法。

    A. 轨迹跟踪　　　B. 决策树　　　C. 数据挖掘　　　D. K-近邻算法

二、简答题

1. 什么是人工智能？

2. 简述模式识别的基本过程。

3. 简述人工神经网络的基本结构和主要学习算法。

4. 简述遗传算法的基本原理，并说明遗传算法的求解步骤。

5. 什么是机器学习？

第  章　数据库基础及应用

教学目标

➢ 了解现代数据库技术的基本特征和数据库的基本概念。

➢ 理解关系数据库的模型及体系结构，掌握关系数据库设计的一般方法。

➢ 了解 SQL 的简单使用，能够根据实际需求设计、创建并维护表。

➢ 掌握 Access 2010 的使用方法。

知识要点

本章主要讲述数据库系统的基本概念、发展过程、数据模型与常用的商用及开源数据库管理系统等有关知识，在此基础之上详细介绍了微软公司的数据库产品 Access 2010 的使用方法。

课前引思

● 为了缓解高峰期火车票预订困难，我国在 2013 年春节时期推出了火车票网上实时购票系统，你可知道如何解决数据并发控制问题，即某一瞬间大家都点击购买某个车次相同的车票，数据库系统应该如何处理？

● 第二代身份证上有个人的基本信息，你可知道对于一个约 14 亿人口的国家来说，如何组织并存储这些信息，才能保证在任何地方都能方便、快捷地查询到某人的信息？

● 现在高校都采取信息化技术管理学生信息，考虑到学生变化比较大，信息更新比较快而且更新内容比较多，如何设计数据库，使数据共享程度大，冗余度小？

上述问题说明了数据库系统的应用日益重要，范围日益广泛。数据库技术是数据管理的最有效、成熟的技术，是计算机科学与技术中发展最快的领域之一，也是现在应用最广泛的技术之一，它已成为目前各行各业存储数据、管理信息、共享资源的常用技术。

8.1　数据库系统概述

8.1.1　数据库的基本概念

1. 信息

信息（Information）是对客观世界中各种事物的运动状态和变化的反映，是客观事物之间相互联系和相互作用的表征，表现的是客观事物运动状态和变化的实质内容。美国信息管理专家霍顿（F.W.Horton）给信息下的定义为："信

8-1　数据库的基本概念

息是为了满足用户决策的需要而经过加工处理的数据。"简单地说，信息是经过加工的数据，或者说，信息是数据处理的结果。

2. 数据

描述事物的符号称为数据（Data）。数据是数据库中存储的基本对象，是用来描述事物的可识别的符号，是信息的载体和具体表现形式。数据可以是数字，也可以是字符（串）、图形、图像、音频、视频等，这些不同的表现形式都可以经过数字化后存储于计算机中。

日常生活中以自然语言描述的信息在数据库中通常以记录的形式表示，例如，赵钱孙同学出生于 1991 年 8 月，安徽马鞍山人，是计算机专业的一名大四学生，以上信息在数据库中通常记录为(赵钱孙,199108,安徽马鞍山,计算机,大四)，即把该同学的姓名、出生年月、出生地、专业、班级等信息组织在一起形成一条记录，这样的记录是有结构的，通常数据库中还需要存储对这条记录结构的描述。

3. 数据库

数据库（DataBase，DB）即存放数据的仓库，是存储在计算机存储设备中、有组织、可共享的数据集合，它将数据按一定的数据模型组织、描述和存储，具有较小的冗余度、较高的数据独立性和易扩展性，可被多个不同的用户共享。

4. 数据库管理系统

数据库管理系统（DataBase Management System，DBMS）是专门用于管理数据库的计算机系统软件，由一个互相关联的数据的集合和一组用于访问这些数据的程序组成。数据库管理系统是位于用户与操作系统之间的一层数据管理软件，能够为数据库提供数据的定义、建立、维护、查询、统计等操作功能，并具有对数据的完整性、安全性进行控制的功能。

（1）数据定义功能

DBMS 提供数据定义语言（Data Description Language，DDL），并提供相应的建库机制。

（2）数据操纵功能

DBMS 通过提供数据操纵语言（Data Manipulation Language，DML）实现对数据库的基本操作，如数据的插入、修改、删除、查询、统计等。

（3）数据库的建立和维护功能

数据库的建立功能是指数据的载入、转储、重组织功能及数据库的恢复功能。数据库的维护功能是指数据库结构的修改、变更及扩充功能。

（4）数据库的运行管理功能

数据库的运行管理功能是数据库管理系统的核心功能，包括并发控制、数据的存取控制、数据完整性条件的检查和执行、数据库内部的维护等。

5. 数据库系统

数据库系统（DataBase System）是指带有数据库并利用数据库技术进行数据管理的计算机系统。一个数据库系统应由计算机硬件、数据库、数据库管理系统、数据库操作系统和数据库管理员 5 部分构成。

6. 数据库应用系统

数据库应用系统（DataBase Application System，DBSA）是在数据库管理系统支持下建立的计算机应用系统。数据库应用系统是由数据库系统、应用程序、用户组成的。一般情况下，凡是使用数据库技术管理数据（信息）的软件系统都称为数据库应用系统。

数据库应用系统的构成如图 8-1 所示。

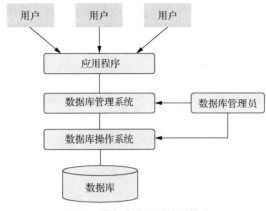

图 8-1　数据库应用系统的构成

8.1.2　数据库的发展

数据库技术作为一门对数据进行管理的技术，是随着数据管理任务的需要而产生的。在应用需求的推动下，在计算机软、硬件发展的基础上，数据库技术经历了人工管理、文件系统、数据库系统 3 个主要阶段。

1．人工管理阶段

20 世纪 50 年代以前，计算机主要用于数值计算。硬件方面外存只有纸带、卡片、磁带，没有磁盘等直接存取的存储设备；软件方面还没有操作系统，没有管理数据的软件；从数据看，数据量小，数据无结构，由用户直接管理，且数据间缺乏逻辑组织，数据依赖于特定的应用程序，缺乏独立性。数据处理是由程序员直接与物理的外部设备打交道，数据管理与外部设备高度相关，一旦物理存储发生变化，数据则不可恢复。

人工管理阶段的优点是廉价存储数据；缺点是数据只能顺序访问，耗费时间和空间。该阶段应用程序与数据之间的对应关系如图 8-2 所示。

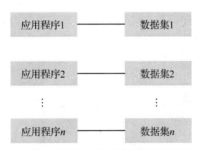

图 8-2　人工管理阶段应用程序与数据之间的对应关系

2．文件系统阶段

20 世纪 50 年代后期到 60 年代中期，硬件方面出现了磁鼓、磁盘等直接存取数据的存储设备；软件方面已经出现了专门的数据处理系统（亦称为文件系统），这种数据处理系统把计算机中的数据组织成相互独立的数据文件，系统可以按照文件的名称对其进行访问，对文件中的记录进行存取，并可以实现对文件的修改、插入和删除等操作。文件系统实现了记录内的结构化，即给出了记录内各种数据间的关系，但是，文件从整体来看却是无结构的。其数据面向特定的应用程序，因此数据的共享性、独立性差，且冗余度大，管理和维护的代价也很大。

文件系统阶段的优点是数据的逻辑结构与物理结构有了区别，文件组织呈现多样化，文件的建立、存取、查询、修改等操作可用程序来实现；缺点是每个应用程序都有对应的文件，存在数据冗余性、数据不一致性，数据联系弱。该阶段应用程序与数据之间的对应关系如图 8-3 所示。

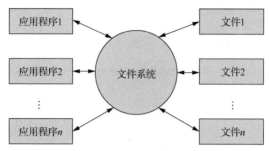

图 8-3　文件系统阶段应用程序与数据之间的对应关系

3. 数据库系统阶段

20 世纪 60 年代后期，计算机性能得到提高，重要的是出现了大容量磁盘，存储容量大大增加且价格下降。在此基础上，数据库系统克服了文件系统的缺陷，提供了对数据更有效的管理。数据库系统和文件系统相比具有以下主要特点。

① 面向数据模型对象。

② 数据共享度高。

③ 数据和程序具有较高的独立性。

④ 统一的数据库控制功能。

⑤ 减少了数据的冗余。

在文件系统中，数据的最小存取单位是记录，这给使用和操作数据带来诸多不便。数据库系统的最小数据存取单位是数据项，使用时可以按数据项或数据项组存取数据，也可以按记录或记录组存取数据。由于数据库中数据的最小存取单位是数据项，因此系统在进行查询、统计、修改及数据再组合等操作时，能以数据项为单位进行条件表达和数据存取处理，为数据与应用程序的独立提供了条件。该阶段应用程序与数据之间的对应关系如图 8-4 所示。

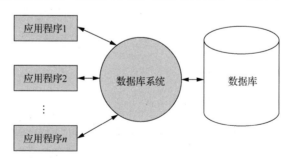

图 8-4　数据库系统阶段应用程序与数据之间的对应关系

8.1.3　数据模型及组成要素

1. 数据模型

数据模型（Data Model）是数据特征的抽象，它不是描述个别的数据，而是描述数据的共性，是对数据库如何组织的一种模型化表示。它一般包括两个方面：一是数据库的静态特性，包括数据的结构和限制；二是数据的动态特性，即在数

8-2　关系模型和
关系数据库

据上所定义的运算或操作。数据库是根据数据模型建立的，因而数据模型是数据库系统的基础。

2. 数据模型组成要素

数据模型是一组严格定义的概念的集合，这些概念精确地描述了系统的数据结构、数据操作和数据完整性约束条件。因此数据模型通常由数据结构、数据操作和数据完整性约束条件 3 部分构成。

① 数据结构：数据结构是计算机存储、组织数据的方式。数据模型中的数据结构主要描述数据的类型、内容、性质、数据间的联系等。

② 数据操作：数据操作是对系统动态特征的描述，指对数据库中各种数据对象允许执行的操作集合。数据模型中的数据操作主要描述在相应的数据结构上的操作类型和操作方式。

③ 数据完整性约束条件：数据完整性约束条件是一组数据完整性规则的集合，它是数据模型中的数据及其联系所遵循的制约和依存规则。

8.1.4　常见数据库管理系统

本节介绍几种流行的数据库管理系统，大致可分为文件和小型桌面数据库、大型商业数据库、开源数据库等。

1. Access

Access 是微软公司 Office 办公组件之一，是当前 Windows 环境下非常流行的桌面型数据库管理系统。使用 Access 无须编写任何代码，通过直观的可视化操作就可以完成大部分的数据库管理工作。Access 是一个面向对象的、采用事件驱动的关系数据库管理系统，通过 ODBC（Open DataBase Connectivity，开放数据库互连）可以与其他数据库相连，实现数据交换和数据共享，也可以与 Word、Excel 等办公软件进行数据交换和数据共享，还可以采用对象链接与嵌入技术在数据库中嵌入和链接音频、视频、图像等多媒体数据。本章后续部分会重点介绍 Access 2010 的使用方法。

2. SQL Server

SQL Server 是大型的关系数据库，适用于较大型的基于数据库的软件系统。随着产品性能的不断改善，SQL Server 已经在数据库系统领域占有非常重要的地位。

3. Oracle

Oracle 提供了关系数据库系统和面向对象数据库系统，是甲骨文公司的一款关系数据库管理系统，到目前仍在数据库市场上占有主要份额。Oracle 是流行的客户机—服务器（Client-Server）体系结构的大型关系数据库管理系统，在数据库领域一直处于领先地位，具有移植性好、使用方便、性能强大等特点，适合于各类大、中、小、微机和专用服务器环境。

Oracle 的主要特点如下：完整的数据管理功能；完备的产品关系；分布式数据库能力，可通过网络较方便地读写远端数据库里的数据，并有对称复制的技术；数据仓库功能；提供了高级语言编程接口，能在 C、C++、Java 等主要编程语言中嵌入 SQL 语句及过程化（PL/SQL）语句，对数据库中的数据进行操纵。

4. NoSQL 系列数据库

传统的关系数据库作为数据持久化的有效手段已经发挥了重要作用，然而在应用到基于互联网的分布式系统时，如应用到 Web 2.0 以上纯动态网站以及具有超大规模与高并发性需求的 SNS 类网站时，遇到了新的挑战。例如，关系数据库是针对结构化数据设计复杂查询的，而基于互联网的分布式系统处理的数据具有规模大、非结构化等特征，往往不需要进行复杂的查询；关系数据库的完整性约束等严格的理论基础使得数据库表结构非常复杂，不利于数据的自动分割，很难在分布式环境下进行扩展；关系数据库严格的事务管理也严重影响到应用系统在分布式环境下的可用性、可伸缩性。云环境下的新型分布式应用系统对数据高并发读写的性能要求、海量数据高效存储及访问需求、对数据库高可用性以及扩展性的需求使得传统的关系数据库的一些主要特性如事务一致性、读写实时性、结构化数据的复杂查询等变得不再重要，为此，必须设计一种互联网规模的数据库管理系统。

NoSQL（Not Only SQL，不仅仅是 SQL）泛指非关系型的数据库，是一种云数据存储解决方案，由于其接近于无限的可伸缩性特征获得越来越多的关注。例如，Google 的 BitTable、Amazon 的 SimpleDB 以及 Facebook 的 Cassandra 等非关系型云数据库已经成为众多知名网站的数据持久化的核心技术。当前，NoSQL 系列数据库中比较有代表性的有满足高读写性能需求的 Key-Value 数据库 Dynamo、满足海量存储和访问需求的面向文档的数据库 MongoDB、满足高可扩展性和可用性的面向分布式计算的开源数据库 Cassandra、支持多租户的数据库系统 Force.com 等。

根据布鲁尔（Brewer）教授的 CAP 理论，一个分布式系统不可能同时满足一致性、可用性与分区容错性 3 方面需求，因此，以数据分布与高可用性为必要特征的云环境下的应用系统很难支持 ACID 事务。上述解决方案为实现高可用性降低了对事务一致性的要求，只要求达到最终一致性（数据更新在有限时间内对用户可见）。弱一致性对于某些应用系统如基于关键字的搜索、目录查询等是可以接受的，对于用户不敏感数据可以允许较长时间的不一致性，只需保证数据的最终一致性即可。

8.2　关系数据库标准语言——SQL

SQL（Structured Query Language，结构化查询语言）的主要功能包括数据查询、数据定义、数据操纵和数据控制。SQL 使用方便、语法简洁，是目前应用最广泛的关系数据库语言。

8-3　常用 SQL 命令

8.2.1　SQL 基础

SQL 广泛应用于各种大型数据库，如 Sybase、INFORMIX、SQL Server、Oracle、DB2、Ingres 等，也用于各种小型数据库，如 FoxPro、Access 等。

SQL 的基本概念如下。

（1）基本表

基本表是独立存在的，不是由其他的表导出的。一个关系对应一个基本表，一个或多个基本表对应一个数据库存储文件。

（2）视图

视图是由一个或几个基本表导出的表，是一个虚拟的表，它本身不独立存在于数据库中，数据库中只存放视图的定义而不存放视图对应的数据，其数据仍在导出视图的基本表中。当基本表中的数据发生变化时，视图中的数据也随之改变。

8.2.2　基本表的定义

本节通过具体实例来介绍常用 SQL 语句的用法。假设某高校的选课系统数据库中包含学生信息表（学号、姓名、性别、出生日期、专业、班级）、课程信息表（课程编号、课程名称、上课地点、上课时间、学分）、选课信息表（学号、课程号、成绩）3 个基本表，如表 8-1、表 8-2、表 8-3 所示。下面通过这 3 个基本表来介绍常用 SQL 语句的使用方法。

创建表就是定义表所包含的列的结构,即表结构,用 SQL 数据定义功能中的 GREATE TABLE 语句实现,其基本语法格式为:

```
GREATE TABLE   表名(列名 1   类型[NOT NULL]
               [,列名 2   类型[NOT NULL] ] );
```

表 8-1   学生信息表

学号	姓名	性别	出生日期	专业	班级
149014004	崔淑娟	女	1996 年 12 月 9 日	材料成型及控制工程	141
149014185	方健	男	1996 年 1 月 5 日	矿物加工工程	142
149014249	杜小东	男	1994 年 12 月 29 日	冶金工程	142
149014383	陈靖	女	1995 年 1 月 28 日	资源循环科学与工程	143
149024002	储锋	男	1996 年 11 月 17 日	资源循环科学与工程	142

表 8-2   课程信息表

课程编号	课程名称	上课地点	上课时间	学分
C0001	大学英语	教 D208	周一 1-2 节	4
C0002	高等数学 A1	东教一 205	周三 3-4 节	4
C0007	大学计算机基础	东教一 305	周四 5-6 节	2
C0008	VB 语言程序设计	东教一 308	周五 7-8 节	4

表 8-3   选课信息表

学号	课程号	成绩
149014004	C0001	90
149014004	C0002	95
149014004	C0007	93
149014004	C0008	96
149014185	C0001	92
149014185	C0002	93

例如,要定义表 8-1 所示的学生信息表,并且学号字段不允许为空,使用的 SQL 语句如下:

```
CREATE TABLE 学生信息表 (学号 char(10)  not null,姓名 char(8),性别 char(2),出生日期
char(20),专业 char(20),班级 char(10));
```

8.2.3 修改表结构

如果需要对表进行修改,如添加列、删除列或修改列的定义,可以使用 ALTER TABLE 语句实现,其基本语法格式为:

```
ALTER TABLE 表名
[ALTER COLUMN 列名 新类型]      --修改列定义
|[ADD [COLUMN] 列名 类型]       --添加新列
|[DROP COLUMN 列名] ;           --删除列
```

其中"|"表示在多个短语中选择一个,"--"为 SQL 语句的单行注释符。

需要注意的是,不同的数据库产品的 ALTER TABLE 语句的格式略有不同,这里给出的是 SQL

Server 的语句格式。

例如，给课程信息表添加"工号"列，表明该课程是由哪位老师授课，语句如下：

```
ALTER TABLE 课程信息表
ADD 工号 char(6);
```

8.2.4 数据操纵

表结构建立好后，可以向表中插入数据、删除数据和修改数据，这些操作称为数据操纵。SQL 提供了功能丰富的数据操纵语句，用于修改表中的数据。

1. 插入数据

在创建完表之后，就可以用 INSERT 语句向表中添加新记录，其基本语法格式为：

```
INSERT INTO 表名 [(列名 1，列名 2，…，列名 n)]
VALUES (列名 1 对应的值，列名 2 对应的值，…，列名 n 对应的值) ;
```

例如，向学生信息表中插入一条学生记录的 SQL 语句如下：

```
INSERT INTO 学生信息表 VALUES ('149014004','崔淑娟','女','1996 年 12 月 9 日', '材料成型及控
制工程', '141');
```

2. 删除数据

当确定某些记录不再需要时，可以用删除语句 DELETE 将这些数据删除，其基本语法格式为：

```
DELETE FROM 表名 [(WHERE 条件)];
```

其中，WHERE 子句说明要删除表中哪些数据，省略 WHERE 子句则表示删除表中的所有记录。该语句的功能是删除指定表中满足条件的行（记录）。

例如，删除学生信息表中姓名字段值为"杜小东"的学生信息，对应的 SQL 语句如下：

```
DELETE FROM 学生信息表 WHERE 姓名='杜小东';
```

3. 修改数据

如果需要对表中某些数据进行修改，可用 UPDATE 语句实现，其基本语法格式为：

```
UPDATE 表名
SET 列名 1=表达式 1[,SET 列名 2=表达式 2[,…]] [WHERE 条件];
```

其中 SET 子句指定要修改的列名，表达式表示对应列修改为的值。语句功能是对指定的表进行修改，将满足条件的行（记录）用对应的表达式的值替换。

例如，将学生信息表中姓名字段为"陈靖"的学生专业修改为"计算机科学与技术"，对应的 SQL 语句为：

```
UPDATE 学生信息表
SET 专业='计算机科学与技术' WHERE 姓名='陈靖';
```

8.2.5 数据库查询

建立数据库的目的就是使用数据，以获取更多的信息。数据被使用的频率越高，数据的价值就越大。数据库建立好之后，使用频率最高的 SQL 语句便是数据查询语句。

数据查询是数据库中最常用的操作，SQL 提供 SELECT 语句来实现查询功能，其基本语法格式为：

```
SELECT [ALL|DISTINCT] 列名 1[,列名 2…]
FROM 表名 1[,表名 2…]
[WHERE 条件 1]
```

```
[GROUP BY 列名 1[,列名 2…][HAVING 条件 2]
[ORDER BY 表达式 1[ASC/DESC]…]
```

语句功能是从 FROM 后面列出的表名中，找出满足 WHERE 子句中"条件 1"要求的元组，按 SELECT 子句后面列出的列名次序形成结果表。GROUP BY 子句表示将结果按照后面指定的"列名 1[,列名 2…]"分组，然后选择满足 HAVING 后"条件 2"要求的进行输出。ORDER BY 子句表示要根据指定的"表达式 1"按升序（ASC）或降序（DESC）进行排序。

1. 简单查询

（1）查询所有列

例如，要查询学生信息表中所有学生的完整信息，对应的 SQL 语句为：

```
SELECT * FROM 学生信息表;
```

结果显示学生信息表中所有学生的信息。这里"*"表示表中所有列。

（2）查询若干列

例如，当我们仅需要获取学生所在专业的信息时，可采用如下的 SQL 语句查询：

```
SELECT 姓名,专业 FROM 学生信息表;
```

2. 条件查询

当要在表中找出满足某些条件的记录时，需要用 WHERE 子句给出查询条件。常用条件运算符如表 8-4 所示。

（1）简单条件查询

例如，要查询冶金工程专业的所有学生信息，对应的 SQL 语句如下：

```
SELECT * FROM 学生信息表 WHERE 专业='冶金工程';
```

（2）多重条件查询

AND 运算符表示所连接的条件必须都成立，OR 运算符表示所连接的条件至少有一个成立即可，而且 AND 的运算优先级高于 OR，因此在写多个条件连接时要适时添加括号，以保证条件正确。

例如，要查询冶金工程专业的所有女学生的信息，对应的 SQL 语句如下：

```
SELECT * FROM 学生信息表 WHERE 专业='冶金工程' AND 性别='女';
```

表 8-4　　　　　　　　　　　　常用条件运算符

运算符	含义
>,>=,<,<=,= =,<>	比较大小运算符
AND,OR,NOT	逻辑运算符，表示多重条件
BETWEEN AND	确定范围运算符
IN	确定集合
LIKE	字符匹配
IS NULL	空值

3. 模糊查询

在对字符串进行查询时，有时并不知道确定值，可以利用 LIKE 进行模糊查询，其基本语法格式为：

```
<属性名> LIKE <字符串常量>
```

其中，<属性名>必须是字符型，<字符串常量>可以含有通配符，常用的通配符："_"（下画线）代表 1 个字符；"%"代表 0 个或多个字符。

例如，查询学生信息表中所有姓张的学生信息，语句如下：

```
SELECT  *  FROM 学生信息表 WHERE 姓名 LIKE '张%';
```

8.3 Access 2010 入门与实例

8-4 Access 操作
演示

8.3.1 Access 2010 的功能特点

Access 2010 是微软公司提供的一款数据库管理软件，主要功能包括组织数据、创建查询、生成窗体、打印报表、共享数据，支持超级链接、可视化创建应用系统以及宏和模板等，可满足初学者和专业开发人员的需要。Access 2010 的主要特点如下。

① 存储简单，易维护管理。Access 2010 管理的对象有表、查询、窗体、报表、页、宏和模板等，以上对象都存放在担岱呇为.mdb 或.accdb 的数据库文件中，利用存储数据可视化地呈现为各种对象，便于用户操作和管理。

② 面向对象。Access 是一个面向对象的开发工具，利用面向对象的方式将数据库系统中的各个功能对象化，并将数据库管理的各种功能封装在各类对象中。Access 2010 将一个应用系统看作由一系列的对象组成，每个对象都定义了一组方法和属性，用户还可以按需要扩展对象的方法和属性。这种面向对象的方式极大地简化了用户的开发工作。

③ 友好易操作的集成环境。Access 2010 集成了各种向导和生成器工具，极大地提高了开发人员的效率，使得各对象的创建、界面设计、数据查询、报表打印等都可以很方便地进行。

8.3.2 Access 2010 的工作界面

当启动 Access 2010 时，默认情况下会显示 Backstage 视图，如图 8-5 所示。通过 Backstage 视图可快速访问常用功能，如"打开""新建""最近所用文件"等。当我们选择一个模板或选择"空数据库"，则可进入 Access 2010 的主界面，如图 8-6 所示，整个主界面由快速访问工具栏、命令选项卡、功能区、导航窗格、工作区和状态栏几部分组成。

图 8-5 Access 2010 的 Backstage 视图

图 8-6　Access 2010 的主界面

命令选项卡对 Access 2010 的功能进行了分类，包括"开始""创建""外部数据""数据库工具""字段""表"等选项卡，选项卡的内容随着当前处于活动状态的对象不同而改变。

功能区是横跨主界面顶部、将相关命令分组显示的选项卡集合。功能区列出了当前选中的命令选项卡所包含的命令，以分组形式显示，图 8-7 所示的"开始"功能区中就有"视图""剪贴板""排序和筛选""记录""查找""文本格式"和"中文简繁转换"7 个命令组，每组中显示了常用命令，单击每组右下角的 按钮，可进行详细命令设置。

图 8-7　"开始"功能区

快速访问工具栏可以定义一些常用命令，以方便操作。默认命令集包括"保存""撤销"和"恢复"。用户可以单击下拉按钮自定义快速访问工具栏。通过"自定义快速访问工具栏"可以选择或取消显示在快速访问工具栏中的命令，也可以选择"其他命令"打开"Access 选项"进行更高级的快速访问工具栏设置。

Access 2010 主界面的其他部分将在创建数据库及表等对象的过程中再进行介绍。

8.3.3　数据库的创建

数据库是按照特定存储结构存储的数据的集合，包含数据表、视图等多种相互关联的对象。本章所有实例基于一个选课系统数据库，主要包含 3 个表：学生信息表、课程信息表、选课信息表。

1. 使用模板创建数据库

在 Access 2010 的 Backstage 视图中单击样本模板，会显示多个特色模板，右侧显示数据库的名字及存储路径（可以根据需要修改数据库文件的存储位置）。例如，单击学生模板，如图 8-8 所示，Access 会在文件名文本框中为数据库文件提供一个默认的文件名"学生.accdb"，用户可以根据需要修改文件名。

图 8-8　使用模板创建数据库

　　创建完成后，系统进入按模板新创建的"学生"数据库主界面，如图 8-9 所示。从图中可以看出，系统模板已做好了"学生列表""学生详细信息"等相关的数据表，以及"按教室排列的学生""按年级排列的学生""学生电话列表""学生通信簿"等报表的设计。

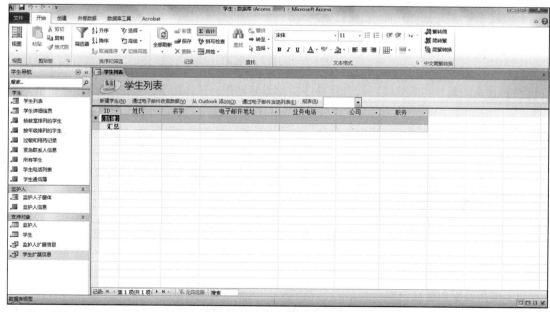

图 8-9　"学生"数据库主界面

对于任何一个表，用户只需单击"新建"按钮即可添加记录，如对于学生列表，单击"新建"按钮，即可打开图 8-10 所示的界面，添加学生详细信息。

图 8-10　添加学生详细信息

模板提供的学生列表结构完善而复杂，如果需要修改其结构，可右键单击文件名，在弹出的快捷菜单中选择"设计视图"命令，然后在弹出的窗口中根据实际需要修改、添加、删除各字段、类型以及字段大小等，如图 8-11 所示。

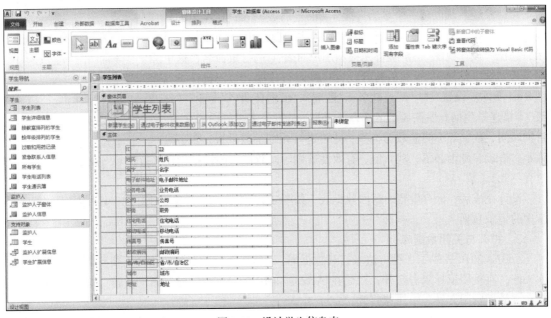

图 8-11　设计学生信息表

2. 创建空白数据库

如果不想使用模板，我们可以根据实际需要通过自行设计表、窗体、报表等数据库对象来创

建数据库（对于初学者来说，建议创建空白数据库）。单击"空数据库"，在弹出的对话框中选择
数据库文件的存储位置以及输入数据库文件的名称，如图 8-12 所示。

图 8-12　创建空白数据库

　　我们将数据库文件命名为"2014 级学生信息.accdb"并选择好合
适的存储路径之后，单击"创建"按钮，打开默认名为"表 1"的空
数据库，系统默认创建一个名为"表 1"的空白数据表；在左边的导
航窗格中，在"表 1"上单击鼠标右键，弹出快捷菜单，如图 8-13 所
示，选择"设计视图"，系统首先提示用户对表 1 进行重命名，这里
命名为"学生信息表"；然后打开设计视图进行数据表结构设计，如
图 8-14 所示。设置"学号""姓名""性别""出生日期""专业""班
级"等描述学生信息所需要的 6 个基本字段，对每个字段可设置文本、
日期时间、数字等不同的数据类型，并可进行详细字段设置，如字段
大小、格式、是否必填、默认值、有效性规则等。数据表的详细创建
过程见 8.3.4 节。

图 8-13　设计表结构快捷菜单

　　设计完成后，保存设置，返回数据表，如图 8-15 所示，即可按设计好的字段结构添加每一个
学生的记录数据。

3. 打开与关闭数据库

　　Access 2010 提供了 3 种方法来打开数据库：一是在数据库存放的路径下找到需要打开的数据
库文件，直接用鼠标双击打开；二是在 Access 2010 的"文件"选项卡中单击"打开"命令；三
是在"最近所用文件"中快速打开。

　　完成数据库操作后，便可把数据库关闭，可使用"文件"选项卡中的"关闭数据库"命令，
或使用该窗口的"关闭"控制按钮关闭当前数据库。

图 8-14　设计数据表

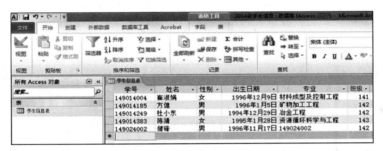

图 8-15　在学生信息表中添加学生记录

8.3.4　数据表的创建

表是数据库中最基本的对象，是数据库中所有数据的载体。在创建数据库的其他对象之前首先应该创建表。本节介绍 3 种创建表的方法、创建表关系的方法以及数据表的使用（表中数据的查看、更新、插入、删除以及排序、筛选等）。

1. 创建表

图 8-16、图 8-17、图 8-18 所示为制作好的学生信息表、课程信息表、选课信息表。

学号	姓名	性别	出生日期	专业	班级	单击以添加
149014004	崔淑娟	女	1996年12月9日	材料成型及控制工程	141	
149014185	方健	男	1996年1月5日	矿物加工工程	142	
149014249	杜小东	男	1994年12月29日	冶金工程	142	
149014383	陈靖	女	1995年1月28日	资源循环科学与工程	143	
149024002	储锋	男	1996年11月17日	149024002	142	

图 8-16　学生信息表

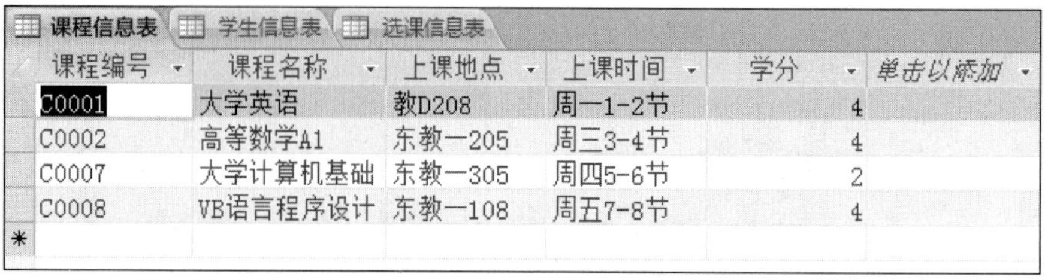

课程编号	课程名称	上课地点	上课时间	学分	单击以添加
C0001	大学英语	教D208	周一1-2节	4	
C0002	高等数学A1	东教一205	周三3-4节	4	
C0007	大学计算机基础	东教一305	周四5-6节	2	
C0008	VB语言程序设计	东教一108	周五7-8节	4	

图 8-17　课程信息表

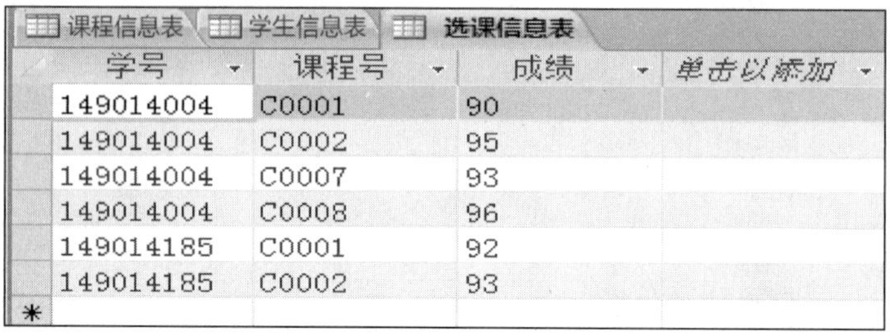

学号	课程号	成绩	单击以添加
149014004	C0001	90	
149014004	C0002	95	
149014004	C0007	93	
149014004	C0008	96	
149014185	C0001	92	
149014185	C0002	93	

图 8-18　选课信息表

双击打开 8.3.3 节创建好的 2014 级学生信息数据库。通过“创建”选项卡的“表”功能区的命令进行创建，如图 8-19 所示。从图中可以看出，有 3 种创建表的方法：一是选择“表”，通过直接输入内容的方式创建表；二是选择“表设计”，即通过设计视图创建表；三是选择“SharePoint 列表”，在 SharePoint 网站上创建一个列表，然后在当前数据库中创建一个表，并将其链接到新建的表。本节重点介绍前两种方法。

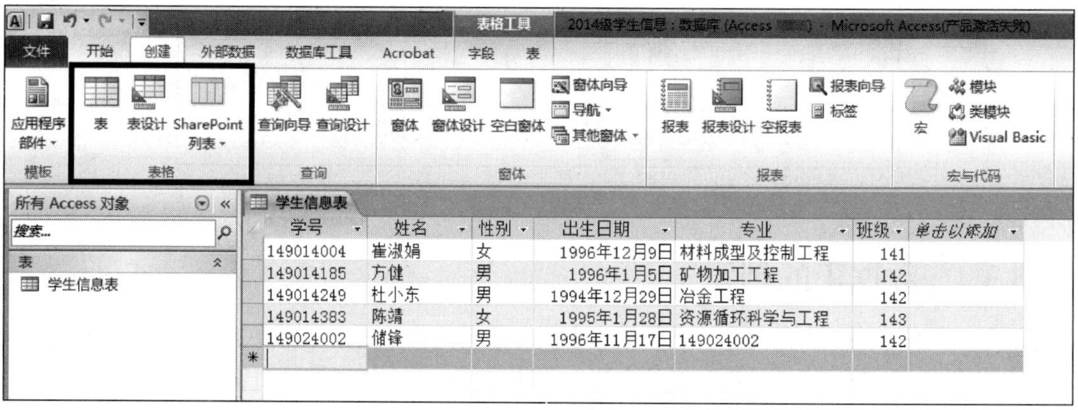

图 8-19　创建表

以课程信息表的创建为例，单击“表”会直接打开一个空表，且默认表名称为“表 1”，单击“保存”按钮将该表命名为“课程信息表”，如图 8-20 所示。此时根据实际需要添加描述课程信息所需要的字段，添加表的字段时需要先选择字段的类型，字段类型主要用于描述表中某列数据所属的数据类型以及相关属性，如图 8-21 所示。默认的字段名称分别是“字段 1”“字段 2”……双击字段名称可以根据需要修改字段名称。

Access 2010 中的字段类型非常丰富，常用的有以下几种。

① 文本。文本或文本和数字的组合，以及不需要计算的数字，如电话号码。最多为 255 个字符或长度小于 FieldSize 属性值的设置值。Access 不会为文本字段中未使用的部分保留空间。

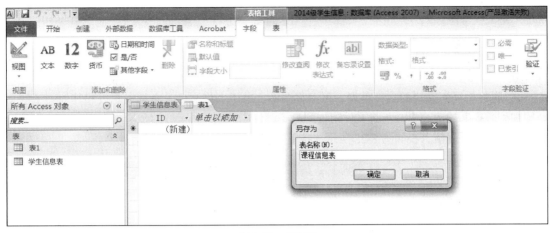

图 8-20 保存表

图 8-21 选择字段类型

② 备注。长文本或 RTF 格式的文本，用于长度超过 255 个字符的文本，或使用 RTF 格式的文本。例如，注释、较长的说明和包含粗体或斜体等格式的段落等经常使用"备注"字段。最多为 63999 个字符。如果备注字段是通过 DAO 来操作，并且只有文本和数字（非二进制数）保存在其中，则备注字段的大小受数据库大小的限制。

③ 数字。用于数学计算的数值数据。存储空间 1Byte、2Byte、4Byte 或 8Byte（如果将 FieldSize 属性设置为 Replication ID，则为 16Byte）。

④ 日期/时间。从 100 到 9999 年的日期与时间值。可参与计算，存储空间 8Byte。

⑤ 货币。货币值或用于数学计算的数值数据。这里的数学计算的对象是带有 1～4 位小数的数据，精确到小数点左边 15 位和小数点右边 4 位，存储空间 8Byte。

⑥ 自动编号。每当向表中添加一条新记录时，由 Access 指定的唯一的顺序号（每次递增 1）

或随机数。自动编号字段不能更新，存储空间 4Byte（如果将 FieldSize 属性设置为 Replication ID，则为 16Byte）。

⑦ 是/否。"是"和"否"也叫布尔值，用于存储两个可能的值（如 Yes/No、True/False 或 On/Off），存储空间 1Byte。

⑧ 附件。任何支持的文件类型，可以将图像、电子表格文件、文档、图表和其他类型的文件附加到数据库的记录中，与将文件附加到电子邮件中类似。

创建好的课程信息表如图 8-22 所示，接下来就可以录入具体的课程信息了。

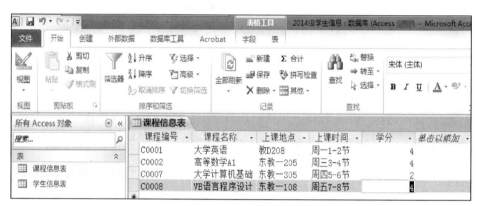

图 8-22　课程信息表

使用上述方法可创建学生信息表，如图 8-23 所示。

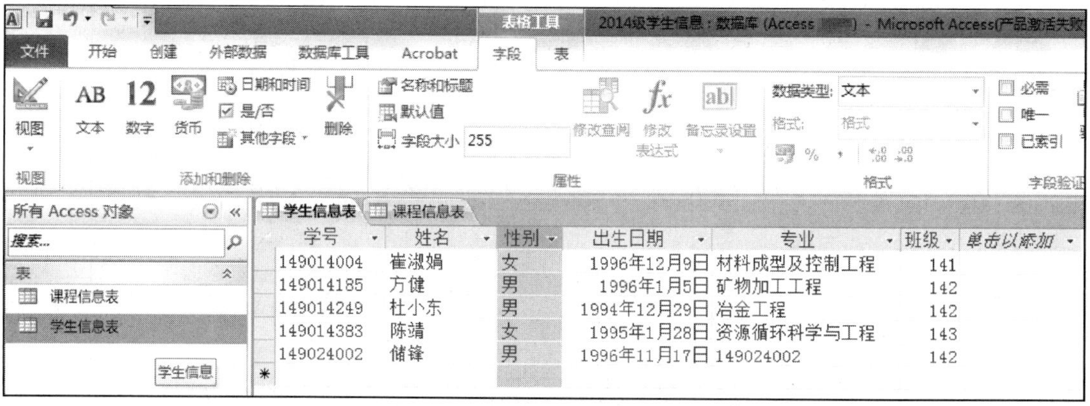

图 8-23　学生信息表

在 Access 中，每个表通常都有一个主键，主键即关系模型中的"码"或"关键字"，是可以唯一标识一条记录的。主键可以是表中的一个字段或字段集，设置主键有助于快速查找记录和记录排序，使用主键可以将多个表中的数据快速关联起来。

设置主键的方法很简单，打开数据表，选中要设置主键的字段，单击鼠标右键，在弹出的快捷菜单中选择"主键"命令，即设置完成，如图 8-24 所示。

上面的学生信息表与课程信息表都是通过直接输入数据创建的，下面以选课信息表为例，介绍通过设计视图创建表的方法。

单击图 8-19 中的"表设计"按钮会打开设计视图，如图 8-25 所示，在这里可以添加选课信息表所需要的字段并设置相应的数据类型。

图 8-24　设置表的主键

图 8-25　通过设计视图创建表

设计好选课信息表的各字段属性后单击"保存"按钮，将该表命名为"选课信息表"，然后再双击表名打开表，此时即可录入所有的学生选课信息，如图 8-26 所示。

图 8-26　选课信息表

2. 创建关系

数据库中各个数据表里的数据之间通常会存在某种联系，这种联系也称为表之间的关系或表关系。如选课信息表里的"学号"数据必然来自于学生信息表、"课程号"数据必然来自于课程信息表。如果数据表之间客观上存在上述关系，为确保数据的完整性，必然要建表关系进行约束。

打开数据库，选择"数据库工具"选项卡，单击"关系"按钮，如图8-27所示。

图 8-27　创建表关系

单击"关系"按钮后，出现"设计"选项卡，单击"关系"功能区的"显示表"按钮，弹出"显示表"对话框，如图8-28所示。

图 8-28　显示表

由于选课信息表与学生信息表、课程信息表都有关系，所以分别选择这3个表并单击"添加"按钮，显示图8-29所示的表关系配置界面。

在这里，要创建学生信息表中"学号"字段和选课信息表中"学号"字段的关系。选定学生信息表中的"学号"字段，按住鼠标左键，将其拖动到选课信息表的"学号"字段上，弹出"编辑关系"对话框，如图8-30所示。

图 8-29　表关系配置

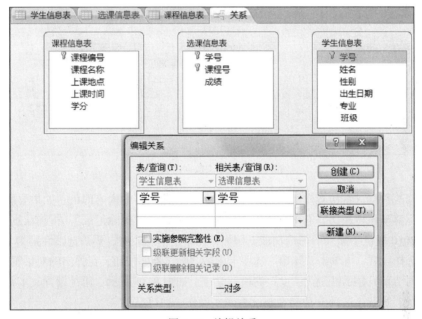

图 8-30　编辑关系

　　按照同样的方法，建立课程信息表中的"课程编号"字段与选课信息表中的"课程号"字段之间的关系。

　　在上述表关系创建过程中，系统已按照所选字段的属性自动设置了关系类型，因为学生信息表中"学号"字段是主键，选课信息表中"学号"字段不是主键，所以创建的关系类型为"一对多"。如果需要设置多字段关系，只需在选择字段时，按住<Ctrl>键的同时选择多个字段拖动即可。此时单击"创建"按钮，表关系即创建完毕，如图 8-31 所示。

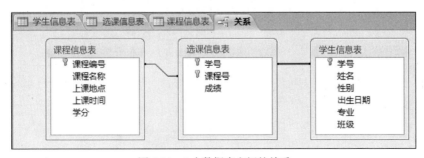

图 8-31　3 个数据表之间的关系

此时，两个表之间多了一条将两个字段联结起来的关系线。关系建立后，如需更改，可用鼠标右键单击关系线，在快捷菜单中单击"编辑关系"命令，回到"编辑关系"对话框，对关系类型、实施参照完整性等属性进行重新设置。

如设置好的关系不再需要，可用鼠标右键单击关系线，在快捷菜单中单击"删除"命令，然后在弹出的对话框中确认删除该关系。

3. 使用表

下面简单介绍数据表的常用操作，如查看、更新、插入、删除以及排序、筛选等。双击数据表，如图 8-32 所示，在打开的窗口中可方便地查询表中的每条记录，单击最后一个按钮可添加一条新的学生记录。

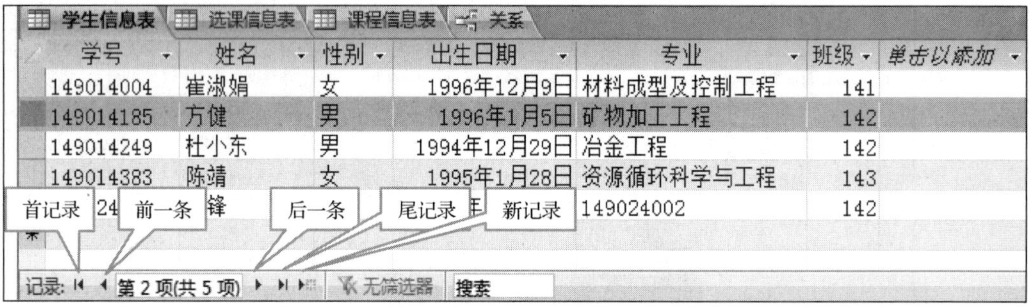

图 8-32 数据表数据浏览窗口

如果要修改数据，直接双击某条记录中的单元格，输入新的内容即可。如果要删除一条学生记录，将鼠标移至该行左边，右键单击，在快捷菜单中选择"删除记录"，再确认删除即可。

Access 2010 提供了强大的筛选功能。例如，在学生信息表中，要筛选出性别为"女"的所有学生，可先选择该列，再单击"开始"选项卡中的"筛选器"按钮，在弹出的对话框中勾选"女"这一选项，则结果只显示性别为"女"的所有学生。如图 8-33 所示，通过设置文本筛选器还可以实现更加复杂的筛选，这部分功能希望读者多多操作，熟练掌握。

图 8-33 数据筛选功能

8.3.5　窗体和报表的创建与使用

1. 窗体的创建与使用

Access 2010 窗体对象是与用户交互的界面，窗体为数据的输入、修改和查看提供了一种灵活简便的方法，可以使用窗体来控制对数据的访问，如显示哪些字段或数据行。窗体的数据来源可以是某一个数据表或多个数据表，也可以是创建好的查询（视图）。

创建窗体可通过"创建"选项卡的"窗体"命令组中的各种命令按钮实现，如图 8-34 所示。

图 8-34　创建窗体的命令按钮

如果我们已经打开了一个数据表或查询，再点击"窗体"按钮，则会自动创建一个窗体，如图 8-35 所示。如果没有选择窗体对应的数据源，则可通过窗体向导选择窗体所关联的数据表（查询）。

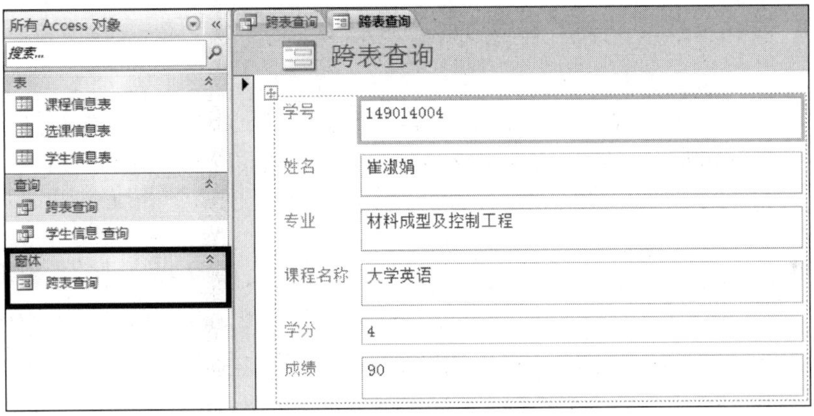

图 8-35　与"跨表查询"对应的窗体

下面通过设计视图创建一个与学生信息表相关的学生信息管理窗体，如图 8-36 所示。

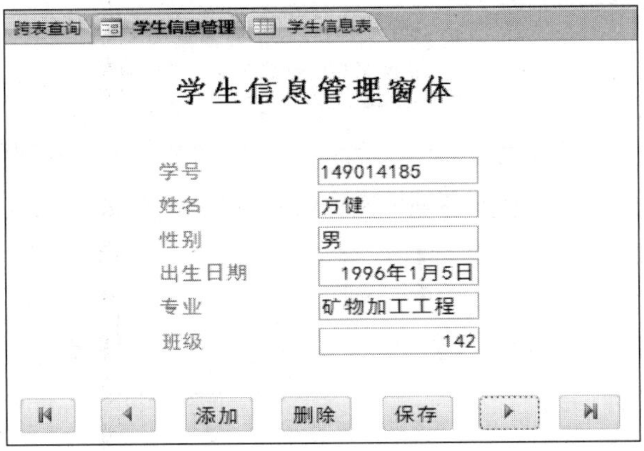

图 8-36　学生信息管理窗体

具体操作步骤如下。

① 单击"创建"选项卡的"窗体设计"按钮，打开窗体"主体"界面，并将窗体保存为"学生信息管理"，如图 8-37 所示。

图 8-37　窗体"主体"界面

② 在右侧的"属性表"面板里，选择"数据"选项卡，单击"记录源"下拉列表框，选择窗体的数据源"学生信息表"，如图 8-38 所示。

图 8-38　选择窗体的数据源

③ 单击"设计"选项卡，在打开的窗体设计工具栏中选择并添加窗体所需要的其他控件，如标签、文本框、按钮、下拉列表等，同时设置相应的控件格式（字体、大小、颜色等），将鼠标指针放在按钮上停留片刻就会显示该按钮的名称，如图 8-39 所示。

图 8-39　窗体设计工具栏

④ 单击窗体设计工具栏右侧的"添加现有字段"按钮，将学生信息表中的所有字段添加到窗体中，如图 8-40 所示；添加完相关字段的窗体如图 8-41 所示。

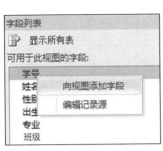

图 8-40　给窗体添加数据表字段　　　　图 8-41　添加完相关字段的窗体

⑤ 接下来为窗体添加相关操作按钮。单击"命令按钮"，然后在窗体里画出，此时会打开一个"命令按钮向导"对话框，如图 8-42 所示，通过该对话框可添加窗体相关的操作按钮。

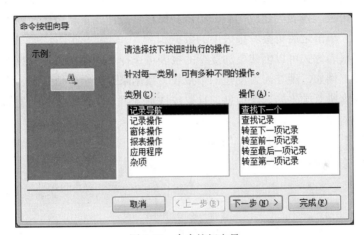

图 8-42　命令按钮向导

⑥ 给窗体添加 7 个按钮，并设置好相关文字以及按钮大小，此时窗体上共有 1 个标题标签、6 个字段标签、6 个字段文本框以及 7 个命令按钮，效果如图 8-36 所示。通过上述命令按钮可以在窗体里方便地操作学生信息表中的数据。

2. 报表的创建与使用

下面介绍自动创建报表与向导创建报表两种方法。

自动创建报表比较简单，在事先选择好数据表或查询（视图）的前提下，单击"创建"选项卡的"报表"命令组中的"报表"按钮，如图 8-43 所示，即可自动生成图 8-44 所示的报表。

图 8-43　"报表"按钮

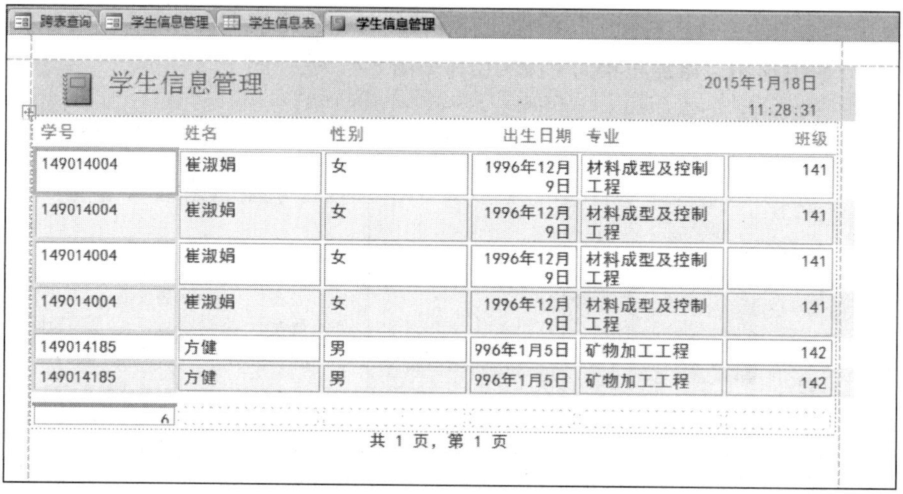

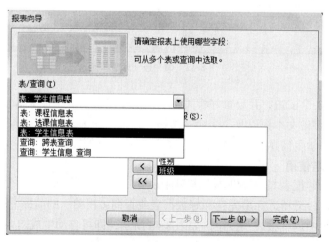

图 8-44　根据学生信息表创建的报表

自动创建的报表，其数据来源只能是一个数据表或者一个查询，且自动输出给定表或查询中的所有字段和全部记录。如果报表的数据来源于多个数据表，则必须首先创建基于多个数据表的查询，然后再建立报表。报表创建成功后，单击"保存"按钮并重新命名，则可在左边的导航窗格中看到报表名称，单击之后可查看报表中的数据。

使用向导创建报表方式可以创建更加复杂的报表可选择不同数据表中的数据字段、指定数据的分组与排序方式。例如，现在需要创建一个报表，数据来源于学生信息表、课程信息表和选课信息表，报表内容为所有学生的选课信息，且要按性别分组，统计男生和女生的平均学分，通过向导创建报表的步骤如下。

① 单击"创建"选项卡，再单击"报表向导"按钮，在弹出的对话框中选择报表所需要的各数据表中的字段，如图 8-45 所示。

图 8-45　通过报表向导选择报表所需字段

② 选择好报表所需要的字段之后，单击"下一步"按钮，在弹出的对话框中选择"数据查看方式"，确定报表中显示的字段列表，如图 8-46 所示。

③ 单击"下一步"按钮，在弹出的对话框中选择数据分组方式，此处按性别字段进行分组，如图 8-47 所示。

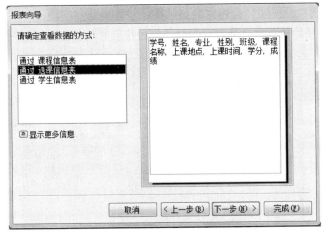

图 8-46　确定查看数据的方式

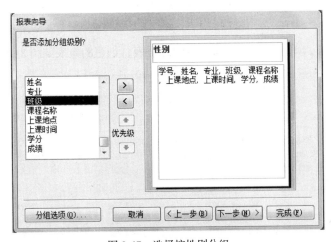

图 8-47　选择按性别分组

④ 单击"下一步"按钮，在弹出的对话框中可设置分组内的排序字段，按选择好的字段设置升序或降序显示，此处按姓名进行升序显示，如图 8-48 所示。

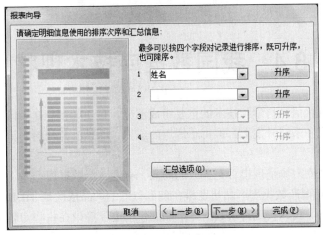

图 8-48　组内按姓名升序显示记录

⑤ 单击“汇总选项”按钮，在弹出的对话框中设置对哪些字段进行汇总，汇总的类型可选择最大值、最小值、平均值等，此处对“学分”字段进行平均值汇总，如图 8-49 所示。

汇总选项
请选择需要计算的汇总值:
字段
汇总 平均 最小 最大
学分
确定
取消
显示
明细和汇总(D)
仅汇总(S)
计算汇总百分比(P)

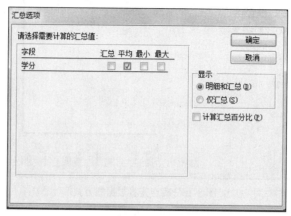

图 8-49　对学分字段进行平均值汇总

⑥ 经过上述设置，单击“完成”按钮并保存报表，创建的报表如图 8-50 所示。

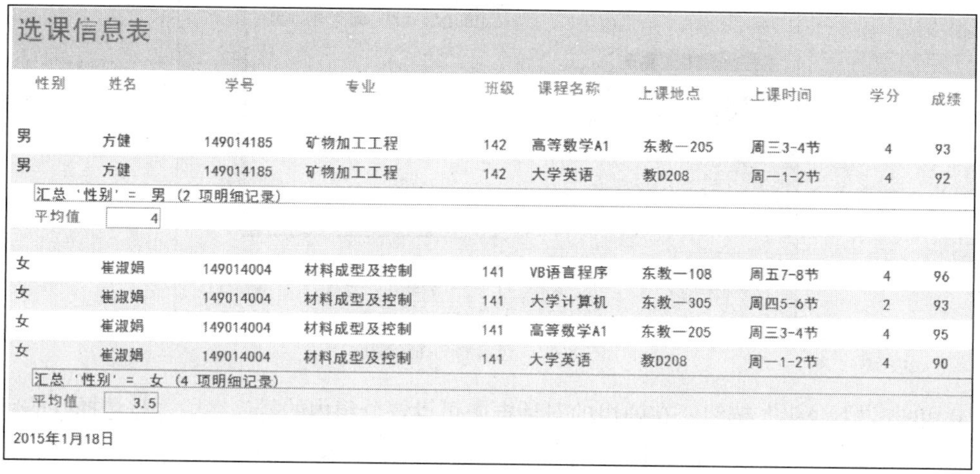

选课信息表
性别 姓名 学号 专业 班级 课程名称 上课地点 上课时间 学分 成绩
男 方健 149014185 矿物加工工程 142 高等数学A1 东教一205 周三3-4节 4 93
男 方健 149014185 矿物加工工程 142 大学英语 教D208 周一1-2节 4 92
汇总 '性别' = 男 (2 项明细记录)
平均值 4
女 崔淑娟 149014004 材料成型及控制 141 VB语言程序 东教一108 周五7-8节 4 96
女 崔淑娟 149014004 材料成型及控制 141 大学计算机 东教一305 周四5-6节 2 93
女 崔淑娟 149014004 材料成型及控制 141 高等数学A1 东教一205 周三3-4节 4 95
女 崔淑娟 149014004 材料成型及控制 141 大学英语 教D208 周一1-2节 4 90
汇总 '性别' = 女 (4 项明细记录)
平均值 3.5
2015年1月18日

图 8-50　通过报表向导创建的报表

8.4　我国数据库技术现状

数据库技术是现代信息科学与技术的重要组成部分，自 20 世纪 60 年代末到现在，我国在数据库技术的理论研究和系统开发上都取得了辉煌的成就，而且已经开始对新一代数据库系统展开深入研究。

目前，国产数据库市场呈现出百花齐放的局面，有近百个数据库产品。根据墨天轮数据库排行榜，2020 年上半年国产数据库产品热度排在前五位的的产品依次是 TiDB、DM、OceanBase、GaussDB 和 PolarDB。我国实现自研数据库产品的机构主要集中在一些知名互联网企业、大型军企、政府机构、科研院所以及新兴的数据库创业公司等，产品类型繁多，包括传统的关系数据库、面向对象数据库、分布式数据库、NoSQL 系列数据库，甚至有部分企业将数据库服务通过云平台作为 SaaS 提供给用户使用。相比于早期单纯依靠购买国外数据库产品与技术来构造信息系统，目前我国的数据库技术已经取得了重大突破，某些领域已经处于国际领先水平。

当代大学生对我国数据库技术的发展过程应该有清醒的认识，虽然我们在数据库技术方面与发达国家还有差距，但我们要有民族自豪感，要在日常学习和工作过程中努力创新，立志为我国在数据库技术方面赶超世界先进水平贡献力量。

本章小结

本章介绍了与数据库相关的基本概念、数据库的发展过程以及常用的数据模型与数据库管理系统；通过 3 个数据表（学生信息表、课程信息表、选课信息表）简要介绍了 SQL 常用语句的使用方法以及 Access 2010 的基本操作，主要包括数据库与表的创建、窗体与报表的创建与使用，更多复杂的细节操作需要读者进一步学习掌握。

习　题

一、选择题

1. 下列说法中，_____是正确的。
   A. 数据库中数据不可被共享
   B. 数据库避免了一切数据重复
   C. 若冗余是系统不可控制的，则系统可确保更新时的一致性
   D. 数据库减少了冗余数据

2. 数据的完整性，是指存储在数据库中的数据要在一定意义下确保是_____。
   A. 正确的　　　　B. 正确的、一致的　C. 一致的　　　　D. 规范化的

3. 数据库管理系统（DBMS）是用来_____的软件系统。
   A. 建立数据库　　B. 保护数据库　　　C. 管理数据库　　D. 以上都对

4. 数据库（DB）和数据库管理系统（DBMS）之间的关系是_____。
   A. DBMS 包括 DB　　　　　　　　　B. DB 包括 DBMS
   C. DB 和 DBMS 相互独立　　　　　　D. DBMS 管理 DB

5. Access 是一种_____。
   A. 数据库管理系统软件　　　　　　B. 操作系统软件
   C. 文字处理软件　　　　　　　　　D. CAD 软件

6. 表是数据库的核心与基础，它存放着数据库中的_____。
   A. 全部数据结构　B. 全部对象信息　　C. 全部数据信息　D. 部分数据信息

7. 在 Access 2010 中使用的对象都存放在同一个数据库文件中，这个文件以_____为扩展名。
   A. dbc　　　　　B. dbf　　　　　　C. dbm　　　　　D. mdb

二、简答题

1. 简述数据库、数据库管理系统、数据库系统 3 个概念及它们的联系。
2. 数据库系统包括哪几个主要部分？
3. 关系模型的完整性规则有哪几类？

第**9**章　信息安全

教学目标

➢ 理解信息安全的基本概念。

➢ 了解计算机病毒的特征、分类及其工作流程。

➢ 了解网络入侵和攻击的常见手段。

➢ 了解信息安全防护技术。

➢ 了解信息安全研究的发展趋势。

知识要点

本章主要简述信息安全的基本概念、引发信息安全问题的几种因素，着重介绍计算机病毒的特征、分类、工作流程及发作现象，网络入侵与攻击的几种常见手段，信息安全防护常见技术以及信息安全研究的发展趋势。

课前引思

● 你的 PC 可能曾经被当作砧板上"肉鸡"任人摆布，而你不知道？

● 在上网过程中，遇到不停地"蹦"出来的讨厌的广告，你是否试图关掉它，可又力不从心？考虑过是什么原因吗？

● 一些诱人的广告或"朋友"发来的链接，当你点开时，你中招了！

9.1　信息安全概述

计算机系统广泛应用于金融、物流、通信、娱乐、制造、教育、医疗、商务等领域，与人们的工作、学习、生活关系越来越密切，可以帮助人们完成更为复杂的工作，改变或丰富人们的工作、生活方式。计算机系统的重要性不仅在于能够完成大量信息的采集、存储、检索、处理等工作，还在于人们能够通过计算机网络实现远程交流。信息化社会中，信息已成为制约或推动社会进步

9-1　信息安全概述

的关键因素之一，人们对信息及信息技术的依赖程度越来越高。随着互联网的广泛应用，在人们享受信息社会便利的同时，信息安全问题常常给个人和组织造成损失，涉及国家安全的重大问题也屡屡发生，因此，保护计算机及其信息安全至关重要。

信息安全是指防止信息被故意或偶然地非法侵权、泄露、更改、破坏或使信息被非法的系统辨识、控制，即确保信息的保密性、完整性、可用性和可控性。

计算机与信息安全包括以下 3 个方面。

① 计算机系统安全：保证计算机系统正常运行，避免系统的崩溃对系统存储、处理的信息

造成破坏和损坏，保证系统信息如用户口令、存储权限控制等的安全，避免非法入侵。

② 计算机信息传输安全：保证信息传输过程的安全，避免由于电磁泄漏、窃听等使信息泄露或受干扰。

③ 计算机信息内容安全：保证信息的保密性、真实性和完整性。避免攻击者利用系统的安全漏洞进行窃听、冒充、诈骗等有损于合法用户的行为，本质上是保护用户的利益和隐私。

针对不同的对象，信息安全的含义有所不同。对用户（个人、企业等）来说，他们希望在网络传输过程中有关个人隐私或商业利益的信息受到保护；对管理者或网络运营商来说，他们希望对本地网络信息的访问受到控制，避免出现病毒破坏、非法存取、拒绝服务和网络资源被非法占用、非法控制等威胁；对政府安全部门来说，他们想对非法的、有害的或涉及国家机密的信息进行过滤和防堵，避免机密信息泄露，并制定法律、法规打击和预防网络犯罪。虽然不同的组织、机构对信息安全的要求会有所差异，但是总体上信息安全的目标是一致的，主要包括保密性、完整性、可用性和可控性等。

① 保密性（Confidentiality）：保密性指确保信息在存储、使用、传输过程中不会泄露给非授权用户或实体，即使非授权用户得到信息也无法知晓信息的内容。

② 完整性（Integrity）：完整性指确保信息在存储、使用、传输过程中不会被非授权用户篡改，同时还要防止授权用户对系统及信息进行不恰当的修改，保持信息内、外部表示的一致性。

③ 可用性（Availability）：可用性是指授权用户或实体在需要时能正常、方便可靠、及时地访问和使用所需信息及资源，且不受其他因素的影响。这一目标是对信息系统的总体可靠性要求。

④ 可控性（Controllable）：可控性是指信息在整个生命周期内都可由合法拥有者加以安全的控制。例如，网络系统能够对用户的身份进行识别和确认，同时还能对用户的访问权限和方式进行控制。

⑤ 可鉴别性（Identifiability）：可鉴别性指对出现的网络安全问题，能够提供调查的依据和手段。

⑥ 不可抵赖性（Non-repudiation）：不可抵赖性是指保障用户无法在事后否认曾经对信息进行的生成、签发、接收等行为。当网络安全出现问题时，所有网络信息交互参与者都不能否认或抵赖曾经完成的操作和承诺。

9.1.1 引发安全问题的偶然因素

错误的产生并不像想象的那么复杂，实际上，许多数据出现问题仅仅是因为一个偶然的操作失误、电源不正常或者硬件的故障等。

1. 操作失误

这是一般计算机用户都可能会犯的错误，通常这种错误都是偶然的。例如，某个用户花了一晚上的时间修改一份报告，当终于完成它并准备做一个备份时，却用旧的版本覆盖了新的版本；也可能用户在一次漫不经心的操作中删除了还需要保存的文件。这些，都属于操作失误。用户只有熟练地掌握操作方法并养成良好的操作习惯，才能最大限度地减少失误。

随着计算机技术的发展，有些软件已经能够设法减少这一类错误的发生，例如，在 Windows 系统下，如果要删除一个文件，系统会给出图 9-1 所示的提示。

图 9-1 "确认文件夹删除"对话框

2. 电源问题

电源可能是整个系统中最脆弱的环节。偶然的断电、突然的电压波动都会对计算机系统产生严重的影响。断电会使正在运行的程序崩溃，保存在内存中的数据将全部丢失。电压的波动则可能会损坏计算机的电路板或者其他部件。UPS（Uninterruptible Power Supply，不间断电源）是计算机系统的电力保障设备，包括电池（组）及相关的电路。UPS 平时起到稳压作用，当市电供应发生故障，UPS 可以提供电力，使工作人员有足够的时间保存数据、停止程序及系统的运行。

3. 硬件故障

任何高性能的机器都不可能长久地正常运行下去，几乎所有的计算机部件都有可能发生故障。I/O 接口损坏、磁介质损坏、板卡接触不良等都是很常见的硬件故障，而内存错误导致的系统运行不稳定也很常见。

一般的硬件设备损坏了可以修理或者干脆更换，但有些设备，如一些重要的服务器、存储数据的磁盘存储系统、网络上的核心交换机等，如果停止运行将会严重影响各种应用系统的正常运转甚至导致工作中断。通常解决这类问题的办法是硬件的冗余，例如，服务器双工技术可以有效地解决服务器故障导致的系统崩溃，而磁盘双工或者镜像技术则可以解决磁盘故障导致的数据丢失。

4. 灾害

灾害包括火灾、水灾、风暴、有害气体、电磁污染等。灾害是难以避免的，应该考虑的是灾害发生后如何控制损失，把损失降低到最小甚至是零。

9.1.2 计算机病毒和恶意软件

计算机病毒是指单独编制或者在计算机程序中插入的破坏计算机功能或毁坏数据、影响计算机使用并能自我复制的一组计算机指令或者程序代码。计算机病毒是目前计算机安全领域最广泛的一种威胁。国家计算机病毒应急处理中心报告指出，近几年我国计算机病毒感染率为80%以上，其中大部分病毒为木马、蠕虫、脚本等网络病毒，而这些病毒往往成为不法分子窃取计算机信息和进行网络攻击的工具。

1. 计算机病毒的特征

计算机病毒具有以下主要特征。

（1）寄生性

计算机病毒寄生在其他程序中。当程序执行时，病毒就被激活并起到破坏作用，而当程序未启动时，病毒不易被发觉。

（2）传染性

计算机病毒不但具有破坏性，更具有传染性。一旦病毒被复制或者产生变种，其变化速度之快让人难以预防。传染性是病毒的基本特征。

（3）潜伏性

有些病毒就像定时炸弹，发作时间是预先设置好的，如"黑色星期五"病毒，未到指定时间或在预设的时间没有开启运行计算机系统，就会相安无事；但若带有这类病毒的计算机系统处于运行状态，一旦到了预定时间，该病毒就会爆炸式发作，对系统进行破坏。

（4）隐蔽性

计算机病毒具有很强的隐蔽性。有的病毒可以通过杀毒软件检查出来，有的根本就查不出来，有的时隐时现、变化无常。隐蔽性强的病毒处理起来通常很困难。

（5）破坏性

病毒入侵计算机后，可能导致正常的程序无法运行、文件被删除等后果，使计算机受到不同程度的损坏。

（6）可触发性

病毒因某个事件的发生或者数值的出现而实施感染或进行攻击的特性称为可触发性。为了隐蔽，病毒必须潜伏，少做动作，但如果完全不动一直潜伏的话，病毒既不能传播也不能进行破坏，便失去了杀伤力。病毒既要隐蔽也要维持杀伤力，因而必然具有可触发性。

2. 计算机病毒的分类

按照寄生方式，计算机病毒可以划分为引导型病毒和文件病毒。

引导型病毒是一种在 ROM 和 BIOS 之后，由系统引导出现的病毒，它先于操作系统，依托的环境是 BIOS 中断服务程序。引导型病毒主要感染磁盘引导扇区和硬盘的主引导扇区。利用操作系统的结构设计，病毒可以在每次开机时比系统文件先调入内存，从而可以完全控制操作系统的各类中断，具有强大的传染力和破坏力。

文件病毒感染计算机中的文件，尤其是可执行程序。文件病毒必须借助于载体程序，仅当运行带病毒的程序时，其文件才能载入内存。受病毒感染的可执行文件，其执行速度会减缓，甚至完全无法执行。更有甚者，有些文件被感染后，一旦执行就会被删除。

恶意程序是目前威胁最大的病毒类型，大多数能够通过网络自动传播，不但具有很强的破坏性，而且作为不法分子的犯罪工具，具有很强的隐蔽性。恶意程序病毒主要有木马病毒、蠕虫病毒和脚本病毒等。

（1）特洛伊木马病毒

木马病毒全称为特洛伊木马。在历史传说中，特洛伊木马表面上是"礼物"，实际上却藏匿了大量袭击特洛伊城的战士。木马病毒是目前比较泛滥的一种病毒。与一般的病毒不同，木马病毒不会自我繁殖，也并不刻意感染其他文件，而是通过伪装吸引用户下载执行。

木马病毒程序一般分为服务器端程序和客户端程序两部分。服务器端程序一般被伪装成具有吸引力的软件，欺骗用户运行并在运行后自动安装在用户的计算机中，以后程序将随计算机的每次运行自动加载。而客户端程序一般安装在控制者的计算机中。客户端启动后会在网络中扫描远程主机上事先约定好的端口，这时如果服务器端正在运行就会和客户端连接上，随后服务器端将在被控计算机中接收并执行客户端发出的各种命令。

用户一旦中毒，就会成为"僵尸"，成为"黑客"手中的"机器人"。"黑客"可以利用木马病毒窃取用户计算机中的信息，或者利用数以万计的"僵尸"发送大量伪造数据包或垃圾数据包对预定目标进行拒绝服务攻击，造成被攻击目标瘫痪。

（2）蠕虫病毒

蠕虫病毒能够在计算机与计算机之间自我复制。与一般计算机病毒不同，蠕虫病毒不需要将其自身附着到宿主程序，它是一种独立智能程序，由于接管了计算机中传输文件或信息的功能，因而可以自动完成复制过程。

一旦计算机感染蠕虫病毒，蠕虫病毒即可独自传播。但最危险的是，蠕虫病毒可以大量复制。蠕虫病毒典型的传播方式是采用网络链或电子邮件由一台计算机传播到另一台计算机。这不同于普通病毒对文件和操作系统的感染，普通病毒采用将自身附加到其他程序中的方式来自我复制，而蠕虫病毒通过网络实现自我复制，但不感染文件。例如，蠕虫病毒可以向电子邮件簿中的所有联系人发送其副本，联系人的计算机也将执行同样的操作，结果造成多米诺效应（网络通信负担沉重），业务网络和整个 Internet 的速度都将减慢。

网络蠕虫病毒具有隐蔽性、传染性、破坏性和自主攻击能力。

（3）脚本病毒

脚本病毒通常是 JavaScript 或者 VBScript 等脚本语言编写的恶意代码，利用网页、邮件或 Microsoft Office 文件进行传播，实现病毒植入，执行恶意代码。脚本病毒一般会修改注册表、修改浏览器设置、利用软件漏洞进行破坏等。脚本病毒具有编写简单、破坏力大、感染力强、欺骗性强等特点。

（4）间谍软件

间谍软件是执行某些违规行为（如显示广告、收集个人信息或没有经过同意就更改计算机的设置）的软件的通称。间谍软件对计算机系统的破坏性正在迅速上升。如果出现以下情况，计算机上可能存在间谍软件或其他有害的软件。

① 不在 Web 上也会看见弹出式广告。

② Web 浏览器首先打开的页面（主页）或浏览器搜索设置在不知情的情况下被更改。

③ 浏览器中有一个不需要的新工具栏，并且很难将其删除。

④ 计算机完成某些任务所需的时间比以往要长。

⑤ 计算机崩溃的次数突然上升。

间谍软件通常和显示广告的软件（称为"广告软件"）或跟踪个人敏感信息的软件联系在一起。但这并不意味着所有提供广告或者跟踪个人的在线活动的软件都是恶意的。例如，你可能要注册以获取免费音乐服务，代价是要同意接受广告。如果你理解并同意条款，这就是一桩公平交易。

其他一些有害软件会对计算机做出一些令人烦恼的更改，而且可能会导致计算机变慢或崩溃。这些程序能够更改 Web 浏览器的主页或搜索页，或者在浏览器中添加不需要的附加组件。这些程序还会使系统很难恢复原始设置。这些有害程序通常也称为间谍软件。

间谍软件或其他有害的软件有多种方法侵入系统，常见的伎俩是在你安装需要的其他软件（如音乐或视频文件共享程序）期间偷偷地安装。

3. 计算机病毒的工作流程

计算机病毒的完整工作过程包括以下几个环节。

（1）传染源

病毒总是依附于某些存储介质，如软盘、硬盘等。

（2）传染媒介

病毒传染的媒介由工作的环境来定，可能是计算机网络，也可能是可移动的存储介质，如 U 盘等。

（3）病毒激活

病毒激活是指将病毒装入内存，并设置激活条件，一旦激活条件成熟，病毒就开始活动——自我复制到传染对象中、进行各种破坏活动等。

（4）病毒触发

计算机病毒一旦被激活，立刻就发生作用，触发的条件是多样化的，可以是内部时钟、系统的日期、用户标识符，也可能是系统的一次通信等。

（5）病毒表现

表现是病毒的主要目的之一，有时表现为在屏幕上显示出来，有时则表现为破坏系统数据。可以这样说，凡是软件技术能够触及的地方，都在其表现范围内。

（6）传染

在传染环节中，病毒将自身的副本复制到传染对象中去。

计算机病毒的传染是以计算机系统的运行及读写磁盘为基础的。没有这样的条件计算机病毒是不会传染的，因为计算机不启动、不运行时就谈不上对磁盘的读写操作或数据共享，没有磁盘的读写，病毒就传播不到磁盘上或网络中。但只要计算机运行就会有磁盘读写动作，病毒传染的两个先决条件就很容易得到满足。系统运行为病毒驻留内存创造了条件。病毒传染的第一步是驻留内存；第二步，一旦进入内存，即可寻找传染机会，寻找可攻击的对象，判断条件是否满足，决定是否可传染；第三步，当条件满足时进行传染，将病毒写入磁盘系统。

4. 计算机病毒的入侵途径

目前常见的计算机病毒入侵途径有社会工程（利用地震、奥运等热点话题建立欺诈网站）、垃圾邮件、恶意网页、利用系统漏洞和第三方软件、即时通信工具、文件下载、局域网、U 盘等移动存储介质、文件感染、分布式入侵、无线网络等。

9.1.3　网络入侵与攻击

计算机信息安全威胁中，具有目的性的破坏是非法的网络入侵与攻击。网络入侵与攻击是针对安全策略的违规行为、针对授权的滥用行为与针对正常行为特征的异常行为的总和。网络入侵与攻击的原因多种多样，有出于私人恩怨、商业或个人目的获取秘密资料、利用对方的系统资源满足自己的需求、寻求刺激及无目的攻击等。

通常将能够入侵他人计算机系统的人称作"黑客"（Hacker）或者"破坏者"（Cracker）。现在一些"黑客"的行为受到经济或政治利益的驱使。除此之外，个别心存不满的员工、个别技术爱好者往往也容易成为造成信息安全威胁的主体。

"黑客"的最初定义是"喜欢探索软件程序奥妙并从中增长其个人才干的人"。传统"黑客"恪守这样一条准则：Never damage any system（永不破坏任何系统）。他们近乎疯狂地钻研计算机系统知识并乐于与其他人共享成果，对计算机的发展起了重要的作用。国际上的著名"黑客"均强烈支持信息共享论，他们认为信息、技术和知识都应当被所有人共享，而不能为少数人所垄断。大多数"黑客"都具有反传统的色彩，但是，他们的一个重要的特征就是十分重视团队合作精神。显然，"黑客"一词原来并没有贬义成分。直到后来，少数怀着不良企图的人为了自己的私利，利用非法手段获得系统访问权并破坏重要数据，制造各种麻烦。慢慢地，"黑客"的名声被玷污了，"黑客"逐渐演变成入侵者与破坏者的代名词。现在，人们对"黑客"的准确定义仍然有不同的意见，但是，从信息安全这个角度来说，"黑客"常常特指计算机系统的非法入侵者。从法律角度来看，如果这些行为造成了损害，他们就是犯罪。这类"黑客"会毫无顾忌地非法闯入某些敏感的信息禁区或者重要网站，以盗窃重要的信息资源、篡改网站信息或者删除该网站的全部内容等恶作剧行为作为一种智力挑战，并陶醉其中。

网络攻击层次与网络所采用的安全措施密切相关。从攻击成功的难易程度上，可以将网络攻击分成 6 个层次。注意：此处所说的层次与 OSI 参考模型的 7 个层次没有直接的对应关系。

第一层攻击基于应用层的操作，典型的攻击包括拒绝服务攻击和邮件炸弹攻击，这些攻击的目的只是干扰目标的正常工作，化解这些攻击一般是十分容易的；第二层攻击指本地用户获得不应获得的文件（或目录）读权限，这一攻击的严重程度取决于被窃取读权限的文件的重要性；第三层攻击是在第二层的基础上发展为用户获得不应获得的文件（或目录）写权限；第四层攻击主要指外部用户获得访问内部文件的权利；第五层攻击指非授权用户获得特权文件的写权限；第六层攻击指非授权用户获得系统管理员的权限或根权限，这一层攻击也是利用了漏洞，攻击也都是致命的。

一般来讲，如果阻止了第二层、第三层及第四层攻击，那么第五层、第六层攻击几乎不可能出现，除非是利用软件本身的漏洞。

"黑客"实施网络攻击一般分为以下步骤。

① 收集被攻击方的有关信息，分析被攻击方可能存在的漏洞。

② 建立模拟环境，进行模拟攻击，测试对方可能的反应。

③ 利用适当的工具进行扫描。

④ 实施攻击。

"黑客"入侵和攻击的手段按性质划分为闯入、拒绝服务攻击、协议欺骗攻击、口令攻击、扫描攻击、嗅探与协议分析、社会工程学攻击等，其中很多手段和恶意程序相结合，难以防范。

（1）闯入

最常见的网络攻击是闯入。"黑客"闯入用户的计算机，像普通合法用户一样使用计算机的资源。闯入的手段比较多，常见的类型是社会工程学攻击。常见的闯入方法有两种。一种是猜测用户密码。另一种是搜索整个系统，发现软件、硬件的漏洞（Bug）或者配置错误，以获得系统的进入权。

（2）拒绝服务攻击

拒绝服务（Denial of Service，DoS）攻击即攻击者想办法让目标机器停止提供服务或者资源访问，从而阻止正常用户的访问。拒绝服务攻击在众多网络攻击技术中是一种简单有效并且危害性很大的进攻方法，是"黑客"常用的攻击手段之一。它通过各种手段来消耗网络带宽和系统资源，或者攻击系统缺陷，使系统陷于瘫痪状态，不能对正常用户进行服务，拒绝正常用户的服务访问。其实，对网络带宽进行的消耗性攻击只是拒绝服务攻击的一部分，只要能够给目标机器造成麻烦，使某些服务被暂停甚至主机死机，都属于拒绝服务攻击。

分布式拒绝服务（Distributed Denial of Service，DDoS）攻击是在传统的 DoS 攻击基础上产生的一类攻击方式。单一的 DoS 攻击一般采用一对一的方式，随着计算机和网络技术的发展，计算机的处理能力迅速增强，内存大大增加，同时也出现了千兆级别的网络，这使得 DoS 攻击的难度越来越大。这时，分布式拒绝服务攻击就应运而生了。DDoS 的原理很简单，如果说计算机和网络的处理能力增强了 10 倍，用一台计算机进行攻击已经不再起作用的话，攻击者可以使用几百台甚至上万台计算机同时攻击。DDoS 就是利用木马病毒控制傀儡机，从而以比以前更大的规模进攻受害者，其危害也更加严重。

（3）协议欺骗攻击

网络的无界和匿名给网络应用带来了诸多不确定性，因此需要为建立基本的信任关系进行认证。认证是网络上的计算机相互间进行识别的过程，只有经过认证的连接才是可信任的。

协议欺骗攻击是针对网络协议的缺陷，采用某种欺骗手段通过认证，骗取对方信任，以截获信息、获取特权，进而实现入侵的攻击方式。主要的协议欺骗攻击方式有 IP 地址欺骗攻击、TCP 会话劫持、源路由欺骗攻击、ARP 欺骗攻击、DNS 协议欺骗攻击等。

以 ARP 欺骗攻击为例进行说明。ARP（Address Resolution Protocol，地址解析协议）是一个位于 TCP/IP 协议栈中的底层协议，负责将某个 IP 地址解析成对应的 MAC 地址。ARP 欺骗攻击就是通过伪造 IP 地址和 MAC 地址实现 ARP 欺骗，能够在网络中产生大量的 ARP 通信，从而使网络阻塞。

（4）口令攻击

口令（密码）应该说是用户最重要的一道防护门，如果密码被破解了，那么用户的信息很容易被窃取，所以密码安全是尤其需要关注的。随着网络"黑客"攻击技术的增强和方式的改变，许多口令都可能被攻击和破译，这就要求用户提高对口令安全的认识。

一般入侵者常常采用几种方法获取用户的密码，包括弱口令扫描、密码嗅探（Password Sniffer）、暴力破解以及木马程序或键盘记录程序。

（5）扫描攻击

一个开放的网络端口就是一条与计算机进行通信的信道，对网络端口进行扫描可以得到目标计算机开放的服务程序、运行的系统版本信息，从而为下一步的入侵做好准备。网络扫描的目的就是利用各种工具在攻击目标的 IP 地址或地址段的主机上寻找漏洞。

扫描是采取模拟攻击的形式对目标可能存在的安全漏洞逐项进行检查，目标可以是工作站、服务器、交换机、路由器、数据库应用等对象，然后根据扫描结果向扫描者或管理员提供周密可靠的分析报告。网络端口扫描可以通过执行手工命令实现，但效率较低；也可以通过扫描工具实现，效率较高。

（6）嗅探与协议分析

网络嗅探与协议分析是一种被动的侦察手段，使用网络嗅探监听软件可对网络中的数据进行分析，获取可用的信息。

网络嗅探监听软件原本是网络管理员使用的一类管理工具，这类软件通过协议分析器捕获网络数据包来获取网络上的有关信息，监视网络的运行，发现网络中出现的问题，监视网络的状态、数据的流动，以及网络上传输的信息。网络嗅探监听软件工作在网络的底层，能捕获所有网络数据包。因为具有强大的数据包捕获功能，它是网络管理员的好帮手，也成为"黑客"手中的攻击利器。监听效果最好的地方是网关、路由器、防火墙等信息聚集的设备所在地。

网络监听可以采用专门的协议分析设备实现，也可以采用 SnifferPro、TCPDump 等软件实现。SnifferPro 是最常用的嗅探分析软件，它可以实现数据包捕获、数据包统计、过滤数据包、数据包解码等功能，通过解码可以获取很多有用的信息，如用户名、密码及数据包内容。

9.2　管理制度

许多计算机系统的安全问题就是由对制度的不尊重引起的。因此，需要高度重视制度的制定与执行。

制度是关于使用计算机系统的规则及条例，通常由管理者制定。单位或者公司通过制度来规范或者约束对计算机的访问，从而对数据的安全提供保护。

一个好的制度必须是容易操作且规定明确的，制度应该成为每一个相关工作人员的行为准则。通过长时间的约束，制度可以演变成个人的工作程序。一旦个人形成了良好而规范的工作程序，出现偶然错误的概率将会大大下降。

制度通常涉及两个方面。技术方面的制度应该对操作程序及规范做出明确的规定，如何时进行数据备份、备份的类型、备份时的操作步骤等。管理方面的制度可以对每个人访问系统的权限及程序做出适当的规定。

9.3　信息安全防护技术

9-2　信息安全防护技术

没有绝对安全的计算机系统。保持清醒正确的认识，同时掌握最新的安全问题情况，再加上完善有效的安全策略，才能阻止大部分安全事件的发生，使损失降低到最低程度。建立全面的计算机信息安全机制，最可行的做法是将制定健全的管理制度和防护技术相结合。

9.3.1 物理保护

物理上的保护包括提供符合技术规范要求的使用环境、防灾措施，以及安装不间断电源、限制对硬件的访问等。

一般要求环境温度不能过高或者过低，也不能过于干燥，以免静电对电子邮件和存储设备的损坏。这些要求会涉及温度、湿度、接地性能、抗静电性能、防辐射等多方面的指标。要采取必要的防灾措施以确保计算机设备的安全性，要使用 UPS 以防止突然的停电给设备造成的损失。要限制对计算机系统的物理接触。例如，对进入机房的人员进行限制，给系统加锁，等等。

9.3.2 数据备份

数据备份就是为数据另外制作一个副本。这样当正本被破坏时，可以通过副本恢复原来的数据。数据备份是一种被动的保护措施，但同时也是数据保护的最重要措施。

数据备份的目的是在故障发生时能顺利地恢复数据。那么如何进行备份呢？正如前面所指出的，在备份时需要明确备份的类型及时间等。

1. 不同的备份类型

备份类型一般有 3 种，即完全备份、增量备份和差分备份。

（1）完全备份

完全备份（Full Backup）指备份时用移动硬盘或其他辅助存储设备将本地计算机系统中的所有软件及数据全部备份下来。这种方式的优点是简单易行。当计算机系统崩溃或者数据丢失时，可以通过最近的备份系统将其恢复至备份时的状态。

这种方法的缺点也是很明显的。首先，由于每天都要对系统进行完全备份，因此备份数据中有大量的重复，占用了大量的辅助存储空间，对用户来说意味着成本的增加。其次，由于需要备份的数据量相当大，所需时间也较长。对于那些业务繁忙、能够用于备份的时间有限的单位来说，选择这种备份策略无疑是不明智的。

（2）增量备份

增量备份（Incremental Backup）指每次备份的数据只是上一次备份后增加和修改过的数据，如图 9-2 所示。

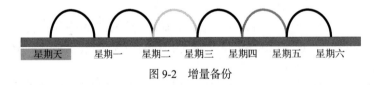

图 9-2 增量备份

该方案的优点是没有重复的备份数据，节省了辅助存储空间，又缩短了备份时间。其缺点是当发生灾难时，恢复数据比较麻烦。例如，如果系统在星期四的早晨发生故障，那么就需要将系统恢复到星期三晚上的状态。这时，系统管理员需要找出星期一的完全备份磁盘进行系统恢复，然后再找出星期二的硬盘来恢复星期二的数据，最后再找出星期三的硬盘来恢复星期三的数据。很明显，这种策略比第一种策略要麻烦很多。另外，在这种备份下，各用于存储备份数据的辅助存储设备间的关系就像链子一样，一环套一环，其中任何一个辅助存储设备出了问题，都会导致整条链子脱节。

（3）差分备份

差分备份（Differential Backup）是指每次备份的数据是上一次全备份之后新增加的和修改过的数据，如图9-3所示。例如，系统管理员先在星期一进行一次系统完全备份；在接下来的几天里，再将当天所有与星期一不同的数据（增加的或修改的）备份到硬盘上。差分备份无须每天都做系统完全备份，因此备份所需要的时间短，节省了硬盘空间。它的灾难恢复也很方便，系统管理员只需使用两个硬盘，即系统全备份的硬盘与发生灾难前一天的备份硬盘，就可以将系统完全恢复。

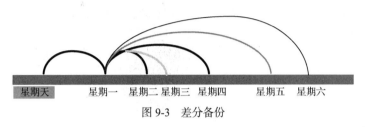

星期天　　　星期一　星期二 星期三　星期四　　　星期五　星期六

图 9-3　差分备份

2. 备份计划

备份计划主要涉及备份策略的制定及工作过程的控制。

（1）备份策略制定

备份策略的制定是备份计划的一个重要部分。一般来说，需要备份的数据都存在一个 2/8 原则，即20%的数据被更新的概率是80%。这个原则告诉我们，每次备份都完整地复制所有数据是一种非常不合理的做法。事实上，日常工作中的备份往往是基于一次完整备份的增量备份或差分备份。那么完整备份、增量备份和差分备份之间如何组合，才能最有效地实现备份保护？这正是备份策略所关心的问题。

（2）工作过程控制

根据预先制定的规则和策略，在指定时间启动备份工作，对指定的数据进行备份，以及工作过程中的意外情况处理，这些都是备份软件不可推卸的责任。例如，在很多情况下需要对打开的文件进行备份，这就需要备份软件能够在保证数据完整性的情况下，对打开的文件进行操作。另外，备份工作一般都是在无人看管的环境下进行的，一旦出现意外，正常工作无法继续时，备份软件必须具有一定的意外处理能力。

9.3.3　加密技术

信息的加密变换是目前实现信息系统安全的主要手段，利用不同的加密技术对信息进行变换可以实现信息的保密和隐藏。信息加密技术是信息安全的基础。

与加密技术相对应的是解密技术，它们两者统称为密码技术，包括密码算法设计、密码分析、安全协议、身份认证、消息确认、数字签名、密钥管理、密钥托管等。密码技术是保护信息安全的重要手段，是保障信息安全的核心技术。它以很小的代价对信息提供强有力的安全保护。

加密技术的基本思想就是伪装信息，使非法闯入者无法理解信息的真正含义。伪装的实质是对信息进行一组可逆的数学变换。伪装前的原始信息为明文，经伪装的信息为密文，伪装的过程称为加密。在加密、解密算法的实现过程中，需要有某些只被通信双方所掌握的私密的、关键的信息参与，这些信息就称为密钥。

密码学包括密码设计与密码分析两个方面，密码设计主要研究加密方法，密码分析主要针对密码破译。

9.3.4　认证技术

网络系统安全要求考虑两方面：一方面是密码保护传送信息，使其不被破译；另一方面是防止入侵者对系统进行主动攻击，如伪造、篡改信息等。

认证（Authentication）则是防止主动攻击的重要技术，它对于确保开放的网络中各种信息系统的安全性有重要作用。认证的主要目的：第一，验证信息的发送者是真的，而不是冒充的，此为实体认证，包括信源、信宿等的认证和识别；第二，验证信息的完整性，此为消息认证，证明数据在传送或存储过程中未被篡改、重放或延迟等。

认证技术一般可以分为 3 个层次：安全管理协议、认证体制和密码体制。其中，安全管理协议的主要任务是在安全体制的支持下，建立、强化和实施整个网络系统的安全策略；认证体制在安全管理协议的控制和密码体制的支持下，完成各种认证功能；密码体制是认证技术的基础，它为认证体制提供数学方法支持。

一个安全的认证体制至少应该满足以下要求。

① 接收者能够检验和证实消息的合法性、真实性和完整性。

② 消息的发送者对所发的消息不能抵赖，有时也要求消息的接收者不能否认收到的消息。

③ 除了合法的消息发送者外，其他人不能伪装发送消息。

保密和认证是信息系统安全的两个方面，但却是两个不同属性的问题。认证不能自动提供保密性，而保密也不能自动提供认证功能。

加密是为了隐蔽信息的内容，而认证的目的有 3 个。

① 信息完整性认证，即验证信息在传送或存储过程中是否被篡改。

② 身份认证，即验证信息的收发者是否持有正确的身份认证符，如口令或密钥等。

③ 信息的序号和操作时间（时间性）等的认证，其目的是防止信息重放或延迟等攻击。认证技术是防止不法分子对信息系统进行主动攻击的一种重要技术。

Windows 操作系统具有良好的安全性组件，提供了信息保密和认证功能。信息保密可使用加密文件系统实现，也可通过 IPSec 协议实现网络数据的加密传递。Windows 操作系统的认证功能是通过验证协议实现。公钥基础设施（Public Key Infrastructure，PKI）是指使用公钥加密检验和验证电子事务中每一方有效性的数字证书、证书颁发机构和其他注册机构。在 Windows 2003 中，系统主要采取两种验证协议，即对称密钥和非对称密钥。对称密钥即双方的密钥是相同的，非对称密钥即双方的密钥是不同的。显然，不同的密钥是更安全的，在 Internet 环境中建议采用公用密钥体制，公钥用来加密和验证签名，私钥用来解密和进行数字签名。

9.3.5　计算机病毒防范措施

计算机病毒是计算机最大的安全威胁，抵御病毒最有效的办法是安装防病毒软件并及时更新病毒库，同时要及时下载操作系统以及应用软件的安全漏洞补丁包，防止病毒入侵。

1．计算机病毒的预防

计算机病毒的防治要以预防为主，防患于未然。以下是一些常见的措施。

（1）采用防病毒的硬件

目前国内商品化的防病毒卡已有很多种，但是大部分病毒防护卡采用识别病毒特征和监视中断向量的方法，因而不可避免的存在两个缺点：只能防护已知的计算机病毒，面对新出现的病毒无能为力；发现可疑的操作，如修改中断向量时，频频出现弹窗中止用户程序，而且由于一般用户不熟悉系统内部操作的细节，弹窗问题往往很难回答，一旦回答错误，不是放过了计算机病毒，就是使自己的程序执行出现错误。

（2）机房安全措施

单位应该建立健全机房安全管理制度，制定完善的防范措施，切断外来计算机病毒的入侵途径，有效地防止病毒入侵。相关措施列举如下。

① 安装防病毒软件并及时升级。

② 定期对计算机进行主动查毒，及时发现并清除病毒。

③ 及时升级操作系统和应用软件厂商发布的补丁程序。

④ 慎用公共软件和共享软件，不使用盗版软件。

⑤ 避免直接使用来源不明的移动介质和软件，如果要使用，可事先用防毒软件进行检测。

⑥ 尽可能不打开来源不明的邮件及其附件，不浏览未知站点。

⑦ 定期对重要的数据文件进行备份，以防止计算机病毒的破坏造成不可挽回的损失。

⑧ 教育机房管理人员和计算机操作人员加强安全意识，严格遵守规章制度，让计算机安全高效地运行。

（3）社会措施

计算机病毒具有很大的社会危害性，已引起社会各领域及各国政府的注意。为了防止病毒传播，应当成立跨地区、跨行业的计算机病毒防治协会，密切监视病毒疫情，搜集病毒样品，组织人力、物力研制解毒、免疫软件，使防治病毒的方法比病毒传播得更快。

为了降低新病毒出现的可能性，国家应当制定有关计算机病毒的法律，认定制造和有意传播计算机病毒为严重犯罪行为。同时，应教育软件人员和计算机爱好者，使他们认识到病毒的危害性，加强自身的社会责任感，不制造计算机病毒。

2. 计算机病毒的检测和清除

要判断计算机是否染上病毒，可以采用人工检测或自动检测。

（1）人工检测

人工检测和清除病毒对用户有较高的要求，一般用 DEBUG 软件对计算机内存或文件进行跟踪分析，或直接根据计算机使用过程中产生的现象进行判断。

在一般情况下，计算机染上病毒后，往往会出现一些异常情况，如计算机无缘无故地重新启动、运行某个应用程序时突然死机、屏幕显示异常、硬盘中文件或数据丢失等。通过仔细观察计算机系统的症状，可以初步确定用户系统是否已经受到病毒的侵袭。归纳起来，用户在使用计算机的过程中若发现以下情形，大致可判断计算机已染上病毒。

① 引导时间变长或引导时出现死机现象。

② 计算机运行速度无原因地变慢。

③ 即使计算机有足够的内存，也会出现内存不足的提示信息。

④ 文件无缘无故地发生变化，如文件大小、属性、日期、时间等发生改变。

⑤ 文件莫名其妙地丢失。

⑥ 无法在计算机上安装防病毒程序，或安装的防病毒程序无法运行。

⑦ 防病毒程序被无端禁用，并且无法重新启动。

⑧ 扬声器中意外放出奇怪的声音或乐曲。

⑨ 外部设备突然无法正常使用。

⑩ 硬盘的主引导扇区被破坏，使计算机无法启动。

⑪ 磁盘或磁盘特定扇区被格式化，使磁盘中的信息丢失。

⑫ 产生垃圾文件，占据磁盘空间，使磁盘空间逐渐减少。

⑬ 屏幕显示不正常。

⑭ 计算机网络中的资源被破坏，使网络系统瘫痪。

⑮ 系统设置或系统信息被加密，使系统紊乱。

（2）自动检测

自动检测是使用专用的工具软件对计算机进行病毒检测。随着技术的发展，病毒检测软件不仅能够检测出隐藏在磁盘文件和引导扇区内的病毒，还能检测出内存中驻留的计算机病毒。

（3）清除病毒

清除计算机病毒不能简单地删除染毒文件，而要在清除病毒的同时尽可能地恢复被病毒破坏的文件和数据，它是病毒感染的逆过程。多数防病毒软件在检测到病毒时会尝试清除病毒，如不能清除则对染毒文件进行隔离。

3. 常用杀毒软件

检测和清除病毒的一种有效方法是使用杀毒软件。杀毒软件具有对特定种类的病毒进行检测的功能，并且大部分软件可以同时清除查出来的病毒。用杀毒软件清除病毒一般比较安全，使用也很方便。随着人们对信息安全的重视，杀毒软件也得到了快速的发展和应用，很多厂商根据不同的应用场合、操作平台提供相应的产品，部分产品还含有防火墙的功能。一般来说，无论是国内的还是国外的杀毒软件，都能够不同程度地解决一些问题，但任何一种杀毒软件都不可能解决所有问题。

目前常用的杀毒软件如下。

（1）瑞星杀毒软件

瑞星杀毒软件是由北京瑞星信息技术有限公司开发的一款国内较优秀的杀毒软件。它能检测、清除多种计算机病毒，并具有实时监控病毒的功能。

（2）诺顿杀毒软件

诺顿杀毒软件是由国外著名的赛门铁克（Symantec）公司开发的一款优秀的杀毒软件。

（3）金山毒霸

金山毒霸是由金山软件股份有限公司开发的一款反病毒软件。在查杀病毒的种类、查杀速度、未知病毒防治等多方面达到世界先进水平，为用户提供了较为完善的反病毒解决方案。

（4）江民杀毒软件

江民 KV 系列杀毒软件是由江民新科技有限公司开发的一款杀毒软件。它具有良好的监控系统和独特的主动防御功能，可以与国外优秀的杀毒软件相媲美。

（5）360 免费杀毒软件

360 杀毒软件是奇虎公司开发的一款免费杀毒软件，配合 360 安全卫士，给个人计算机保护提供了很好的解决方案。自从云计算普及应用以来，360 公司就开始提供"云查杀"服务，也就是利用云服务器中的病毒库来帮客户端的用户查杀病毒，将防病毒工作负荷从单个的计算机转移到基于云的服务器，该服务器具有综合、完整的防病毒套件。通过将防病毒功能移到云端，单个计算机不再托管大型防病毒软件解决方案，因此不会降低速度。

9.3.6 防火墙技术

防火墙（Firewall）是网络安全中使用最广泛的一种技术。防火墙的基本功能是"隔离"，通俗地讲就是在网络接入点安装一个"栅栏"（软件和硬件的组合），对进出的数据进行过滤，允许一些数据组合通过，禁止另一些数据组合通过，达到控制访问的目的。防火墙技术示意图如图 9-4 所示。

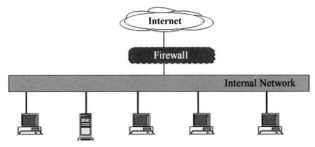

图 9-4 防火墙技术示意图

防火墙主要阻止非法入侵行为。非法入侵是网络安全的最大敌人，一旦入侵得逞，不仅威胁到信息安全，还威胁到系统安全。

防火墙这个名字来源于古代真正用于防火的防火墙，它指的是在本地网络与外界网络之间承担访问控制策略的一道防御系统，包括硬件和软件，目的是保护网络不被他人侵扰。防火墙可以使企业内部局域网与 Internet 或其他外部网络互相隔离，通过限制网络互访来保护内部网络。典型的防火墙具有以下 3 个基本特性。

① 内部网络和外部网络之间的所有网络数据流都必须经过防火墙。

② 只有符合安全策略的数据流才能通过防火墙。

③ 防火墙自身应具有非常强的抗攻击免疫力。

防火墙本身具有非常强的抗攻击免疫力，是防火墙能担当企业内部网络安全防护重任的先决条件。防火墙处于网络边缘，它就像一个边界卫士，每时每刻都要面对"黑客"的入侵，这就要求防火墙自身要具有非常强的抗击入侵本领。之所以具有这么强的本领，防火墙系统本身是关键，只有自身具有完整信任关系的系统才可以谈论系统的安全性。另外，防火墙自身几乎不具备服务功能，除了专门的防火墙嵌入系统外，再没有其他应用程序在防火墙上运行。

简单而言，防火墙是位于一个或多个安全的内部网络和非安全的外部网络（如 Internet）之间进行网络访问控制的网络设备。防火墙的目的是防止不期望的或未授权的用户和主机访问内部网络，确保内部网络正常、安全地运行。通俗来说，防火墙决定了哪些内部服务可以被外界访问，外界的哪些人可以访问内部的服务，以及哪些外部服务可以被内部人员访问。防火墙必须只允许授权的数据通过，而且防火墙本身也必须能够免于渗透。可以认为，在引入防火墙之后，内部网络和外部网络的界线是由防火墙决定的，必须保证内外之间的通信经过防火墙进行，同时还需要保证防火墙自身的安全。防火墙是内部网络安全策略的一部分，保证内部网络的正常运行不受外部干扰。一般说来，防火墙具有以下几种功能。

① 限定内部用户访问特殊站点。

② 防止未授权用户访问内部网络。

③ 允许内部网络中的用户访问外部网络的服务和资源而不泄露内部网络的数据和资源。

④ 记录通过防火墙的信息内容和活动。

⑤ 对网络攻击进行监测和报警。

防火墙的访问控制可通过源 MAC 地址、目的 MAC 地址、源 IP 地址、目的 IP 地址、源端口、目的端口实现，还能基于方向、时间、用户、流量、内容进行控制。一般来说，防火墙还具有路由功能、VPN（Virtual Private Network）功能和 NAT（Network Address Translation）功能，用来保护内部网络的安全。

近几年，由于 P2P 软件盛行，为了满足单位主要业务的网络带宽需要，防火墙还可集成带宽控制、日志审计、流量分析等功能。

从技术特征上区分，防火墙一般可以分为包过滤型防火墙、应用网关型防火墙、混合网关型防火墙、代理服务型防火墙、状态检测型防火墙、自适应代理型防火墙等几种类型。

（1）包过滤型防火墙

包过滤型防火墙（简称过滤网关）在网络层对数据包进行分析、选择，选择的依据是系统内设置的过滤逻辑，也称为访问控制表。通过检查数据流中每一个数据包的源地址、目的地址、所用端口、协议状态等或它们的组合来确定是否允许该数据包通过。它的优点是逻辑简单、成本低、易于安装和使用、网络性能和透明性好，通常安装在路由器上。缺点是很难准确地设置包过滤器，缺乏用户级的授权；包过滤判别的条件位于数据包的头部，由于 IPv4 的不安全性，很可能被假冒或窃取；它是基于网络层的安全技术，不能检测通过高层协议实施的攻击。

过滤网关的内在风险性如下。

① IP 包头的源地址、目的地址是路由器惟一得到的可用信息，路由器由此决定是否允许传输访问。

② 它无法防止 IP 地址和 DNS 地址的电子欺骗。

③ 一旦防火墙给予访问权限，攻击者就可以访问内部网络内的任何主机。

④ 一些过滤网关不支持用户强鉴别。

（2）应用网关型防火墙

应用网关型防火墙（简称应用网关）在应用层上实现协议过滤和转发功能，针对特别的网络应用协议制定数据过滤逻辑。应用网关通常安装在专用工作站系统上。由于它工作于应用层，因此具有对高层应用数据或协议的理解能力，可以动态地修改过滤逻辑，提供记录、统计信息。它和包过滤型防火墙有一个共同特点，就是它们仅依靠特定的逻辑来判断是否允许数据包通过，一旦符合条件，则防火墙内外的计算机系统建立直接联系，防火墙外部网络能直接了解内部网络的结构和运行状态，这大大增加了实施非法访问攻击的机会。

（3）混合网关型防火墙

混合网关型防火墙起着一定的代理服务作用，监视两主机建立连接时的握手信息，判断该会话请求是否合法，一旦会话连接有效，则可复制、传递数据。它在 IP 层代理各种高层会话，具有隐藏内部网络信息的能力，且透明性高。但由于其对会话建立后所传输的具体内容不再做进一步的分析，因此安全性低。

（4）代理服务型防火墙

代理服务型防火墙（简称代理服务）可以根据用户定义的安全策略，动态适应传送中的分组流量。如果安全要求较高，则最初的安全检查仍在应用层完成。而一旦代理明确了会话的所有细节，那么其后的数据包就可以直接经过速度快得多的网络层。因而它兼备了代理技术的安全性和状态检测技术的高效率。

代理服务器接收客户请求后，会检查并验证其合法性。如合法，它将作为一台客户机向真正的服务器发出请求并取回所需信息，再转发给客户。它将内部系统与外界完全隔离开来，从外面只看到代理服务器，看不到任何内部资源，而且代理服务器只允许被代理的服务通过。代理服务安全性高，还可以过滤协议，通常认为它是最安全的防火墙技术。其不足之处主要是不能完全透明地支持各种服务或应用，且消耗大量 CPU 资源，导致系统性能降低。

（5）状态检测型防火墙

状态检测型防火墙动态记录、维护各个连接的协议状态，并在网络层对通信的各个层次进行分析、检测，以决定是否允许通过防火墙。因此它兼备了较高的效率和安全性，可以支持多种网络协议和应用，且可以方便地扩展实现对各种非标准服务的支持。

9.3.7　入侵检测技术

防火墙技术是系统安全的第一道防护屏障，但防火墙不是万能的，例如，一般网络系统必须对外开放一些常用端口，如 80、110 等，这时防火墙的不足就会充分体现出来。当系统的第一道防护被突破以后，必须有新的措施保护系统安全，入侵检测技术就是一种实时检测系统工作状态的技术，它能随时检测系统是否被非法访问，并能报警或与其他安全设备联动。

入侵检测技术是一种动态的网络检测技术。入侵检测系统如图 9-5 所示，其主要用于识别对计算机和网络资源的恶意使用行为，包括来自外部用户的入侵行为和内部用户的未经授权活动，一旦发现网络入侵，则马上做出适当的反应，对于正在进行的网络攻击，则采取适当的方法来阻断攻击（与防火墙联动），以减少系统损失，对于已经发生的网络攻击，则通过分析日志记录找到发生攻击的原因和入侵者的踪迹，作为追究入侵者法律责任的依据。它从计算机网络系统中的若干关键点收集信息，并分析这些信息，判断网络中是否有违反安全策略的行为和遭到袭击的迹象。

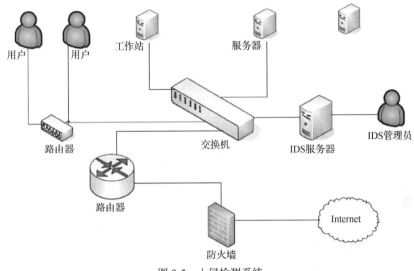

图 9-5　入侵检测系统

入侵检测系统（Intrusion Detection System，IDS）由入侵检测的软件与硬件组合而成，被认为是防火墙之后的第二道安全闸门，在不影响网络性能的情况下能对网络进行监测，提供对内部攻击、外部攻击和误操作的实时防御。这些都通过执行以下任务来实现。

① 监视、分析用户及系统活动。

② 对系统构造和弱点的审计。

③ 识别已知进攻的活动模式并向相关人员报警。

④ 异常行为模式的统计分析。

⑤ 评估重要系统和数据文件的完整性。

⑥ 对操作系统进行审计跟踪管理，并识别用户违反安全策略的行为。

一个成功的入侵检测系统不但可以使系统管理员时刻了解网络系统（包括程序、文件和硬件设备等）的任何变更，还能给网络安全策略的制定提供指南。更重要的是，它应该管理、配置简单，便于非专业人员实现网络安全。入侵检测的规模还应根据网络威胁、系统构造和安全需求的改变而改变。入侵检测系统在发现攻击后会及时做出响应，包括切断网络连接、记录事件和报警等。

入侵检测系统是防火墙的合理补充，能够帮助系统对付网络攻击，扩展了系统管理员的安全管理能力（包括安全审计、监视、进攻识别和响应），提高了信息安全基础结构的完整性。入侵检测技术也是保障系统动态安全的核心技术之一。

入侵检测常见的方法有静态配置分析、异常检测和误用检测，另外还有一种新的思想是基于系统关键程序的安全规格描述方法及通过构架陷阱进行入侵检测。

（1）静态配置分析

静态配置分析是通过检查系统的当前系统配置，诸如系统文件的内容或系统表，来检查系统是否已经或者可能会遭到破坏。静态是指检查系统的静态特征（系统配置信息），而不是系统中的活动。

（2）异常检测

异常检测（Anomaly Detection）是一种在不需要操作系统及其安全性缺陷的专门知识的情况下就可以检测入侵者的方法，同时它也是检测冒充合法用户的入侵者的有效方法。

异常检测的基本思想是通过对系统审计数据的分析建立起系统主体（单个用户、一组用户、主机，甚至系统中的某个关键的程序和文件等）的正常行为特征轮廓；检测时，如果系统中的审计数据与已建立的主体的正常行为特征有较大出入，就认为这是一个入侵行为。特征轮廓借助主体登录的时刻、登录的位置、CPU 的使用时间以及文件的存取等属性来描述它的正常行为特征。当主体的行为特征改变时，对应的特征轮廓也相应改变。

目前，这类入侵检测系统建立系统主体正常行为特征轮廓的方法有基于统计描述特征轮廓、基于规则描述特征轮廓和神经网络方法。

（3）误用检测

误用检测（Misuse Detection）通过检测用户行为中与某些已知的入侵行为模式类似的行为或那些利用系统缺陷及间接违背系统安全规则的行为，来检测系统中的异常行为。

（4）基于系统关键程序的安全规格描述方法

加州大学的卡尔文（Calvin C.）提出的基于规格说明的监控技术是一种新的入侵检测方法。其思想是为系统中的安全关键程序编写安全规格说明，用来描述这些关键程序正常的、合乎安全要求的行为，并对这些程序的执行进行监控，以检测它们是否违背了安全规格说明。

9.3.8　访问控制技术

访问控制是在保障授权用户能获取所需资源的同时拒绝非授权用户的安全机制。访问控制也是信息安全理论基础的重要组成部分。访问控制是策略（Policy）和机制（Mechanism）的集合，允许对限定资源的授权访问。访问控制也可以保护资源，防止无权访问资源的用户的恶意访问或偶然访问。访问控制包括 3 个要素，即主体、客体和控制策略。访问控制规定了主体对客体访问的限制，并在身份识别的基础上，根据身份对提出资源访问的请求加以控制。访问控制技术如图 9-6 所示。

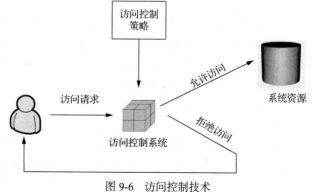

图 9-6　访问控制技术

在用户身份认证（如果必要）和授权之后，访问控制机制将根据预先设定的规则对用户访问某项资源（目标）进行控制，只有规则允许时才能访问，违反预定的安全规则的访问行为将被拒绝。资源可以是信息资源、处理资源、通信资源或者物理资源，访问方式可以是获取信息、修改信息或者完成某种功能，一般情况下可以理解为读、写或者执行。

访问控制的目的是限制访问主体对访问客体的访问权限，从而使计算机系统在合法范围内被使用；它决定用户能做什么，也决定代表一定用户身份的进程能做什么。其中主体可以是某个用户，也可以是用户启动的进程和服务。为达到此目的，访问控制需要完成以下两个任务。

① 识别和确认访问系统的用户。

② 决定该用户可以对某一系统资源进行何种类型的访问。

访问控制一般包括 3 种类型：自主访问控制、强制访问控制和基于角色的访问控制。下面分别进行介绍。

（1）自主访问控制

自主访问控制（Discretionary Access Control，DAC）是一种常用的访问控制方式，它基于对主体或主体所属的主体组的识别来限制对客体的访问，这种控制是自主的。自主是指主体能够自主地（可能是间接地）将访问权或访问权的某个子集授予其他主体。简单来说，自主访问控制就是由拥有资源的用户自己来决定另一个或一些主体可以在什么程度上访问哪些资源。

（2）强制访问控制

自主访问控制的最大特点是自主，即资源的拥有者对资源的访问策略具有决策权，因此是一种限制比较弱的访问控制策略。这种方式在给用户带来灵活性的同时，也带来了安全隐患。

在一些系统中，需要更加强硬的控制手段，强制访问控制（Mandatory Access Control，MAC）就是其中的一种机制。

强制访问控制为所有的主体和客体指定安全级别，如绝密级、机密级、秘密级和无密级。不同级别标记实体的不同重要程度和能力。不同级别的主体对不同级别的客体的访问是在强制的安全策略下实现的。

强制访问控制机制对安全级别进行了排序，例如，按照从高到低排列，规定高级别可以单向访问低级别，也可以规定低级别可以单向访问高级别。这种访问可以是读，也可以是写或修改。

（3）基于角色的访问控制

在传统的访问控制中，主体始终是和特定的实体捆绑对应的。例如，用户以固定的用户名注册，系统分配一定的权限，该用户将始终以该用户名访问系统，直至销户。其间，用户的权限可以变更，但只有在系统管理员的授权下才能进行。然而在现实社会中，这种访问控制方式表现出很多弱点，不能满足实际需求。

基于角色的访问控制（Role Based Access Control，RBAC）就是为了解决以上问题而提出来的。在基于角色的访问控制中，用户不是自始至终以同样的注册身份和权限访问系统，而是以一定的角色访问，不同的角色被赋予不同的访问权限，系统的访问控制机制只看到角色，而看不到用户。用户在访问系统前，经过角色认证而充当相应的角色。用户获得特定角色后，系统依然可以按照自主访问控制或强制访问控制机制控制角色的访问能力。

9.3.9　安全审计技术

网络的安全审计是对访问控制的必要补充，是访问控制的一个重要内容。审计会对用户使用何种信息资源、使用的时间以及如何使用（执行何种操作）进行记录与监控。审计和监控是系统安全的最后一道防线，处于系统的最高层。审计与监控能够再现原有的进程和问题，这对于责任追查和数据恢复非常有必要。审计跟踪是系统活动的流水记录。

审计跟踪可以实现多种安全相关目标，包括个人职能、事件重建、入侵检测和故障分析。

（1）个人职能

审计跟踪是管理人员用来维护个人职能（Individual Accountability）的技术手段。如果用户知道他们的行为活动被记录在审计日志中，相应的人员需要为自己的行为负责，他们就不太会违反安全策略和绕过安全控制措施。例如，审计跟踪可以记录改动前和改动后的数据，以确定是哪个操作者在什么时候做了哪些实际的改动，这可以帮助管理层确定错误到底是由用户、操作系统、应用软件还是其他因素造成的。允许用户访问特定资源意味着用户要通过访问控制和授权实现他们的访问，被授权的访问有可能会被滥用，导致敏感信息的扩散，显然我们无法阻止用户通过其合法身份访问资源，此时为了监测潜在的合法用户访问导致的信息滥用和扩散行为，审计跟踪就能发挥作用。审计跟踪可以用于检查和检测他们的活动。

（2）事件重建

在发生故障后，审计跟踪可以用于事件重建（Reconstruction of Events）和数据恢复。通过审查系统活动的审计跟踪可以比较容易地评估故障损失，确定故障发生的时间、原因和过程。通过对审计跟踪的分析可以重建系统和协助恢复数据文件；同时，还有可能避免再次发生此类故障。

（3）入侵检测

审计跟踪记录可以用来协助入侵检测（Intrusion Detection）。如果对审计的每一笔记录都进行上下文分析，就可以实时发现或过后预防入侵。实时入侵检测可以及时发现非法授权者对系统的非法访问，也可以探测到病毒扩散和网络攻击。

（4）故障分析

审计跟踪可以用于故障分析（Problem Analysis）。

9.3.10 数字签名和数字水印技术

数字签名是通过某种密码运算生成的一系列符号及代码组成的电子密码进行签名，以代替手工签名或印章的技术。这种电子式的签名还可以进行技术验证，其验证的准确度是一般手工签名和印章验证无法比拟的。数字签名是目前电子商务、电子政务中应用最普遍、技术最成熟、可操作性最强的一种电子签名方法。数字签名使用了规范化的程序和科学化的方法，用于鉴定签名人的身份以及对电子数据内容进行认可。数字签名还能验证出文件的原文在传输过程中有无变动，确保传输的电子文件的完整性、真实性和不可抵赖性。

数字水印（Digital Watermarking）是将标识（即数字水印）直接嵌入数字载体（包括多媒体、文档、软件等）当中，但不影响原载体的使用价值，也不容易被人的知觉系统（如视觉或听觉系统）觉察或注意到。通过这些隐藏在载体中的信息，可以确认内容创建者、购买者，传送隐秘信息或者判断载体是否被篡改。数字水印可用以证明原创者对产品的所有权，并作为起诉侵权者的证据。

9.4　计算机职业道德与法规

计算机职业道德是指在计算机行业及其应用领域所形成的社会意识形态和伦理关系下，调整人与人之间、人与知识产权之间、人与计算机之间，以及人和社会之间的关系的行为规范总和。要加强用户的计算机职业道德教育，使用户充分认识到信息安全在人们生活中的重要性，在使用计算机和网络信息时遵守一定的道德规范和行为准则，在保障他人利益的同时，也保障自己的利益。职业道德包含道德规范、用户道德、企业道德、隐私与公民自由。

9.4.1 道德规范

国际计算机学会道德和职业行为规范最基本的几条准则如下。

① 为社会和人类的进步做贡献。

② 不伤害他人，尊重别人的隐私权。

③ 做一个说真话并值得信任的人。

④ 要公平公正地对待别人。

⑤ 要尊重别人的知识产权。

⑥ 使用别人的知识产权应征得别人的同意并注明。

⑦ 尊重国家、公司和企业等特有的机密。

9.4.2 用户道德

计算机用户道德可从下面几方面考虑。

1. 不使用盗版软件

（1）自由软件

有些软件是免费提供给别人使用的，这种软件又称为自由软件，用户可以合法地复制和下载。

（2）共享软件

共享软件具有版权，它的创作者将它提供给所有人复制和试用，如果用户在试用后仍想继续使用这个软件，软件的拥有者有权要求用户登记和付费。

目前，大部分软件都是有版权的软件，法律禁止对有版权的软件不付费复制和使用。

2. 不做"黑客"

实际上，未经授权而对计算机进行访问是一种违法行为。"黑客"的行为是错误的，因为它违反了尊重别人隐私的道德标准。

3. 规范网络行为

由于 Internet 本身没有能力强化某些规则和标准，所以用户要自律，不要在网上制造和传播非法资料，不要制造谣言和诽谤他人。

9.4.3 企业道德

企业能有效地为客户服务的前提是其数据不丢失或不被破坏、不被未经许可地访问。为了保护数据不丢失，企业应当有备份。企业应保证数据的正确性和完整性，发现错误应及时更正。

企业应加强管理，制定针对员工的行为规范。员工不应在工作之外使用企业数据，也不应查阅企业中某个人的数据和在工作之外使用它。

企业应该对自己的信息安全负责，能应对任何形式的网络攻击，能为客户提供不间断的服务。

9.4.4 隐私与公民自由

隐私是指私人生活秘密或私生活秘密。隐私权是指公民享有的个人生活不被干扰的权利和个人资料的支配控制权。计算机网络和电子商务中的隐私权从权利形态分为隐私不被窥视的权利、不被侵入的权利、不被干扰的权利、不被非法搜集利用的权利；从权利内容分为个人特质的隐私权（姓名、身份、肖像和声音等）、个人资料的隐私权、个人行为的隐私权、通信内容的隐私权和匿名的隐私权等。

人们希望属于自己生活的秘密信息由自己来控制，避免对自己不利或自己不愿意公布于众的信息被其他个人和组织获取、传播或利用。因此，隐私保护体现了对个人的尊重。我国的法律法规中也有涉及隐私保护的相关条款。

9.5　信息安全技术的发展趋势

总的来说，现代信息安全技术是基于网络的安全技术，这是未来信息安全技术发展的重要方向。信息安全技术的发展主要呈现可信化、网络化、标准化、集成化等四大趋势。

9.5.1　可信化

可信化趋势是指从传统计算机安全过渡到以可信计算理念为核心的计算机安全。近年来计算机安全问题越来越突出，传统安全理念很难有所突破，人们试图利用可信计算理念来解决计算机安全问题，其主要思想是在硬件平台上引入安全芯片，从而将一点（不多的意思）或几个计算平台变为"可信"的计算平台。目前还有很多问题需要研究和探索，包括基于可信计算平台（Trusted Computing Platform，TCP）的访问控制、基于 TCP 的安全操作系统、基于 TCP 的安全中间件、基于 TCP 的安全应用等。

9.5.2　网络化

由网络应用和普及引发的技术与应用模式的变革，正在进一步推动信息安全关键技术的创新，并诱发新技术与应用模式的发现。安全中间件、安全管理与安全监控都是网络化带来的必然的研究内容。网络病毒与垃圾信息防范都是网络化带来的安全性问题。网络可生存性及网络信任都是我们要继续研究的课题。

9.5.3　标准化

发达国家、地区高度重视标准化的趋势，现在发展中国家也应重视标准化问题，逐步实现专利标准化、标准专利化。安全技术要走向国际，也要走向应用。我国政府、产业界、学术界等必将更加高度重视信息安全标准的研究与制定工作的进一步深化与细化，包括密码算法类标准（加密算法、签名算法、密码算法接口）、安全认证与授权类标准（PKI、PMI、生物认证）、安全评估类标准（安全评估准则、方法、规范）、系统与网络类安全标准（安全体系结构、安全操作系统、安全数据库、安全路由器、可信计算平台）、安全管理类标准（防信息泄露、质量保证、机房设计）等。

9.5.4　集成化

单一功能的信息安全技术与产品应向多种功能集于一身的产品过渡，否则产品太多了，也不利于推广与应用。安全产品的硬件化/芯片化发展趋势将带来更高的安全度与更高的运算速率，也需要开发更灵活的安全芯片实现技术，特别是密码芯片的物理防护机制。

本章小结

本章主要简述信息安全的基本概念、引发信息安全问题的几种因素，着重介绍信息安全的防护技术：物理保护、数据备份、加密技术、认证技术、计算机病毒的防范措施、防火墙技术、入侵检测技术、访问控制技术、安全审计技术、信息内容安全技术、数字签名和数字水印技术等。安全法规、安全技术、安全管理是信息系统安全保护的三大组成部分，相辅相成，互通互补。

习　　题

简答题

1. 什么是信息安全？信息安全包括哪些方面？
2. 计算机病毒的特征有哪些？
3. 网络入侵与攻击的手段有哪几种？
4. 认证的目的是什么？
5. 防火墙技术有哪些类型？
6. 信息安全防护的常见技术有哪些？

第 **10** 章　Office 应用基础

教学目标

➢ 了解 Office 2010 的启动与退出方法。

➢ 熟悉 Office 2010 的操作环境。

➢ 掌握 Word 2010、Excel 2010 和 PowerPoint 2010 三大软件的通用功能。

知识要点

Office 2010 是 Microsoft 公司继 Office 2007 之后推出的新一代集成办公软件。与 Office 以前的版本相比，Office 2010 无论是在用户界面还是功能上均有很大的改进，用户的操作也更为方便、快捷。本章将介绍 Office 2010 的三个主要组件的功能和特点，使读者掌握 Office 2010 主要组件的使用方法。

课前引思

● 书籍排版问题。翻开任何一本书，我们会看到标题与正文的字体与字号不一样，各种图表的规模、修饰效果与复杂程度不一样。不只是书籍，随手翻开任何一张海报、宣传单、广告单，可以看到它们都是字、表格、图形等的不同组合，以显示丰富多彩的效果。若安排你来做这些工作，你能做到吗？

● 表格计算问题。每个学期结束，学校教务部门都要统计每个学生的学习成绩，主要涉及以下工作：计算每个学生的总成绩、平均成绩；按每个学生的总成绩或平均成绩从高到低或从低到高进行排序；奖学金评定过程中可能要筛选一些满足要求的学生，如总评成绩高于 90 分的学生；使用已有的数据制作图表。若不借助相关工具，手工来完成这些工作工作量会很大，有些要求甚至无法满足。

● 演示文稿的制作。许多场合都需要用到电子幻灯片，例如，教师在多媒体教室上课，某人在参观了一个景点后将他见到的景点情况向同学展现，某企业对自己的产品进行介绍和展示，毕业生在求职时向用人单位介绍自己的情况。

通过对 Office 软件中的 Word 、Excel、PowerPoint 等组件进行学习，读者将具备解决这些问题的能力。

10.1　Office 2010 简介

Office 2010 作为一款集成办公软件，其组件涵盖了办公自动化应用的所有领域。从编辑处理文档的 Word、处理表格的 Excel 到制作演示文稿的 PowerPoint，任何一个组件都是一款功能强大的专业应用的软件。该软件共有 6 个版本，分别是初级版、家庭及学生版、家庭及商业版、标准版、专业版、专业高级版。

10.1.1 Office 2010 组件介绍

Office 2010 办公软件由各种功能组件构成，其中较常用的有如下几种。

Word 2010：一种图文编辑软件，用来创建和编辑具有专业外观的文档，如企业宣传资料、招投标书、各种合同、行政公文、信函和报告等。

Excel 2010：一种用于创建表格并设置表格格式的软件，用来执行计算、分析信息以及可视化电子表格中的数据。

PowerPoint 2010：一种用于制作和演示幻灯片的软件，主要用来创建具有多媒体要素的演示幻灯片。

Access 2010：一种桌面数据库管理系统，用来创建数据库管理信息，也可以对数据进行统计、查询并生成报告。

Outlook 2010：一种用于邮件收发与日常业务协作的客户端程序，集成了日历、联系人和任务管理等多种功能，可以对通信和信息进行访问、确定优先级以及处理。

OneNote 2010：一种笔记程序，用来搜集、组织、查找和共享笔记信息。

Publisher 2010：一种桌面出版应用软件，可用于设计、创建和发布各种专业的出版物，如各种宣传册、新闻稿、明信片和 CD/DVD 标签等。

10.1.2 Office 2010 新功能

相对以前的版本，Office 2010 新增了以下功能。

1. 截屏工具

用户可以利用屏幕截图功能向 Office 文档中插入屏幕截图。只需单击"屏幕截图"按钮，在弹出的下拉列表中选择要截取的程序窗口，程序会自动执行截取的操作，并将截取的图像插入文档，如图 10-1 所示。

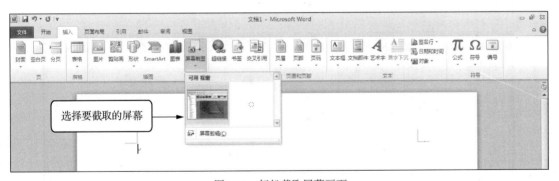

图 10-1　轻松截取屏幕画面

2. 背景移除功能

吗雀坚辚螽脷暽展仪谔奶伿柁豐瞥厝刻坌霖盇帧侸，呋脟静觚偻包 Photoshop 篏乤甚迁侁柁拼坚。琇垄 Office 2010 能够自动删除不需要的图片部分（如背景），以突出图片主体或删除杂乱的细节，如图 10-2 所示。

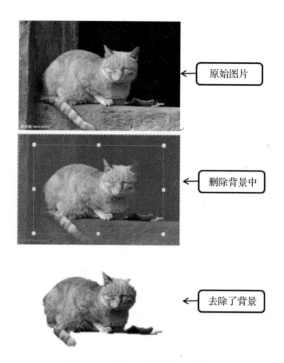

图 10-2　轻松去除图片的背景

3. 保护模式

打开从网络上下载的文档，Word 2010 会自动处于保护模式（Protected Mode）下，默认禁止编辑，想要修改就得启用编辑。

4. 新的 SmartArt 模板

Office 2010 为 SmartArt 图形新增了一种图片布局，可以在这种布局中使用照片阐述案例。创建此类图形，只需插入 SmartArt 图形图片布局，然后添加照片，并撰写说明性的文本即可，如图 10-3 所示。

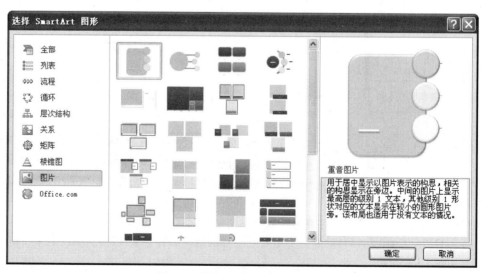

图 10-3　带有图片的 SmartArt 图形

5. 全新的图片编辑工具

Office 2010 全新的图片编辑工具能够营造出特别的图片效果，例如，为图片设置默认的书法标记、铅笔灰度、线条图、影印等效果，让文档中的图片呈现不同的风格，如图 10-4 所示。

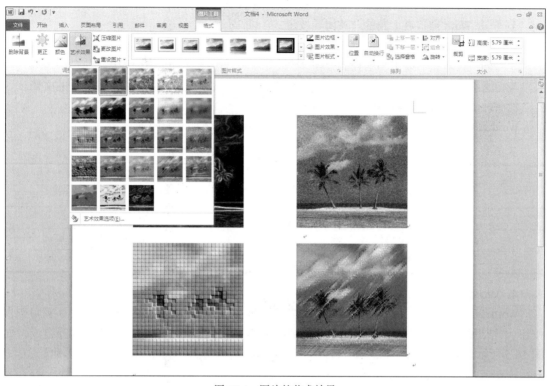

图 10-4 图片的艺术效果

6. 作者许可

在线协作是 Office 2010 的重点开发方向，也符合当今办公趋势。Office 2007 里审阅标签下的保护文档，在 Office 2010 中变成了限制编辑，还增加了阻止作者的功能。

7. Office 按钮打印选项

打印部分此前只有寥寥 3 个选项，现在几乎成了一个控制面板，基本可以完成所有打印操作。

10.2　Word 2010

Word 是 Office 所有组件中使用最为广泛的软件之一，它是一款文字处理软件，主要用于创建和编辑各种类型的文档。Word 2010 拥有强大的文字处理功能，适用于办公和专业排版领域。本节将着重介绍 Word 2010 的操作方法。

10.2.1　Word 2010 的基础知识

1. 启动 Word 2010

启动 Word 2010 一般用以下 3 种方法。

① 利用开始菜单："开始"→"所有程序"→"Microsoft Office"→"Microsoft Office Word 2010"。

② 利用快捷方式：直接双击桌面上的"Word 2010"快捷方式即可。

③ 直接双击任何文件夹中的 Word 文档也可启动 Word 应用程序。

2. 退出 Word 2010

退出 Word 2010 可以选择以下方法之一。

① 单击 Word 窗口右上角的"关闭"按钮。

② 执行"文件"菜单中的"退出"命令。

③ 双击 Word 窗口左上角的控制按钮。

若在退出 Word 2010 之前文档未保存，则在退出前系统将提示用户是否保存编辑的文档。

3. Word 2010 的文档格式

Word 2010 的文档格式与以往版本相比有很大变化，具体如表 10-1 所示。

表 10-1 　　　　　　　　　　　Word 2010 中的文件类型与其对应的扩展名

Word 2010 文件类型	扩展名
Word 2010 文档	docx
Word 2010 启用宏的文档	docm
Word 2010 模板	dotx
Word 2010 启用宏的模板	dotm

4. Word 2010 的工作界面

Word 2010 的工作界面主要由"文件"按钮、选项卡、快速访问工具栏、标题栏、窗口操作按钮、"帮助"按钮、功能区、状态栏、文档编辑区、视图栏、滚动条、显示比例等组成，如图 10-5 所示。部分功能介绍如下。

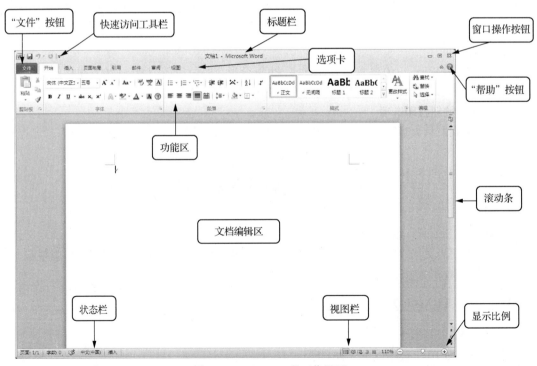

图 10-5　Word 2010 的工作界面

① "文件"按钮：单击"文件"按钮，即能看到与文件相关的操作选项，如"打开""另存为""打印"等。该部分实际上是一个类似于多级菜单的分级结构。

② 快速访问工具栏：包含访问频繁使用的命令，如"保存""撤销"和"重复"等，单击其右侧的下拉按钮，在弹出的菜单中可将选择的命令以按钮的形式添加到快速访问工具栏中。

③ 标题栏：位于快速访问工具栏的右侧，在标题栏中从左至右依次显示了当前打开的文档名称、程序名称、窗口操作按钮（"最小化""最大化""关闭"）。

④ 选项卡和功能区：单击某个选项卡即可打开相应的功能区，功能区有许多自动适应窗口大小的工具栏，为用户提供了常用的命令按钮或列表框。

⑤ 文档编辑区：工作界面中面积最大的区域，用户可以在其中输入文字或数值、插入图片、绘制图形、插入表格和图表等，还可以设置页眉页脚的内容、设置页码。

⑥ 滚动条：拖动滚动条可以浏览文档的整个页面内容。

⑦ 状态栏和视图栏：状态栏位于文档编辑区的下面，主要用于显示与当前工作有关的信息。通过视图栏可以选择文档的查看方式和设置文档的显示比例。

10.2.2 文档的基本操作

文档的基本操作是指利用 Word 2010 提供的功能对用户输入的文档进行基本管理和控制的过程，主要有建立文档、保存文档、打开文档和关闭文档等。

10-1 文档的基本操作

1. 建立文档

使用 Word 2010 建立文档有如下几种方法。

① 在桌面或文件夹里单击鼠标右键，在弹出的快捷菜单中选择"新建"→"Microsoft Word 文档"命令，给文件命名后再双击文档即可启动 Word 2010 打开该文档，对该文档进行编辑。

② 启动 Word 2010 后，执行"文件"→"新建"命令，选择空白文档图标，单击"创建"按钮，即可新建一个空白文档。每新建一个文档，Word 会自动将文档命名为"文档 1""文档 2"等。

2. 输入文本

① 输入文字：用户可在插入点处输入文档内容，当输入的文本到达一行的末尾，Word 会自动折回到下一行（称软回车），当需要一个自然段时按<Enter>键（称硬回车）。

② 输入符号：如果需要插入一些特殊符号，可以通过"插入"选项卡的"符号"命令来实现；或打开输入法状态窗口中的软键盘，用鼠标右键单击软键盘即可选择输入符号。

③ 中西文及输入法的切换：按<Ctrl+空格>组合键可进行中西文切换，按<Ctrl+Shift>组合键可进行输入法切换。

3. 保存文档

Word 2010 保存文档有以下几种情况。

① 保存新建的文档：首次保存文档时，执行"文件"→"另存为"命令，打开"另存为"对话框，在对话框中选择保存位置及文件类型，并为文件命名，然后单击"保存"按钮即可；也可通过快速访问工具栏中的"保存"按钮来打开"另存为"对话框。

② 保存已有的文档：对已命名的文档修改后，执行"文件"→"保存"命令或按<Ctrl+S>组合键，也可单击快速访问工具栏中的"保存"按钮，Word 将修改后的文档保存到原来的文件中，此时不再出现"另存为"对话框。

③ 自动保存文档：为防止断电等意外情况，Word 2010 中提供了以指定时间间隔自动为用户保存文档的功能。系统默认时间间隔为 10 分钟，用户也可以自行修改时间间隔。自动保存文档设置如图 10-6 所示。

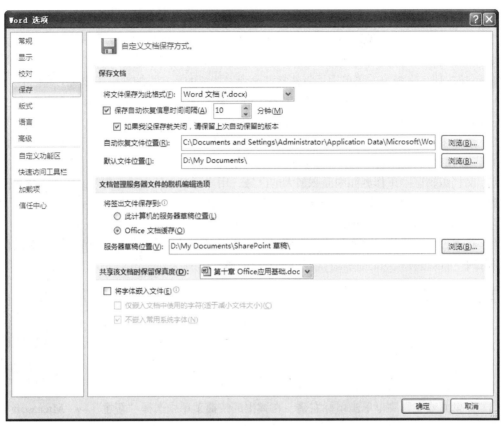

图 10-6　自动保存文档

4. 关闭文档

当文档编辑结束时，可通过以下 3 种方式关闭文档。

① 单击窗口控制按钮中的关闭按钮。

② 双击标题左侧的控制按钮。

③ 执行"文件"→"关闭"命令。

10.2.3　文本的编辑

进行文本编辑时，主要涉及文本的选择、删除、插入、修改、复制和移动等操作。

10-2　文本的编辑

1. 选择文本

在 Word 2010 的编辑中，文档以白底黑字显示，而被选择的文本则以高亮显示（蓝底黑字）。文本选择的方式主要有鼠标选择和键盘选择两种。

（1）鼠标选择

在文档的不同位置，通过鼠标单击、双击或三击可以进行不同的选择。

① 在文档中某个词的任意位置双击鼠标，Word 2010 会自动选择这个词。

② 将鼠标指针移至文档某行左侧的选定栏，当鼠标指针变成右向箭头时单击鼠标，此时将选择整行。此时若是双击鼠标，则将选择整段。若是三击鼠标，则将选择整篇文档。若按住<Ctrl>键单击鼠标，选择的依然是整篇文档。

③ 按住<Ctrl>键，在一个句子的任意位置单击鼠标，可以选择整个句子。

④ 在文档的任意段落中的同一位置三击鼠标，则将选择整段。

⑤ 在选择文本开始处单击鼠标，然后按住<Shift>键在需要选择的文本的结束位置单击鼠标，则两个单击点之间的文本将被选择。

（2）键盘选择

除了鼠标之外，在 Word 2010 中还提供了利用键盘选择文本的方法，主要是通过<Shift>键、<Ctrl>键和方向键（↑、↓）来实现，操作方法如下。

① 选定内容至行首：<Shift + Home>组合键。

② 选定内容至行尾：<Shift + End>组合键。

③ 选定内容至段首：<Ctrl + Shift +↑>组合键。

④ 选定内容至段尾：<Ctrl + Shift +↓>组合键。

⑤ 选定内容至文档开始处：<Ctrl + Shift + Home>组合键。

⑥ 选定内容至文档结尾处：<Ctrl + Shift + End>组合键。

⑦ 选定整个文档：<Ctrl +A>组合键或<Ctrl +小键盘数字 5>组合键。

2．删除文本

选择文本后按<Delete>键或空格键或<Backspace>键即可。

3．插入和修改文本

Word 2010 提供了"插入"和"改写"两种编辑模式，这两种模式可以通过<Insert>键来切换，也可通过双击状态栏"改写"按钮来切换，当"改写"按钮呈灰色时为"插入"模式，当"改写"按钮呈黑色时为"改写"模式。

4．复制和移动文本

Word 2010 复制和移动文本的过程非常相似，可通过以下过程来完成。

① 选定需复制或移动的文本。

② 执行复制命令，或按<Ctrl+C>组合键；若是准备移动文本，则执行剪切命令，或按<Ctrl+X>组合键。

③ 将光标定位到目标位置，执行粘贴命令，或按<Ctrl+V>组合键，即可完成复制或移动文本。

选定完需复制或移动的文本后，复制操作还可通过在按<Ctrl>键的同时拖动文本来完成，若没有按<Ctrl>键而拖动文本，完成的便是移动文本。Word 2010 还提供了一种利用<F2>键来移动文本的方法：首先选择要移动的文本，然后按<F2>键，接下来将光标定位到目标位置，这时状态栏左侧会出现"移至何处？"的字样，而且光标变为一根垂直的虚线，按<Enter>键即可完成对所选文本的移动。

10.2.4　文字和段落格式设置

文字的格式包括文字的字体、字形、字号、颜色、字符边框和底纹等，段落的格式包括段落的对齐方式、缩进方式以及段落或行的间距等。

10-3　文字格式和段落格式

1．文字格式

Word 2010 可以用以下 3 种方式来完成文字的格式设置。

① 在文档窗口中选定需设置字体的文本块，在"开始"选项卡的"字体"分组中选择需要的字体、字号，同时可以选择文字加粗、倾斜等命令设置字形，如图 10-7 所示。

② 在文档窗口中选定需设置字体的文本块，将鼠标指针置于文本块上方。在打开的浮动工具栏中可以设置字体、字形及字号，如图 10-8 所示。

③ 在文档窗口中选定需设置字体的文本块，然后单击"开始"选项卡的"字体"分组中表示对话框的按钮，在打开的"字体"对话框中完成字体、字形及字号的设置。

图 10-7　"字体"设置

图 10-8　"字体"浮动工具栏

2. 段落格式

① 选定需设置段落格式的文本块，在"开始"选项卡的"段落"分组中可以对段落的对齐方式、行距、底纹、边框以及项目符号进行设置，如图 10-9 所示。在"页面布局"功能区中的"段落"分组中可以对段落的缩进及间距进行设置，如图 10-10 所示。

图 10-9　段落设置

图 10-10　段落的缩进及间距设置

② 选定需设置段落格式的文本块，在"开始"选项卡中单击"段落"分组中表示对话框的按钮，在打开的"段落"对话框中可以设置段落的格式。

10.2.5　页面的设置

文档排版若只进行文本的字体及段落设置，往往达不到预期的效果，这时就需要对整个页面进行设置，如页面大小、页边距、页面版式以及页眉页脚等的设置。

10-4　页面格式

1. 设置页面大小、方向和页边距

Word 2010 中页面设置的方法：打开文档窗口，切换到"页面布局"选项卡，在"页面设置"分组中有页边距、纸张方向、纸张大小及分栏等相关按钮，如图 10-11 所示。

2. 页眉页脚的设置

默认情况下，Word 2010 文档中的页眉页脚均为空白内容。Word 2010 中设置页眉页脚的方法：打开文档窗口，切换到"插入"选项卡，在"页眉页脚"分组中单击"页眉"或"页脚"按钮；然后在打开的"页眉"面板中单击"编辑页眉"选项；之后用户可以在"页眉"或"页脚"区域输入文本内容，还可以在打开的"设计"选项卡中选择插入页码、日期和时间等对象，如图 10-12 所示。

图 10-11　页面设置

图 10-12　页眉页脚设置

10.2.6　图片编辑和图形绘制

文档的编辑往往需要图文并茂，因此对图片和图形的格式设置至关重要。

1. 图片编辑

Word 2010 中新增了针对图形、图片、图表、艺术字、自动形状、文本框

10-5　图片编辑和图形绘制

等对象的样式设置，包括渐变效果、颜色、边框、形状和底纹等多种效果，可以帮助用户快速设置上述对象的格式。在 Word 2010 中插入一张图片并单击该图片后，会自动打开"图片工具|格式"选项卡。在"格式"选项卡的"图片样式"分组中，可以使用预置的样式快速设置图片的格式。值得一提的是，当鼠标指针悬停在一个图片样式上方时，可即时预览 Word 2010 文档中的图片的实际效果。

用户在文档中插入图片的方法：打开 Word 2010 文档窗口，在"插入"选项卡的"插图"分组中单击"图片"按钮；打开"插入图片"对话框，在"文件类型"编辑框中将列出最常见的图片格式，找到并选中需要插入文档的图片，然后单击"插入"按钮即可。

默认方式下，插入到 Word 2010 文档的图片被作为字符插入文档，用户不能移动图片，而通过为图片设置文字环绕方式，则可以自由移动图片的位置。设置图片文字环绕方式的步骤：在文档窗口中，选中需要设置文字环绕方式的图片，在打开的"图片工具"选项卡的"格式"选项卡中，单击"排列"分组中的"位置"按钮，然后在打开的预设位置列表中选择合适的文字环绕方式。环绕方式包括"顶部居左，四周型文字环绕""顶部居中，四周型文字环绕"等几种方式。

在 Word 2010 文档中，用户可以方便地对图片进行裁剪操作，以截取图片中最需要的部分，操作步骤：选中待裁剪图片，将图片的环绕方式设置为非嵌入型；在"图片工具"选项卡的"格式"选项卡中，单击"大小"分组中的"裁剪"按钮；图片周围出现 8 个方向的裁剪控制柄，用鼠标拖动控制柄即可对图片进行相应方向的裁剪。

2. 绘制自选图形

Word 2010 中的自选图形是指用户自行绘制的线条和形状，用户还可以直接使用 Word 2010 中提供的线条、箭头、流程图和星形等组合成更加复杂的形状。绘制自选图形的步骤：打开 Word 2010 文档窗口，切换到"插入"选项卡，在"插图"分组中单击"形状"按钮，并在打开的形状面板中单击需要绘制的形状，然后在文档窗口中拖动鼠标即可绘制所选图形。用户还可以通过所绘自选图形上的黄色图标来改变图形的形状和角度。

10.2.7　表格制作

Word 2010 提供了强大的表格功能，包括创建表格、编辑表格、设置表格的格式及对表中的数据进行排序和计算等。

10-6　表格制作

1. 创建表格

一个表格由多行多列构成，如果表格中只有横线和竖线而没有斜线，且所有的横线长度相等，所有的竖线长度也相等，这样的表格称为规则表格。这种表格有以下两种创建方法。

① 打开 Word 2010 文档窗口，切换到"插入"选项卡，在"表格"分组中单击"表格"按钮；在打开的表格列表中，拖动鼠标选中合适的行和列插入表格。这种方式插入的表格会占满当前页的全部宽度，可通过修改表格属性来设置表格的尺寸。

② 在 Word 2010 文档中，用户可以使用"插入表格"对话框插入指定行列的表格。操作步骤：切换到"插入"选项卡，在"表格"分组中单击"表格"按钮；在打开的菜单中选择"插入表格"命令，如图 10-13 所示；打开"插入表格"对话框，在"表格尺寸"区域分别设置表格的"行数"和"列数"。在"自动调整"操作区域如果选中"固定列宽"单选框，则可以设置表格的固定列宽尺寸；如果选中"根据内容调整表格"单选框，则单元格宽度会根据输入的内容自动调整；如果选中"根据窗口调整表格"单选框，则所插入的表格将充满当前页面的宽度。设置完毕单击"确定"按钮即可。

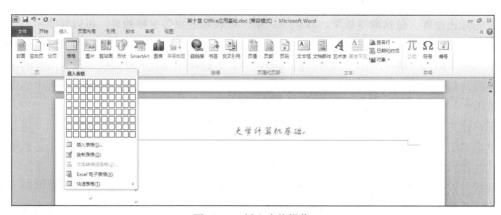

图 10-13　插入表格操作

2. 表格编辑

表格的编辑包括单元格的合并与拆分，插入或删除行、列、单元格，调整行高和列宽等。操作步骤：选中表格中相应的单元格、单行、单列、多行或多列；然后在选中区域单击鼠标右键弹出快捷菜单，执行相应命令，如合并单元格、拆分单元格、插入行、删除行等。若需指定表格的行高或列宽，可通过"表格属性"对话框来完成，操作步骤：在表格选中区域单击鼠标右键弹出快捷菜单，执行"表格属性"菜单命令，打开"表格属性"对话框，在该对话框中可完成表格及单元的对齐方式设置、行高和列宽的设置、表格的边框及底纹设置等。"表格属性"对话框如图 10-14 所示。

图 10-14　"表格属性"对话框

10.2.8　生成目录

编辑比较长的文档时，不方便在文档中查找特定的内容，此时可以根据文档中使用的样式建立一个目录或索引，里面有该文档的各级标题和相应页码，便于其他用户查找。

10-7　目录生成方法

生成目录的操作步骤：首先设置好各级标题的格式；切换到"引用"选项卡，单击"目录"按钮，选择菜单项"插入目录"，打开"目录"对话框，如图 10-15 所示；一般使用默认的设置即可，单击"确定"按钮，即可在光标位置插入当前文档的目录，如图 10-16 所示。

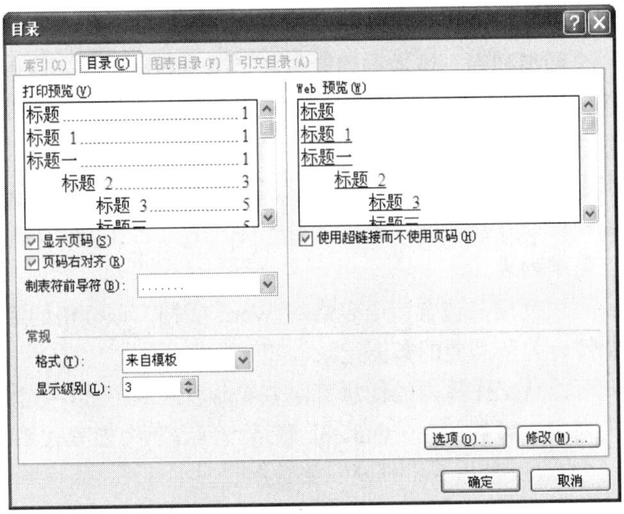

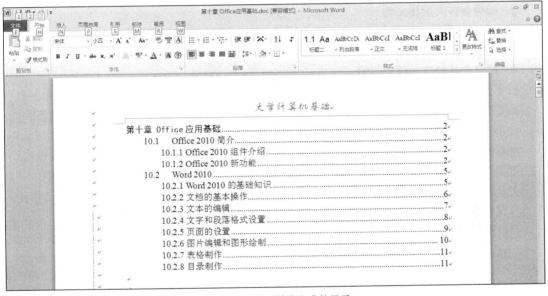

图 10-15 "目录"对话框

图 10-16 利用样式生成的目录

10.2.9 邮件合并

10-8 邮件合并

Word 2010 提供了强大的邮件合并功能,用户若希望批量创建一组相似文档 (如寄给多个客户的套用信函或录取通知书等),则可以用邮件合并功能来实现,该功能具有很好的实用性和便捷性。

在 Word 中,邮件合并需要两个文档(一个主文档,一个最终文档)和一个数据源。在此需要明确以下几个基本概念。

1. 创建主文档

主文档是用于创建输出文档的"蓝图",包含所有文档共有的内容,如信件的信头、主体以及落款等。另外还有一系列指令(称为合并域),用于插入在每个输出文档中都要发生变化的文本,如收信人的姓名和地址等。

2. 选择数据源

数据源实际上是一个数据列表，该数据列表包含了用户希望合并到输出文档的数据。通常它保存了姓名、通信地址、电子邮件、电话号码等数据字段。Word 的邮件合并支持很多种类型的数据源。

① Office 地址列表：在邮件合并中，"邮件合并"任务窗格为用户提供了创建简单"Office 地址列表"的机会，用户可以在新建的列表中填写收件人的姓名和地址等相关信息。此方法适用于不经常使用的小型、简单列表。

② Word 数据源：可以使用只包含一个表格的 Word 文档，该表格的第一行必须用于存放标题，其他行必须包含邮件合并所需要的数据记录。

③ Excel 工作表：可以从工作簿内的任意工作表或命名区域中选择数据。

④ Outlook 联系人列表：可直接在"Outlook 联系人列表"中检索联系人信息。

⑤ Access 数据库：Access 数据库中任意一张数据表。

⑥ HTML 文件：可以使用只包含一个表格的 HTML 文件，该表格的第一行必须用于存放标题，其他行必须包含邮件合并所需要的数据记录。

3. 邮件合并的最终文档

邮件合并的最终文档包含了所有的输出结果，其中，某些文本内容在输出文档中都是相同的，而有些会随着收件人的不同而发生变化。

4. 邮件合并的应用领域编辑

批量打印信封：按统一的格式，将列表中不同的邮编、收件人地址和收件人打印出来。

批量打印信件/请柬：主要是从电子表格中调用收件人，更换称呼，信件内容基本固定不变。

批量打印工资条：从电子表格调用数据。

批量打印个人简历：从电子表格中调用不同字段数据，每人一页，对应不同信息。

批量打印学生成绩单：从电子表格中取出个人信息，并设置评语字段，编写不同评语。

批量打印各类获奖证书：在电子表格中设置姓名、获奖名称等，在 Word 中设置打印格式，可以打印众多证书。

总之，只要有数据源（电子表格、数据库）等，而且是标准的二维表格，就可以很方便地按一个记录一页的方式在 Word 中用邮件合并功能打印出来。

10.3　Excel 2010

Excel 2010 是一套功能强大的电子表格处理软件，它可以管理账务、制作报表、对数据进行排序与分析，或者将数据转换为更加直观的图表等。本节主要介绍 Excel 2010 的基本操作方法。

10.3.1　Excel 2010 的基本知识

1. Excel 2010 的启动与退出

Excel 2010 的启动与退出方法同 Word 2010 类似，在此不再叙述。

2. Excel 2010 的工作界面

Excel 2010 的工作界面除了 Word 2010 的工作界面共有的部分外，还包括

10-9　Excel2010
界面简介

名称框、编辑栏、行号、列标、工作表标签、工作表格区等，如图 10-17 所示，其中与 Word 2010 共有的部分不再标注和描述。

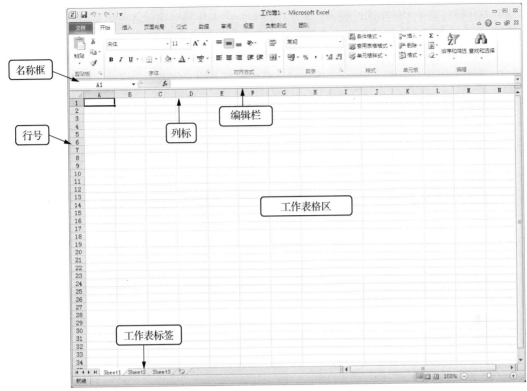

图 10-17 Excel 2010 工作界面

① 名称框：默认方式下，以单元格的列标和行号组合来命名单元格（如 A1），也可以自定义名称。

② 编辑栏：在工作表中选中单元格后，可以在编辑栏中输入、编辑单元格的内容，如公式、文字及数据。

③ 工作表格区：窗口中的最大区域，用于记录数据。

④ 工作表标签：显示了当前工作簿所包含的工作表。当前工作表以白底黑字显示。

3. Excel 2010 的文档格式

Excel 2010 的文档格式与以往版本相比有很大变化，具体如表 10-2 所示。

表 10-2   Excel 2010 中的文件类型与其对应的扩展名

Excel 2010 文件类型	扩展名
Excel2010 工作簿	xlsx
Excel2010 启用宏的工作簿	xlsm
Excel 2010 模板	xltx
Excel 2010 启用宏的模板	xltm

4. Excel 的几个概念

① 单元格：在工作表中，每一个行、列坐标所对应的位置称为单元格。每个单元格用行号和列标来标识，如 C5、H8 等。每个工作表由 65536×256 个单元格组成。C3:F8 表示一个由单元格组成的矩形区域。

② 活动单元格：当前正在操作的带粗线黑框的单元格，可以对该单元格进行输入、修改或删除等操作。活动单元格的右下角有一个小黑方块，称为填充柄，利用该填充柄可以填充某个单元格的内容。

③ 工作簿：一个 Excel 文件称为一个工作簿，一个工作簿可以包含多个工作表。启动 Excel 后，系统会自动打开一个新的空白工作簿，并将其命名为"工作簿 1"。

④ 工作表：工作簿中的每一张表称为工作表。默认方式下，一个新建的工作簿由 3 个工作表组成，默认标签为 Sheet1、Sheet2、Sheet3，其中被打开的工作表称为活动工作表。

10.3.2　Excel 2010 表格的基本操作

1. 创建工作表

默认情况下，一个新的工作簿只包含 3 个工作表。新增工作表的方法有两种。

10-10　Excel 表格基本操作

① 在任意工作表标签处单击右键，弹出快捷菜单，选择其中的"插入"命令，在打开的"插入"对话框中选择工作表图标，然后单击"确定"按钮即可。

② 单击工作表标签最右侧的"插入工作表"标签，或按<Shift+F11>组合键，即可插入一个工作表。

2. 删除工作表

删除工作表的方法有两种。

① 选中要删除的工作表，然后在"开始"选项卡的"单元格"组中单击"删除"按钮后的倒三角形按钮，在弹出的快捷菜单中选择"删除工作表"即可。

② 右键单击欲删除的工作表，在弹出的快捷菜单中选择"删除"命令即可。

3. 重命名工作表

重命名工作表的方法有两种。

① 直接双击工作表名称，这时工作表标签会反显，在其中修改名称并按<Enter>键即可完成修改。

② 右键单击工作表标签，在弹出的快捷菜单中选择"重命名"命令。

4. 移动、复制工作表

移动工作表的方法：选中要移动的工作表，沿工作表标签行拖动到目标位置释放鼠标即可。若在移动的同时按下了<Ctrl>键，则将复制工作表。

5. 数据输入

数据输入首先要单击某个单元格，使之成为当前单元格，然后开始向单元格输入数据，输入的内容同时显示在编辑栏中。

10-11　Excel 表格内容编辑

① 数值：数值数据可以直接输入，在单元格中默认的是右对齐，若超过单元格的宽度，Excel 2010 会自动将其转换成科学计数法表示。

② 文本：文本也即字符串，在单元格中默认的是左对齐，若是数字字符串，输入时应在文本前加单引号以与数值区别。

③ 日期：Excel 2010 中输入日期的形式比较多，例如，要输入 2013 年 4 月 1 日，则以下几种形式都可以：13/4/1；2013/4/1；2013-4-1。

④ 时间：输入时间时，时和分之间用冒号隔开，也可以在时间后面加上"AM""PM"等表示上下午，例如，7:30 AM。也可将日期和时间组合输入，日期和时间之间要留有空格，例如，2013-4-13 10:30。

6. 数据的自动填充

Excel 2010 中利用复制和移动功能，可以将一个或多个单元格内容复制或移动到其他单元格。若是相邻单元格的数据具备一些规律，可以利用自动填充功能来完成输入。

① 在同一行或列中填充数据：选中包含填充数据的单元格，然后用鼠标拖动填充柄（位于

选中区域右下角的小黑方块），经过需要填充数据的单元格时释放鼠标即可。

② 填充一系列数字、日期或其他项目：在 Excel 2010 中，可以自动填充一系列的数字、日期及其他自定义序列，如在第一个单元格中输入"星期一"后，使用自动填充功能可以在其后的单元格内自动填充"星期二""星期三"等。

③ 自定义序列的创建：在"开始"选项卡的"编辑"组中，单击"填充"按钮旁的倒三角形按钮，在弹出的菜单中选择"系列"命令，打开"序列"对话框，完成相关选择，单击"确定"按钮即可。

10-12　Excel 查找和替换

7. 查找和替换

若需在工作表中查找一些特定的内容，当工作表或工作簿较大时，逐个单元格查找显然不方便，最有效的方法是利用 Excel 2010 提供的"查找和替换"功能，相关选项卡如图 10-18 和图 10-19 所示。

图 10-18　"查找"选项卡

图 10-19　"替换"选项卡

10.3.3　Excel 2010 表格的格式设置

10-13　Excel 格式设置

在 Excel 2010 工作表创建好后，还可以利用系统提供的格式化命令，设置工作表和单元格的格式使工作表数据排列整齐，重点突出，外观美化。

1. 设置单元格格式

在 Excel 2010 中，通常在"开始"选项卡或快捷菜单中设置单元格的格式。一些简单的格式化操作可直接通过"开始"选项卡中的按钮来进行。

（1）设置数字格式

图 10-20 所示的对话框中，"数字"选项卡用于对单元格中不同类型的数字进行格式化，对话框左边的"分类"列表框中列出了不同的格式类型，每选择一种格式，对话框右边显示对应的显示示例。

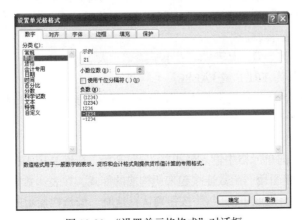

图 10-20　"设置单元格格式"对话框

（2）设置对齐方式

设置对齐方式在"设置单元格格式"对话框的第二个选项卡中进行，其功能是设置单元格的内容相对于单元格上下左右边框的位置。此外，还允许用户为单元格设置自动换行、缩小字体填充、合并单元格、旋转单元格等。

（3）设置字体

通过"字体"选项卡，可以完成不同单元格的字体设置，以突出表中的某些数据，使整个工作表和版面更为丰富。

（4）设置边框和底纹

默认方式下，工作表的网格线在打印时是不显示的，需使用"边框"选项卡来为单元格设置不同类型的边框线。同时可在"填充"选项卡中为单元格设置不同类型的图案作为底纹。

2. 设置行高和列宽

当单元格的内容因行高或列宽不够而影响显示效果时，需调整行高或列宽，在"开始"选项卡的"单元格"分组中单击"格式"命令，打开下拉菜单，可以看到行高和列宽命令。也可右键单击行号或列标，在弹出的快捷菜单中选择行高和列宽命令。另外，通过双击行号或列号间的交线，可快速地将行高或列宽根据内容设置成最合适的值。

3. 使用条件格式

条件格式功能可以根据指定的公式或数值来确定搜索条件，然后将格式应用于符合搜索条件的选定单元格，并突出显示要检查的动态数据。选择"开始"选项卡中的"样式"分组，再选择"条件格式"命令，通过简单设置即可完成指定条件的搜索。

4. 套用单元格和工作表样式

Excel 2010 自带多种单元格样式和工作表样式，单元格和工作表可以方便地套用这些样式。选择"开始"选项卡中的"样式"分组，再选择"单元格样式"命令可完成单元格对样式的套用。若选择"套用表格样式"命令，则有多种工作表的样式供套用。

10.3.4 数据处理

Excel 2010 中工作表的数据处理离不开公式和函数，下面分别介绍公式和函数的使用。

10-14 Excel 数据
处理

1. 公式

（1）运算符

公式中可以使用的运算符包括算术运算符、比较运算符和文本运算符。

算术运算符包括加号"+"、减号"−"、乘号"*"、除号"/"、乘方"^"和百分号"%"。例如，8%表示 0.08，5^2 表示 25。

比较运算符包括等于"="、大于">"、小于"<"、大于或等于">="、小于或等于"<="和不等于"<>"，比较结果为 TRUE 或 FALSE。

文本运算符为"&"，用于连接两个文本字符串，例如，表达式"中国&北京"的运算结果为"中国北京"。

（2）公式的组成

在 Excel 2010 中，向单元格中输入公式以"="开始，后面是用于计算的表达式，表达式是用运算符将常数、单元格引用和函数连接起来所构成的算式，在表达式中可以用括号来改变运算的顺序。输入后按<Enter>键或单击"√"按钮确认，这时，编辑栏显示的是公式，而单元格显示的是用公式计算的结果。

假设 A1 和 A2 两个单元格的值分别是 1 和 2，现在向 A3 单元格输入公式：=A1+A2。确认后，A3 单元格中显示的结果是 3。而且，当公式中引用的单元格 A1 和 A2 的数据发生变化时，A3 单元格中的数据会根据公式重新计算。

（3）公式的自动填充

在一个单元格中输入公式后，如果相邻单元格中需要进行同类型的计算，可以利用公式的自动填充功能。具体方法：选择公式所在的单元格，鼠标指针移动到单元格的右下角变成黑十字形，即填充柄；按住鼠标左键，拖动填充柄经过目标区域；放开鼠标，公式自动填充完毕。

（4）引用公式

通过引用，可以在一个公式中使用工作表不同部分的数据，或者在不同公式中使用同一单元格的数据。在 Excel 2010 中，引用公式的常用方式如下。

① 相对引用：是指在公式复制、移动时，公式中单元格的行号、列标会根据目标单元格的行号、列标的变化自动地进行调整。其表示方法是直接用单元格的地址，如单元格 C5、区域 B2:F6 等。

② 绝对引用：是指在公式复制、移动时，不论目标单元格的地址是什么，公式中单元格的行号、列标保持不变。其表示方法是在列标和行号前面都加上符号"$"，即表示为"$列标$行号"，如单元格$C$5、区域$B$2:$F$6 等。

③ 混合引用：只在不需要进行调整的行号或列标前加上符号"$"，即表示为"$列标行号"或"列标$行号"，如单元格$C5、C$5、区域$B2:$F6 等。

在 Excel 2010 中，不但可以引用同一工作表的单元格，还能引用同一工作簿中的不同工作表的单元格，也可以引用不同工作簿中的单元格。引用格式为"=[Book1][Sheet1]!$A$1-[Book2][Sheet2]!B2"，其中[Book1]和[Book2]是两个不同的工作簿名称，[Sheet1]和[Sheet2]是两个不同的工作表名称，且 Sheet1 在工作簿 Book1 中，Sheet2 在工作簿 Book2 中，而$A$1 和 B2 分别是单元格 A1 的绝对引用和单元格 B2 的相对引用。

2. 函数

（1）插入函数方法

在进行数据计算时，除了使用公式，还可以使用 Excel 提供的函数，以提高计算的效率，减少错误的发生。若对函数比较熟悉，可在公式中直接输入函数，否则可以使用粘贴函数的方法，使用函数向导粘贴函数的操作方法如下。

① 选择要输入函数的单元格。

② 单击"公式"选项卡中的"插入函数"命令，打开"插入函数"对话框，如图 10-21 所示，在对话框的"或选择类别"列表框中选择合适的函数类别，再在"选择函数"列表框中选择所需的函数名，单击"确定"按钮。

③ 在"函数参数"对话框中完成该函数参数的输入。为了操作方便，可单击参数框右侧的"暂时隐藏对话框"按钮，将对话框的其他部分隐藏，再从工作表上选择相应的单元格，然后再次单击该按钮，恢复原对话框。

④ 单击"确定"按钮，完成函数的使用，单元格中显示计算结果。

图 10-21　"插入函数"对话框

（2）Excel 2010 中的常用函数

① 求和函数 SUM。

功能：将指定的参数 number1,number2,…相加求和。

格式：SUM(number1,number2,…)。

参数说明：number1,number2,…代表需要求和的值，可以是具体的数值、单元格或单元格区域等。

例如，= SUM(D2:D63)是对单元格 D2～D63 中的数值求和；= SUM(A1,A3,A5)是对单元格 A1、A3 和 A5 中的数值求和。

② 条件求和函数 SUMIF。

功能：对指定单元格区域中符合条件的值求和。

格式：SUMIF(range,criteria,[sum_range])。

参数说明：range 为用于条件判断的单元格区域（条件区域）；criteria 为求和的条件；sum_range 为可选参数，表示要求和的实际单元格或单元格区域。当且仅当第一个参数（条件区域）和第三个参数（求和区域）完全重合时，第三个参数（求和区域）才可以省略。

SUMIF 函数实例如图 10-22 所示。

	A	B
1	属性值	佣金
2	100,000	7,000
3	200,000	14,000
4	300,000	21,000
5	400,000	28,000
6	公式	说明（结果）
7	=SUMIF(A2:A5,″>160000″,B2:B5)	属性值高于160,000的佣金之和（63,000）
8	=SUMIF(A2:A5,″>160000″)	属性值高于160,000的佣金之和（900,000）
9	=SUMIF(A2:A5,″=300000″,B2:B3)	属性值等于300,000的佣金之和（21,000）

图 10-22　SUMIF 函数实例

③ 多条件求和函数 SUMIFS。

功能：对指定单元格区域中满足多个条件的值求和。

格式：SUMIFS(sum_range, criteria_range1, criteria1,[criteria_range2, criteria2],…)。

参数说明：sum_range 为需要求和的单元格区域，criteria_range1 为条件 1 单元格区域，criteria1 为指定条件 1，criteria_range2 为条件 2 单元格区域，criteria2 为指定条件 2，条件 2 单元格区域和指定条件 2 为可选，最多允许 127 个条件。

例如，=SUMIFS(A1:A20, B1:B20, ">0", C1:C20, "<10")表示对区域 A1:A20 中符合以下条件的数值求和：B1:B20 中的数值大于 0 且 C1:C20 中的数值小于 10。

④ 求平均值函数 AVERAGE。

功能：求指定参数 number1,number2,…的平均值。

格式：AVERAGE(number1, number2,…)。

参数说明：number1,number2,…代表需要计算的值，可以是具体的数值、单元格或单元格区域。

例如，=AVERAGE(A1,A2,A3)，其作用是对单元格 A1、A2、A3 中的数值求平均值。

⑤ 求最大值函数 MAX。

功能：求一组数或指定区域中的最大值。

格式：MAX(number1,number2,…)。

参数说明：number1,number2,…代表需要求最大值的数值、单元格或单元格区域。

例如，=MAX(E4:J4, 7, 8, 9, 10)，其作用是显示出 E4、F4、G4、H4、I4、J4 单元格区域和数值 7、8、9、10 中的最大值。

⑥ 求最小值函数 MIN。

功能：求一组数或指定区域中的最小值。

格式：MIN(number1,number2,…)。

参数说明：number1,number2…代表需求最小值的数值、单元格或单元格区域。如果参数中有文本或逻辑值，则忽略。

例如，=MIN(E4:J4,7,8,9,10)，其作用是显示 E4 至 J4 单元格区域和数值 7、8、9、10 中的最小值。

⑦ 逻辑判断函数 IF。

功能：根据对指定条件的判断的真假结果，返回相对应的内容。

格式：=IF(logical, value_if_true, value_if_false)。

参数说明：logical 代表判断表达式；value_if_true 表示当判断条件为真（TRUE）时返回的内容；value_if_false 表示当判断条件为假（FALSE）时返回的内容。

例如，在 C3 单元格中输入公式 =IF(C2>=60, "及格", "不及格")，确定以后，如果 C3 单元格中的数值大于或等于 60，则 C3 单元格中显示"及格"字样，否则显示"不及格"字样。当成绩需要分 3 档，即不及格（<60）、及格（>=60 且<90）、优秀（>=90）时，可以使用嵌套，公式为 =IF(C2<60, "不及格", IF(C2>=90, "优秀", "及格"))。

⑧ 排名函数 RANK。

功能：返回某一数值在一列数值中相对于其他数值的排位。

格式：RANK(number,ref,order)。

参数说明：number 代表需要排序的数值；ref 代表排序数值所处的单元格区域；order 代表是按升序还是降序排序，order 为"0"或者忽略，则按降序排名，如果为非"0"值，则按升序排名。

例如，在 C2 单元格中输入公式=RANK(B2, $B$2:$B$31, 0)，确定以后，即可得出 B2 单元格数据在 B2:B31 中的排名。

⑨ 条件计数函数 COUNTIF。

功能：统计指定单元格区域中符合指定条件的单元格的个数。

格式：COUNTIF(range,criteria)。

参数说明：range 代表要统计的单元格区域；criteria 表示指定的条件表达式。

例如，在 C17 单元格中输入公式=COUNTIF(B1:B13, ">=80")，确定以后，即可统计出 B1 至 B13 单元格区域中，数值大于或等于 80 的单元格的个数。

⑩ 垂直查询函数 VLOOKUP。

功能：在查找的区域中，根据要查找的值，返回查找区域指定列的数据。

格式：VLOOKUP(lookup_value, table_array, col_index_num, range_lookup)。

参数说明：如表 10-3 所示。

表 10-3　　　　　　　　　　　　　　VLOOKUP 各参数说明

参数	简单说明	输入数据类型
lookup_value	要查找的值	数值、文本字符串
table_array	要查找的区域	单元格区域
col_index_num	返回在查找区域的第几列数	正整数
range_lookup	模糊/精确匹配	TRUE（或不填）/FALSE

10.3.5 数据管理

10-15 Excel 数据管理

数据管理的操作包括数据查询、排序、筛选、分类汇总等，这些操作的命令都在“数据”选项中。Excel 2010 中的数据管理采用数据库的方式，数据库方式是指工作表中数据的组织方式与二维表相似，即一个表由若干行和列构成，表中第 1 行是每一列的标题，从第 2 行开始是具体的数据，表中的每一列称为字段，列标题相当于字段名称，每一行数据称为一条记录。

1. 排序

数据排序是指按指定字段的值重新调整记录的顺序，这个指定的字段称为排序关键字，排序时可以按降序或升序进行，也可由用户自定义排序。

对 Excel 2010 中的数据清单进行排序时，如果按照单列的内容进行排序，可以直接通过“开始”选项卡的“编辑”组中的“排序和筛选”命令完成，如图 10-23 所示。若排序时需要选择多个关键字，则可通过“数据”选项卡的“排序和筛选”组中的“排序”命令打开图 10-24 所示的对话框，在对话框中设置排序的主要关键字及多个次要关键字，并设置排序方向。

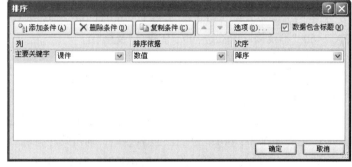

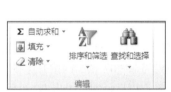

图 10-23 数据排序

图 10-24 数据高级排序

2. 筛选记录

筛选记录是指集中显示工作表中满足条件的记录，而将不满足条件的记录暂时隐藏起来，目的是缩小查找范围，提高操作速度。

（1）自动筛选

通过执行“数据”选项卡的“排序和筛选”组中的“筛选”命令，可以使得工作表的每个字段名变成一个下拉列表框的框名，如图 10-25 所示。

计124成绩.xls [兼容模式]

	A	B	C	D	E	F	G	H	I	J	K
1	学号	姓名	平均分	排名	专业讲座	文化基础	C1	高数A1	思想道	毛概	大学英语
2	129074116	方莹	83.55	1	C	94	83	71	86	95	74
3	129074136	许庆红	82.65	2	B	75	84	82	85	90	69
4	129074130	尉鑫伟	82.19	3	A	87	87	64	87	92	73
5	129074142	章毅	82.13	4	A	84	79	71	92	84	82
6	129074145	左娇娇	81.90	5	A	82	84	79	86	88	68.5
7	129074112	程光耀	81.60	6	B	93	84	76	87	87	68.5
8	129074122	吕大伟	81.02	7	B	85	87	85	86	80	65
9	129074114	褚诗洋	80.94	8	A	82	88	75	88	89	62
10	129074120	林丽萍	80.75	9	A	77	89	75	85	75	87
11	129074132	吴文胜	80.63	10	B	81	92	85	88	76	68.5
12	129074118	李均鹏	80.43	11	B	84	89	83	88	79	74
13	129074115	丁瑞文	80.08	12	B	88	72	70	87	86	75
14	129074111	陈李龙	78.40	13	B	73	90	79	86	83	69.5
15	129074128	王贵荣	77.07	14	B	72	76	87	83	75	69.5
16	129074137	杨兵	76.95	15	B	73	77	65	86	86	73.5
17											

图 10-25 自动筛选

（2）自定义筛选

使用 Excel 2010 中自带的筛选条件，可以快速完成对数据清单的筛选操作，当自带的筛选条件无法满足需要时，也可以根据需要自定义筛选条件，如图 10-26 所示。

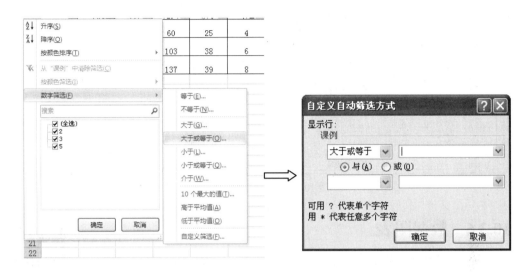

图 10-26　自定义筛选

3. 分类汇总

分类汇总是利用数据清单进行分析的一种方法。分类汇总对数据库中指定的字段进行分类，然后统计同一类记录的有关信息，统计的内容由用户指定，也可以统计同一类记录的记录条数，还可以对某些数值段求和、求平均值、求极值等。

Excel 2010 可以在数据清单中自动计算分类汇总及总计值，用户只需指定需要进行分类汇总的数据项、待汇总的数值和用于计算的函数。创建分类汇总前，用户必须先根据需要进行分类汇总的数据列（字段）对数据清单进行排序。分类汇总的操作方法如下：用户选择"数据"选项卡，在"分级显示"分组中，可以找到"分类汇总"命令，打开"分类汇总"对话框，如图 10-27 所示。图 10-28 所示为对某学生成绩表按班级分类汇总的结果。

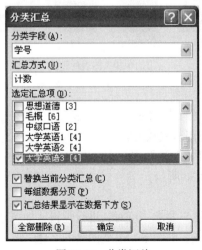

图 10-27　分类汇总

	A	B	C	D	E	F	G	H	I	J	K	L
1	学号	姓名	班级	英语	马哲	高数	C语言	总分	平均分			
2	119074038	丁中正	计二	75	71	88	72	306	76.50			
3	119074043	李成	计二	75	56	56	62	249	62.25			
4	119074056	吴运泽	计二	75	65	69	68	277	69.25			
5	119074123	汪兰霞	计二	95	94	69	94	352	88.00			
6	119074140	朱京晶	计二	85	83	71	84	323	80.75			
7			计二 平均值	81	73.8	70.6	76					
8	119074059	杨本芊	计三	90	88	84	89	351	87.75			
9	119074070	朱雪松	计三	80	78	65	79	302	75.50			
10	119074072	鲍嫚丽	计三	85	83	83	84	335	83.75			
11	119074081	李达	计三	85	85	84	85	339	84.75			
12	119074112	劳飞	计三	70	61	72	64	267	66.75			
13	119074127	王召宇	计三	90	86	80	87	343	85.75			
14			计三 平均值	83	80.167	78	81.333					
15	119074037	丁友友	计一	95	91	76	92	354	88.50			
16	119074048	彭宇	计一	85	84	90	84	343	85.75			
17	119074058	颜胜	计一	70	42	71	50	233	58.25			
18	119074062	姚志豪	计一	95	97	77	96	365	91.25			
19	119074089	宋祖文	计一	75	74	79	74	302	75.50			
20			计一 平均值	84	77.6	78.6	79.2					
21			总计平均值	83	77.375	75.88	79					

图 10-28　分类汇总的结果

10.3.6　数据图表

为了更为直观地显示数据的变化趋势或分布状况，Excel 2010 可以将处理的数据建成各种统计图表。

10-16　Excel 数据
图表

1．图表的组成

Excel 2010 可以把图表放在存储数据的工作表中，称为嵌入式图表；也可将其作为一个独立工作表，称为图表工作表。两者都与工作表的数据相链接，并随工作表数据的更改而更新。常见图表的组成如图 10-29 所示。

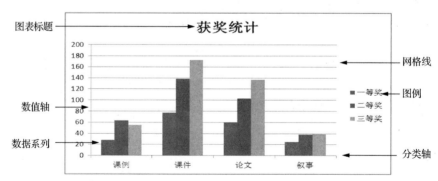

图 10-29　图表的组成

2．创建图表

在 Excel 2010 中创建图表的步骤如下。

① 在工作表中选定要创建图表的数据。

② 切换到功能区中的"插入"选项卡，在"图表"选项组中选择要创建的图表类型，即可在工作表中创建图表，如图 10-30 所示。

3．图表的修改

已创建好的图表若不符合用户要求，可对其进行编辑，如更改图表类型、调整位置、在图表中添加和删除数据系列、设置图表的图案、改变图表的字体、改变数轴、刻度和设置图表中数字的格式等。

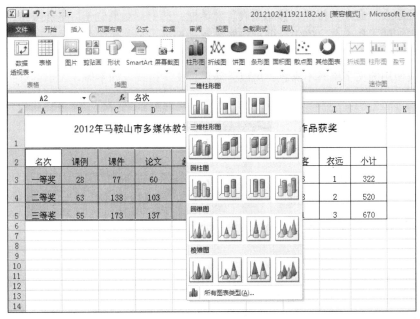

图 10-30 创建图表

（1）更改图表类型

如果是嵌入式图表，则单击将其选定；如果是图表工作表，则单击相应的工作表标签以将其选定。切换到功能区中的"设计"选项卡，在"类型"选项组中单击"更改图表类型"按钮，在对话框中更改图表类型即可，如图 10-31 所示。

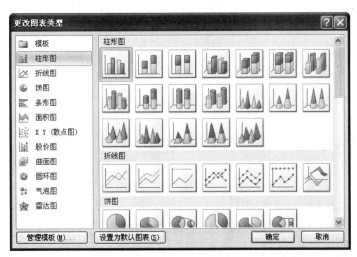

图 10-31 更改图表类型

（2）调整图表的大小和位置

要调整图表的大小，可以直接将鼠标指针移动到图表的边框的控制点上，当鼠标指针形状变为双向箭头时拖动鼠标即可调整图表的大小；也可在"格式"选项卡的"大小"选项组中精确设置图表的高度和宽度。

移动图表位置分为在当前工作表中移动和在工作表之间移动两种情况。若在当前工作表中移动，直接拖动即可；若在工作表之间移动，具体操作步骤：右键单击图表区，在弹出的快捷菜单中选择"移动图表"命令，打开"移动图表"对话框，选中"对象位于"单选按钮，在右侧的下拉列表中选择新的工作表名，确定后即可将图表移动到另一个工作表中。

（3）修改图表中文字的格式

若对默认使用的文字格式不满意，可以重新设置文字格式，如字体、大小、对齐方式等。

10.4 PowerPoint 2010

PowerPoint 2010 是专门用来制作广告宣传和产品演示电子版幻灯片的软件。在办公自动化日益普及的今天，PowerPoint 的应用越来越广泛。本节主要介绍 PowerPoint 2010 的基本使用方法。

10.4.1 PowerPoint 2010 的基本知识

1. PowerPoint 2010 的启动与退出

PowerPoint 2010 的启动与退出方法同 Word 2010 和 Excel 2010 类似，在此不再叙述。

2. PowerPoint 2010 的工作界面

PowerPoint 2010 的工作界面由"文件"按钮、快速访问工具栏、标题栏、窗口操作按钮、选项卡、功能区、幻灯片/大纲浏览窗口、幻灯片窗格、备注窗格、滚动条、状态栏等组成，如图 10-32 所示。

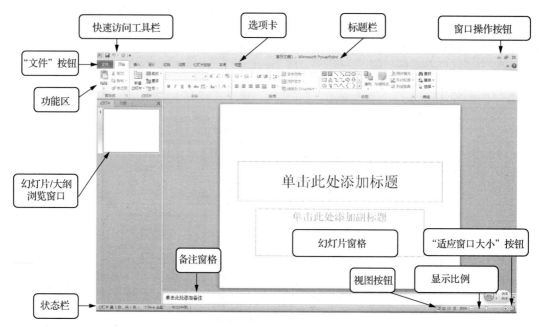

图 10-32 PowerPoint 2010 的工作界面

（1）标题栏

标题栏用于显示当前应用程序的名称和正在编辑的演示文稿的名称，标题栏的右侧有最小化、最大化（或还原）和关闭三个窗口控制按钮。

（2）状态栏

状态栏用于显示当前的编辑状态，同时可控制视图模式和视图的显示比例。

（3）选项卡和功能区

PowerPoint 2010 在选项卡中集成了各种操作命令，这些命令根据任务的不同分为各个任务组。功能区中的每一个命令按钮可以执行一个具体的操作或进一步显示命令菜单。

3．PowerPoint 2010 的文档格式

PowerPoint 2010 的文档格式与以往版本相比有很大变化，具体如表 10-4 所示。

表 10-4　　　　　　　　　PowerPoint 2010 中的文件类型与其对应的扩展名

PowerPoint 2010 文件类型	扩展名
PowerPoint 2010 演示文稿	pptx
PowerPoint 2010 启用宏的演示文稿	pptm
PowerPoint 2010 模板	potx
PowerPoint 2010 启用宏的模板	potm

4．基本概念

（1）演示文稿

使用 PowerPoint 2010 生成的文件称为演示文稿，扩展名为 pptx，一个演示文稿由若干个幻灯片、与幻灯片相关联的备注及演示大纲组成。

（2）幻灯片

幻灯片是演示文稿的组成部分，一般的幻灯片由标题、文本、图形、图像、剪贴画、声音以及图表等多个对象组成。

（3）模板

模板是 PowerPoint 系统提供的一些幻灯片的固定模式，这些模板由专业人员制作，适用于某种应用场合。

（4）版式

版式是指幻灯片内容在幻灯片上的排列方式。

5．创建演示文稿

（1）新建空白演示文稿

如果用户对创建文稿的结构和内容已经比较了解，则可以从空白的演示文稿开始设计。具体操作步骤如下。

10-17　创建演示文稿

单击"文件"选项卡，在弹出的菜单中选择"新建"命令，选择中间窗格中的"空白演示文稿"选项，单击"创建"按钮，即可创建一个空白演示文稿，然后就可以向幻灯片中输入文本，插入各种对象。

（2）根据模板新建演示文稿

模板决定了演示文稿的基本结构，同时决定了其配色方案，应用模板可以使演示文稿具有统一的风格。具体操作步骤如下。

单击"文件"选项卡，在弹出的菜单中选择"新建"命令，选择中间窗格中的"样本模板"，在弹出的窗口会显示已安装的模板，单击要使用的模板，然后单击"创建"按钮，即可根据当前选定的模板创建演示文稿，如图 10-33 所示。

（3）根据现有演示文稿新建演示文稿

用户可以根据现有的演示文稿新建演示文稿，具体操作步骤如下。

单击"文件"选项卡，在弹出的菜单中选择"新建"命令，选择中间窗格中的"根据现有内容新建"选项，在打开的对话框中找到并选定作为模板的现有演示文稿，然后单击"新建"按钮。

图 10-33　选择已安装的模板

6. 打开与保存演示文稿

为编辑已保存的演示文稿，需要将其打开，即将该演示文稿从磁盘加载到内存并将其内容显示在演示文稿窗口中。操作方法：单击"文件"选项卡，在弹出的菜单中单击"打开"命令，在出现的对话框中选择要打开的演示文稿，单击"打开"按钮。

创建演示文稿时，演示文稿存放在内存中。第一次保存演示文稿时，需要选择保存路径，并输入演示文稿的名称，以后对演示文稿修改后再保存时，只需单击"保存"按钮。

10.4.2　演示文稿的编辑

1. 插入幻灯片

通过以下 3 种方法，可在当前演示文稿中添加新的幻灯片。

① 执行"开始"选项卡中的"新建幻灯片"命令，即可添加一张空白幻灯片。

10-18　演示文稿
的编辑

② 按<Ctrl+M>组合键，即可快速添加一张空白幻灯片。

③ 在"普通视图"下，将鼠标指针定位在左侧的窗格中，然后按下<Enter>键，同样可快速添加一张空白幻灯片。

2. 插入文本框

若要在幻灯片中添加文字，需要通过文本框来实现。选择"插入"选项卡，在"文本"分组中点击"文本框"，然后在幻灯片中拖拉出一个文本框，将相应的字符输入文本框，设置好字体、字号和颜色等，调整好文本框的大小和位置即可。

3. 插入图片

为丰富演示文稿的显示效果，可在幻灯片中添加图片。选择"插入"选项卡，单击"图片"，打开"插入图片"对话框，定位到图片所在文件夹，选中相应的图片，单击"插入"按钮，即可将图片插入幻灯片，然后可用拖拉的方法调整图片的大小和位置。

4. 插入音频

当演示文稿需要配音时，可以插入音频文件。选择"插入"选项卡，单击"音频"，打开"插入声音"对话框，定位到音频文件所在文件夹，选中相应的音频文件，单击"确定"按钮。演示文稿支持 MP3、WMA、WAV、MID 等格式的音频文件。在音频工具的"播放"菜单中可设置声音的播放方式。

5. 插入视频

可以将视频文件添加到演示文稿中，来丰富演示效果。选择"插入"选项卡，单击"视频"，打开"插入视频文件"对话框，定位到视频文件所在文件夹，选中相应的视频文件，单击"确定"按钮。演示文稿支持 AVI、WAV、MPG 等格式的视频文件。调整视频播放窗口的大小，将其定位在幻灯片的合适位置上即可。

6. 插入艺术字

在演示文稿中插入艺术字能丰富演示文稿的播放效果。选择"插入"选项卡中的艺术字命令，打开"艺术字"对话框，选中一种样式后，单击"确定"按钮，打开"编辑艺术字"对话框，输入艺术字字符并设置好字体、字号后，将其定位在合适位置上。

7. 绘制图形

有时需要在幻灯片中绘制一些图形，具体方法：选择"开始"选项卡中的"绘图"分组，选好自选图形后，在幻灯片中拖动鼠标指针，即可绘制自选图形。

8. 公式编辑

制作一些技术型演示文稿时，常常需要在幻灯片中添加一些复杂的公式，这就需要用到"公式编辑器"。选择"插入"选项卡中"文本"分组中的"对象"命令，打开"插入对象"对话框，在"对象类型"中选中"Microsoft 公式 3.0"选项，如图 10-34 所示。进入"公式编辑器"，利用工具栏上的相应模板，制作出需要的公式，编辑完成后，关闭"公式编辑器"窗口，返回幻灯片编辑状态，调整好公式的大小与位置即可。

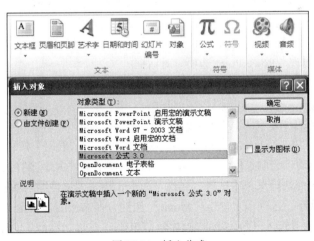

图 10-34　插入公式

9. 插入图表

图表是一种以图形显示的方式表达数据的方法。与 Excel 创建图表的方式有些不同，在 PowerPoint 的默认情况下，当创建好图表后，需要在关联的 Excel 数据表中输入图表所需的数据。当然，如果事先为图表准备了 Excel 格式的数据表，则也可以打开这个数据表并选择所需的数据区域，这样就可以将已有的数据区域添加到 PowerPoint 中。插入图表的具体操作步骤：单击"插入"选项卡上的"图表"按钮，在弹出的"插入图表"对话框的左侧列表框中选择图表类型，然后在右侧列表中选择子类型，单击"确定"按钮。此时，自动启动 Excel，让用户在工作表的单元格中直接输入数据，如图 10-35 所示。更改工作表中的数据，PowerPoint 中的图表会自动更新。

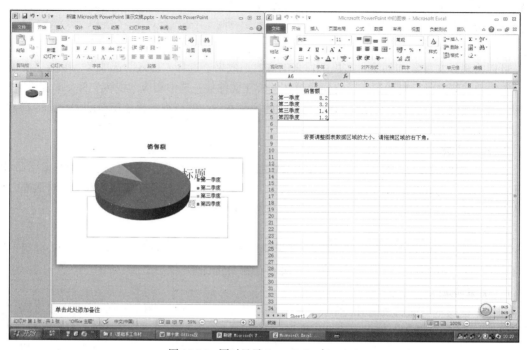

图 10-35　同时显示 PowerPoint 与 Excel

10. 插入 Flash 动画

Flash 动画具有小巧灵活的优点，用户可以在 PowerPoint 演示文稿中插入扩展名为 swf 的 Flash 动画文件，以增加演示文稿的动画功能。插入 Flash 动画的步骤如下。

① 在普通视图中，显示要播放动画的幻灯片，单击"文件"选项卡，然后从弹出的菜单中选择"选项"命令，出现"PowerPoint 选项"对话框。

② 单击左侧"自定义功能区"选项，在右侧的列表内选中"开发工具"复选框，然后单击"确定"按钮。

③ 切换到功能区的"开发工具"选项卡，在"控件"选项组中单击"其他控件"按钮，在出现的对话框中选择"Shockwave Flash Object"选项，并单击"确定"按钮。

④ 在幻灯片上拖动以绘制控件，通过拖动尺寸控点调整控件大小。然后右键单击"Shockwave Flash Object"，从弹出的快捷菜单中选择"属性"命令，出现"属性"对话框。

⑤ 在"按字母顺序"选项卡上单击"Movie"属性，在右侧的框中键入要播放的 Flash 文件的完整路径及文件名，或键入其统一资源定位器（URL）。

⑥ 要在显示幻灯片时自动播放文件，则将"Playing 属性"设置为"True"。

10.4.3　演示文稿的版面设置

1. 设置幻灯片版式

新建幻灯片时，默认情况下给出的是"标题和文本"版式，若需要可重新设置其版式：选择"开始"选项卡，单击"新建幻灯片"命令，在打开的下拉

10-19　演示文稿的版面设置

列表中选择一种版式即可。

2. 使用设计方案

默认方式下，新建的演示文稿使用的是黑白幻灯片方案，若需要使用其他方案，一般可以通过 PowerPoint 内置的设计方案来快速添加：选择"设计"选项卡，在功能区中选择一种设计方案，然后单击其右侧的下拉按钮，在弹出的下拉列表中根据需要应用即可。

3. 页眉页脚的设置

在 PowerPoint 演示文稿中，可以为每张幻灯片添加类似 Word 文档的页眉或页脚：选择"插入"选项卡，单击"页眉和页脚"命令，打开相应对话框，选中"日期和时间"及下面的"自动更新"选项，然后单击其右侧的下拉按钮，选择一种时间格式，再单击"全部应用"和"应用"按钮即可。若在对话框中选中"幻灯片编号"选项，即可为每张幻灯片添加编号。

4. 幻灯片母版

若希望在每一张幻灯片中添加上项固定的内容，可以通过修改"母版"来实现：选择"视图"选项卡，单击"幻灯片母版"命令，进入"幻灯片母版"编辑状态，编辑好后再单击"关闭母版视图"按钮退出"幻灯片母版"编辑状态。

10.4.4　演示文稿的动画设置

对幻灯片设置动画，可以让原本静止的演示文稿更加生动。

1. 快速创建基本动画

在普通视图中，单击要制作成动画的文本或对象，切换到功能区中的"动画"选项卡，从"动画"组的"动画"列表中选择所需的动画效果，如图 10-36 所示。

10-20　演示文稿的动画设置

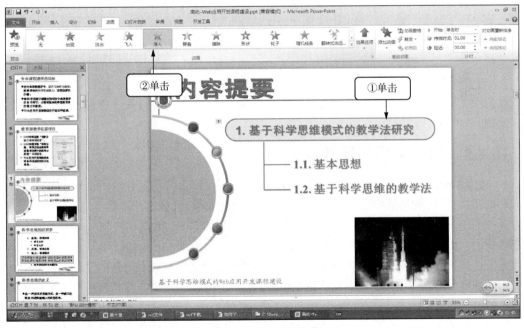

图 10-36　选择预设的动画

2. 设置动画播放方式

如果一张幻灯片的多个对象都设置了动画，就需要确定其播放方式。如果是将第二个对象的设置在前一个动画之后自动播放，可以采取如下方式：打开"动画"选项卡，选择计时分组中的

"开始"，单击其右侧的下拉按钮，在打开的下拉菜单中，选择"在上一动画之后"选项即可。

3. 定义动画的运动方向

如果要设置某个动画的运动方向，可以按照下述步骤进行操作。

① 选定要设置动画运动方向的对象。

② 在"动画"选项卡的"动画"组中，单击"效果选项"按钮，在下拉列表框中选择动画的运动方向。

③ 如果要选择自定义路径，可以从"动画"选项卡中选择"自定义路径"，然后通过在幻灯片中拖动鼠标指针来设置运动路径。

4. 调整动画间的播放顺序

用户在同一张幻灯片中添加了多个动画效果后，还可以重新排列动画效果的播放顺序。具体操作步骤：显示要调整动画顺序的幻灯片，在"动画窗格"的列表框中会显示当前幻灯片中添加的动画效果，选定要调整顺序的动画，利用"自定义动画"任务窗格中的上升和下降按钮调整顺序即可。

5. 为动画添加声音效果

要将声音与动画联系起来，可以按下述步骤进行操作：选定要添加声音的动画，单击其右侧的向下箭头，从下拉列表中选择"效果选项"选项，出现"自定义路径"对话框（对话框的名字与选择的动画名字对应），在"声音"下拉列表中选择要增强的声音。在使用声音时，除内置的增强声音外，用户还可以单击"其他声音"选项，然后在出现的"添加音频"对话框中指定声音文件即可。

6. 设置动画计时

如果要设置动画的计时功能，可以按照下述步骤进行操作：选定要设置计时功能的动画，单击其右侧的向下箭头，从下拉列表中选择"效果选项"选项，在出现的对话框中单击"计时"选项卡，在"延迟"文本框中输入该动画与上一动画之间的延迟时间，在"期间"下拉列表框中选择动画的速度，在"重复"下拉列表框中设置动画的重复次数，设置完毕，单击"确定"按钮。

7. 设置动作按钮

在演示文稿中经常要用到链接功能，我们可以用"插入"选项卡中的"链接"或"动作"按钮来实现。

10.4.5　演示文稿的播放设置

1. 设置幻灯片的切换效果

所谓切换效果，就是指两张连续的幻灯片之间的过渡效果，具体操作步骤：在普通视图左侧的"幻灯片"选项卡中，单击某个幻灯片缩略图，然后切换到功能区中的"切换"选项卡，在"切换到止幻灯片"选项组中单击一个幻灯片切换效果。如果要查看更多的切换效果，可以单击"快速样式"列表右下角的"其他"按钮。要设置切换速度，可在"持续时间"文本框中输入幻灯片切换的速度值。在"声音"下拉列表框中可选择幻灯片换页时的声音。在"换版方式"选项组中，可以设置幻灯片切换的换页方式，如"单击鼠标时"或"设置自动换片时间"。如果单击"全部应用"按钮，则会将切换效果应用于整个演示文稿。

10-21　演示文稿的播放设置

2. 设置幻灯片放映方式

演示文稿制作完成后，可以设置 3 种不同的放映式（演讲者放映、观众自行浏览和在展台浏览），具体操作步骤：选择"幻灯片放映"选项卡，单击"设置幻灯片放映"命令，打开"设置放映方式"对话框。选择一种"放映类型",确定"放映幻灯"范围,设置好"放映选项"。再根据需要设置好其他选项,单击"确定"按钮即可。

本章小结

　　本章从为初学者讲解的角度出发,较为详细地介绍了 Office 2010 的 3 个主要组件的功能,使读者掌握 Office 2010 主要组件的使用方法,能够解决工作学习中文字处理、表格计算和演示文稿制作等方面的问题,为后续学习打下坚实的基础。

习　　题

一、选择题

1. Word 2010 格式栏中设有直接对应按钮的对齐方式是_____。
   - A. 左对齐 　　　B. 右对齐 　　　C. 两端对齐 　　　D. 分散对齐
2. 在 Word 2010 中,"文件"菜单中的"另存为"命令的功能是_____。
   - A. 与"保存"命令相同
   - B. 只能以老文件名保存
   - C. 只能以新文件名保存
   - D. 既能以老文件名保存,也能以新文件名保存
3. 在 Excel 2010 中_____不是柱形图的变体。
   - A. 圆柱图 　　　B. 圆锥图 　　　C. 棱锥图 　　　D. 雷达图
4. 在 Excel 2010 中,下列函数计算中_____是错误的。
   - A. ROUND(2.15, 1)的结果是 2.2 　　　B. ROUND(2.149, 1)的结果是 2.1
   - C. ROUND(-1.475, 2)的结果是 1.48 　　　D. ROUND(21.5, -1)的结果是 20
5. 在 Excel 2010 中,针对自动筛选的描述中正确的是_____。
   - A. 自动筛选需要事先设置筛选条件 　　　B. 高级筛选不需要设置筛选条件
   - C. 进行筛选前,无须对表格先进行排序 　　　D. 自动筛选前,必须先对表格进行排序
6. 在单元格内输入当前日期的快捷键是_____。
   - A. <Alt +; > 　　　B. <Shift+Tab> 　　　C. <Ctrl +; > 　　　D. <Ctrl + =>
7. 在 Power Point 2010 的幻灯片浏览视图中,不能完成的操作是_____。
   - A. 调整个别幻灯片位置 　　　B. 删除个别幻灯片
   - C. 编辑个别幻灯片内容 　　　D. 复制个别幻灯片
8. PowerPoint 2010 中,模板文件的扩展名为_____。
   - A. ppt 　　　B. pptx 　　　C. pot 　　　D. potx
9. 对演示文稿幻灯片的操作,通常包括_____。
   - A. 选择、插入、移动、复制和删除幻灯片
   - B. 选择、插入、移动和复制幻灯片
   - C. 选择、移动、复制和删除幻灯片
   - D. 复制、移动和删除幻灯片

二、填空题

1. Excel 中，用来将单元格 D3 与 E4 的内容相乘的公式是_____。

2. 在 Word 2010 中，使用标尺可以直接设置缩进，标尺的顶部三角形标记代表_____。

3. 一般情况下，Excel 2010 中默认的数值数据采取的对齐方式是_____。

4. 在 PowerPoint 2010 中，可以对幻灯片进行移动、删除、复制、设置动画效果，但不能对单独的幻灯片的内容进行编辑的视图方式是_____。

5. 在 PowerPoint 2010 中打印演示文稿时，通过打印版式的设置，每页打印纸上最多能输出_____张幻灯片。

6. 在 Word 2010 中，用户可以同时打开多个文档窗口，当多个文档同时打开时，在同一时刻有_____个活动文档。

7. Word 2010 中有_____视图、阅读版式视图、Web 版式视图、大纲视图。

8. 在 PowerPoint 2010 中，在浏览视图下，按住<Ctrl>键并拖动某幻灯片，可以完成_____操作。

9. 在 PowerPoint 2010 中，为每张幻灯片设置放映时的切换方式，应使用功能区的_____选项。

10. 在 PowerPoint 2010 中，插入新幻灯片可采用<Ctrl+_____>组合键。

三、判断题（正确用√标记，错误用×标记）

1. 在 Word2010 中的"插入表格"对话框中可以调整表格的行数和列数。（   ）

2. 文本框的位置无法调整，要想重新定位只能删掉该文本框以后重新插入。（   ）

3. 插入剪贴画首先要做的是将光标定位在文档中需要插入剪贴画的位置。（   ）

4. Word 2010 中，在"页边距"设置中还可以对装订线进行设置。（   ）

5. 当前窗口是 Excel 2010 窗口，按<Alt+F4>组合键就能关闭该窗口。（   ）

6. 在"开始"菜单中单击"运行"，在弹出的对话框中输入"Excel2010"就能打开 Excel 2010。（   ）

7. Excel 2010 中"删除"和"删除工作表"是等价的。（   ）

8. 在 Excel 2010 中，对单元格$B$1的引用是混合引用。（   ）

9. PowerPoint 2010 文件的默认扩展名为 ppt。（   ）

10. PowerPoint 2010 放映幻灯片的快捷键是<F5>。（   ）

参 考 文 献

[1] 陈国良. 计算思维导论[M]. 北京：高等教育出版社，2012.

[2] 夏耘，黄小瑜. 计算思维基础[M]. 北京：电子工业出版社，2012.

[3] 赵英良. 大学计算机基础[M]. 4 版. 北京：清华大学出版社，2011.

[4] 吴宁. 大学计算机基础[M]. 北京：电子工业出版社，2011.

[5] 姜继为. 思维教育导论[M]. 北京：中央编译出版社，2012.

[6] 董荣胜. 计算机科学导论——思想与方法[M]. 北京：高等教育出版社，2007.

[7] 顾刚，程向前. 大学计算机基础[M]. 北京：高等教育出版社，2011.

[8] 沈军，翟玉庆. 大学计算机基础——面向应用思维的解析方法[M]. 北京：高等教育出版社，2011.

[9] 战德臣，孙大烈. 大学计算机[M]. 北京：高等教育出版社，2009.

[10] 尤晋元，史美林. Windows 操作系统原理[M]. 北京：机械工业出版社，2001.

[11] 徐虹. 操作系统实验指导——基于 Linux 内核[M]. 北京：清华大学出版社，2002.

[12] 沈军. 大学计算机应用教程[M]. 南京：东南大学出版社，2001.

[13] SIPESER. 计算理论导论[M]. 北京：机械工业出版社，2010.

[14] 张效祥. 计算机科学技术百科全书[M]. 北京：清华大学出版社，1998.

[15] 董荣胜，古天龙. 计算机科学与技术方法论[M]. 北京：人民邮电出版社，2002.

[16] 陈向群，杨芙清. 操作系统教程[M]. 北京：北京大学出版社，2001.

[17] TANENBAUM A S. 现代操作系统[M]. 陈向群，译. 北京：机械工业出版社，2009.

[18] 王琛. 精解 Windows7[M]. 北京：人民邮电出版社，2009.

[19] 徐雨明. 操作系统学习指导与训练[M]. 北京：中国水利水电出版社，2003.

[20] O'LEARY T J，O'LEARY L I.Computing Essentials[M]. 北京：高等教育出版社，1999.

[21] 徐志伟. 电脑启示录（上）[M]. 北京：清华大学出版社，2009.

[22] 徐志伟. 电脑启示录（下）[M]. 北京：清华大学出版社，2009.

[23] 郁红英，李春强. 计算机操作系统[M]. 北京：清华大学出版社，2008.

[24] Bookshear J G. 计算机科学概论[M]. 9 版. 刘艺，马坤，徐建桥，等译. 北京：人民邮电出版社，2007.

[25] 文杰书院. 注册表与 BIOS 应用[M]. 北京：机械工业出版社，2007.

[26] 孙大烈，张彦航，战德臣. 大学计算机基础上机指导[M]. 北京：电子工业出版社，2006.

[27] 史志才. 计算机网络[M]. 2 版. 北京：清华大学出版社，2012.

[28] 王移芝. 大学计算机基础[M]. 3 版. 北京：高等教育出版社，2012.

[29] 陈明. 多媒体技术与应用[M]. 北京：清华大学出版社，2004.

[30] 李学农. 多媒体教学优化设计[M]. 广州：广东高等教育出版社，1996.

[31] 许华虎. 多媒体应用系统技术[M]. 北京：机械工业出版社，2008.

[32] 崔昕，葛锋. 多媒体技术应用[M]. 北京：清华大学出版社，2007.

[33] 严隽琪，范秀敏，马登哲. 虚拟制造的理论、技术基础与实践[M]. 上海：上海交通大学出版社，2003.

[34] 曹加恒，李晶. 新一代多媒体技术与应用[M]. 武汉：武汉大学出版社，2006.

[35] 段跃兴. 大学计算机基础[M]. 北京：人民邮电出版社，2011.

[36] 冯博琴，贾应智，张伟. 大学计算机基础[M]. 3 版. 北京：清华大学出版社，2009.

[37] 卞诚君，常京丽. Windows7+Office 2010 完全自学手册[M]. 北京：清华大学出版社，2012.

[38] 孙大烈，聂兰顺，战德臣，等. 大学计算机实验[M]. 北京：高等教育出版社 2010.

[39] 陈桂林. 大学计算机基础[M]. 北京：清华大学出版社，2009.

[40] 钟玉琢. 多媒体技术与应用[M]. 北京：人民邮电出版社，2010.

[41] 徐子闻. 多媒体技术[M]. 2 版. 北京：高等教育出版社，2014.

[42] 肖朝辉. 多媒体技术[M]. 北京：清华大学出版社，2013.

[43] 胡晓峰. 多媒体技术教程[M]. 4 版. 北京：人民邮电出版社，2015.

[44] 谭营. 人工智能知识讲座[M]. 北京：人民出版社，2018.

[45] 日经 BP 社. 完全读懂 AI 应用最前线[M]. 费晓东，译. 北京：东方出版社，2018.

[46] 赵春林. 领航人工智能：颠覆人类全部想象力的智能革命[M]. 北京：现代出版社，2018.

[47] 杨正洪，郭良越，刘玮. 人工智能与大数据技术导论[M]. 北京：清华大学出版社，2019.

[48] 蔡自兴. 人工智能及其应用[M]. 北京：清华大学出版社，2016.

[49] 史忠植. 高级人工智能[M]. 北京：科学出版社，2011.

[50] 张晓明. 人工智能入门[M]. 北京：人民邮电出版社，2020.

[51] 魏铼. 人工智能的故事[M]. 北京：人民邮电出版社，2019.

[52] HEATON. 人工智能算法：基础算法[M]. 李尔超，译. 北京：人民邮电出版社，2020.